高等学校新能源科学与工程专业系列教材

中国石油和化学工业优秀出版物奖·教材一等奖

U0149476

太阳能光伏发电系统原理与应用技术

第二版

何道清　何涛　邓勇　编著

化学工业出版社

·北京·

内容简介

本书按照光伏发电系统的组成结构，系统、全面地介绍太阳能光伏发电系统的基础知识与应用技术，主要包括：太阳与太阳能的基本知识；太阳能光伏电池及其电池组件的原理、结构与制造工艺；光伏发电系统的主要部件光伏蓄电池、光伏控制器、光伏逆变器以及防雷接地等装置的结构、原理、设计方法和技术特性；太阳能光伏发电系统的设计与工程应用技术。同时，从中小型光伏发电系统实际应用出发，简要介绍了太阳能、风能互补发电系统的结构、原理与应用。每章末附有相当数量的思考题与习题供教学使用，以便加深理解、巩固知识，并以数字资源形式给出设计、计算题参考答案，光伏发电技术基础实验、教学课件、教学大纲等，方便教学。

本书作为高等院校新能源科学与工程、电气工程及其自动化等专业学生学习光伏发电技术课程的教材，也可供从事光伏产业的工程技术人员参考。

图书在版编目（CIP）数据

太阳能光伏发电系统原理与应用技术/何道清，何涛，邓勇编著 . —2 版 . —北京：化学工业出版社，2023.1（2024.11重印）

高等学校新能源科学与工程专业系列教材

ISBN 978-7-122-42335-1

Ⅰ.①太… Ⅱ.①何…②何…③邓… Ⅲ.①太阳能发电-高等学校-教材 Ⅳ.①TM615

中国版本图书馆 CIP 数据核字（2022）第 188758 号

责任编辑：郝英华　金　杰　　　　　　　　装帧设计：韩　飞
责任校对：刘曦阳

出版发行：化学工业出版社（北京市东城区青年湖南街 13 号　邮政编码 100011）
印　　装：河北延风印务有限公司
787mm×1092mm　1/16　印张 15　字数 396 千字　2024 年 11 月北京第 2 版第 3 次印刷

购书咨询：010-64518888　　　　　　　　售后服务：010-64518899
网　　址：http://www.cip.com.cn
凡购买本书，如有缺损质量问题，本社销售中心负责调换。

定　　价：49.00 元

面对全球环境污染日益严重和化石能源逐渐枯竭的危机，减少温室气体的排放，大力发展可再生能源，在能源消费领域走可持续发展道路，已经成为全球的共识。2015年12月，《联合国气候变化框架公约》近200个缔约方，在巴黎气候变化大会上一致同意通过的《巴黎协定》，已经在2016年11月4日生效，这体现了世界各国的共同决心。

太阳能光伏发电是可再生能源的重要组成部分，近年来光伏发电行业得到了迅速的发展。太阳能电池的转换效率不断刷新纪录，新型太阳能电池陆续涌现，光伏组件产量屡创新高，价格大幅度下降，2020年我国光伏发电上网电价已与常规火电价格相当，光伏应用领域不断扩大。中国光伏行业协会数据显示，2020年，全球光伏市场新增装机量为138.2GW，2007—2020年间新增装机容量复合增长率达到了33.87%；截至2020年底，全球累计光伏发电装机总量达到了760.4GW。

近年来，我国的光伏产业规模迅速扩大，产业链主要环节市场占有率稳居全球首位。2010年，我国太阳能光伏电池产量达5635MW，占全球的40%以上，已成为太阳能光伏制造大国。2021年全国光伏发电累计装机容量达到308GW，同比增长21.8%；全国光伏发电量达3259亿千瓦时，同比增长25.1%，约占全国全年总发电量的4.0%；光伏组件产量182GW，同比增长46.1%。2020年12月12日，我国领导人在世界气候雄心峰会上承诺：中国在2030年，风电、太阳能发电总装机容量将达到12亿千瓦以上，为全球应对气候变化做出重要贡献。

编者结合光伏发电工程实际和多年的教学经验，按照光伏发电系统的组成结构，系统、全面地介绍太阳能光伏发电的基础知识与应用技术。本书自2012年第一版出版以来，因特色鲜明、教学实用性和工程应用性强，深受高校师生和工程技术人员的喜爱和认可，因使用面广、发行量大、使用效果好，2015年荣获中国石油和化学工业优秀出版物奖·教材一等奖。编者对此谨表感谢！

随着光伏发电技术的发展和现代教学方法的改进，以及第一版读者的反馈意见，编者对本书内容做了适当修订，以期提高本书质量水平，使之更加适合目前教学实际。

本次修订在全书整体结构基本保持不变的情况下，对大多数内容进行了精细化处理，并进一步优化教材体系，更新教材内容，删除部分较陈旧内容，增加新技术，如新型光伏电池、MPPT、新型储能电池及器件、热斑效应、孤岛效应、工程应用技术等。图表和文字编排也进一步优化。

同时，为了适应MOOC、翻转课堂等现代教学方式方法改革的需要，充分利用现代信息技术，本书配套了丰富多样的富媒体数字资源（读者可登陆www.cipedu.com.cn注册后下载使用），便于读者线上线下、课前课后学习，提高实用性和便利性，使读者能深入地掌握太阳能光伏发电技术的基本原理及其实际应用的基本技能。主要资源如下：

（1）设计制作了丰富多彩的富媒体教学课件，主要包括：课程内容提要及基本要求、知识点学习、相关知识与技术的拓展、工程应用实例等；

（2）配套光伏发电实验指导、课程教学相关资料和课程解题指导供任课教师参考。

本书中带＊的章节可根据不同的专业或学时作为选讲或自学内容，不影响课程内容的基本结构体系和教学的基本要求。 本课程教学参考学时：40～48 学时，其中讲课 34～40 学时，实验 6～8 学时。

本版由何道清、何涛、邓勇修订而成。 鉴于编者水平有限，书中难免疏漏和不妥之处，恳请读者批评指正。

编　者
2023 年 5 月

第一版前言

随着世界人口的持续增长和经济的不断发展，有限的化石能源的消耗量逐年增大，由此导致世界能源危机日益加剧，自然生态环境日趋恶化，同时全球还有 20 亿人得不到正常的能源供应。为了保持社会的不断进步和经济的持续发展，寻求新能源成为全世界关注的焦点。太阳能光伏发电是利用半导体材料的光生伏特效应将光能直接转变为电能的一种发电技术，发电过程简单，没有机械转动部件，不消耗燃料，不排放包括温室气体在内的任何物质，无噪声、无污染；太阳能资源分布广泛且取之不尽、用之不竭。因此，与风力发电、生物质能发电和核电等新型发电技术相比，光伏发电是一种最具可持续发展理想特征（最丰富的资源和最洁净的发电过程）的可再生能源发电技术。充分开发和利用太阳能资源，发展光伏发电产业，对于节约常规能源、保护自然环境、促进经济稳定持续发展都有着极为重要的现实意义和深远的历史意义。我国的太阳能资源丰富，为太阳能的利用创造了有利条件。根据太阳能的特点和实际应用的需要，我国政府一直把研究开发太阳能技术列入国家科技攻关计划，大大推进了我国太阳能产业的发展。进入 21 世纪，我国太阳能光伏技术在研究开发、商业化生产、市场开拓等方面都获得了长足的发展，现已成为高速、稳定发展的国家战略性新兴产业之一。2010 年我国光伏产业位居世界第一，太阳能光伏电池总产量约 5635MW，占全球总产量的 40% 以上。

本书根据编者的教学经验，结合光伏发电工程实际，参考大量光伏发电技术著作和文献，从教学实际出发，按照光伏发电系统的组成结构，较系统、全面地介绍太阳能光伏发电系统的基础知识与应用技术，主要包括：太阳与太阳能的基本知识；太阳能电池与太阳能电池组件的原理、结构及制造工艺；光伏发电系统的主要部件光伏蓄电池、光伏控制器、光伏逆变器以及防雷接地等的结构、原理、设计方法和技术特性；太阳能光伏发电系统的设计与工程应用技术。并且，从中小型光伏发电系统实际应用出发，对太阳能、风能互补发电系统的结构、原理与应用作了简要介绍。

本书由何道清、何涛、丁宏林编写，王昌国审。在编写过程中，力求做到取材广泛、知识体系科学合理、概念清楚、深入浅出、通俗易懂、便于学习。并注重理论与工程实际相结合，尽可能反映太阳能光伏发电系统与应用技术的发展水平。每章末附有相当数量的思考题与习题供教学使用，以便加深理解、巩固知识；书末适当安排一定的光伏发电技术基础实验供教学参考。书中带 * 的章节，可根据不同的专业或学时作为选讲或自学内容。

本书配有内容丰富的电子课件可免费赠送给采用本书作为教材的院校使用，如有需要，请发邮件至 cipedu@163.com 索取。

鉴于编者水平有限，恳请读者对书中不妥之处给予批评指正。

编者
2012 年 3 月

目　录

第3章　太阳能光伏电池　————————————— 35

第4章　光伏蓄电池　————————————————— 83

第5章　光伏控制器 ——————————————————— 121

第6章　光伏逆变器 ——————————————————— 146

第 1 章

太阳能光伏发电系统概论

1.1 太阳能光伏发电的重要意义

1.1.1 世界能源危机日益加剧

随着世界人口的持续增长和经济的不断发展，对于能源的需求量日益增加，而在目前的能源消费结构中，主要还是依赖煤炭、石油和天然气等化石燃料。

世界能源预测，到 2030 年，全世界消耗的一次能源要比 1990 年增加 120%。然而地球上化石燃料的蕴藏量是有限的，根据已探明的储量，全球石油可开采约 45 年，天然气约 61 年，煤炭约 230 年，铀约 71 年。据世界卫生组织估计，到 2060 年全球人口将达 100 亿～110 亿，如果到时所有人的能源消费量都达到今天发达国家的人均水平，则地球上主要的 35 种矿物中，将有 1/3 在 40 年内消耗殆尽，包括所有的石油、天然气、煤炭（假设为 2 万亿吨）和铀。所以，世界化石燃料的供应正在面临严重短缺的危机局面。

中国的经济正在高速发展，能源消耗量也在迅速增加。虽然中国的能源资源总量比较丰富，目前能源产量居世界第二，但是由于人口众多，人均能源资源拥有量在世界上处于较低的水平，一次能源的储量低于世界平均值，能源供应形势不容乐观。

为了应对化石燃料逐渐短缺的严重局面，必须逐步改变能源消费结构，大力开发以太阳能为代表的可再生能源，在能源供应领域走可持续发展的道路，才能保证经济的繁荣发展和人类社会的不断进步。

1.1.2 自然生态环境日趋恶化

由于人类的能源消费活动，主要是化石燃料的燃烧，不仅消耗大量的化石能源，而且造成了环境污染，导致全球气候变暖，冰山融化，海平面上升，沙漠化日益扩大等现象的出现，自然灾害频繁发生。人们逐渐认识到，减少温室气体的排放，治理大气环境，防治污染已经到了刻不容缓的地步。

2007 年 2 月 2 日，由 130 多个国家和地区的 2500 多名专家组成的联合国"政府间气候变化专门委员会"发表了第 4 份全球气候变化评估报告。这份报告综合了全世界科学家 6 年来的科学研究成果，报告称气候变暖已经是"毫无争议"的事实，过去 50 年全球平均气温上升"很可能"（指正确性在 90% 以上）与人类使用化石燃料产生的温室气体增加有关。

而根据国际能源署的报告，2021 年全球人类活动共排放 363 亿吨二氧化碳，为历史最高水平。将所有温室气体（甲烷、一氧化二氮等）计算在内，排放量达 408 亿吨。根据有关模型预测，如果碳排放继续下去，2070 年将有 20 亿人暴露在极端高温下，平均年气温为 29 摄氏度。

减少 CO_2 等温室气体的排放量，保护人类生态环境，已经成为当务之急。太阳能是清洁无公害的新能源，光伏发电不排放任何废弃物，大力推广光伏发电的应用，将对减少大气污染、防止全球气候恶化做出有效的贡献。

温室效应*

为了保持地球的温度，地球从太阳获得的能量必须与地球向外的热辐射能量相等。与阻碍入射辐射类似，大气层也阻碍向外的辐射。水蒸气强烈吸收波长为 $4\sim7\mu m$ 波段的光波，而 CO_2 主要吸收的是 $13\sim19\mu m$ 波段的光波。大部分的出射辐射（70%）从 $7\sim13\mu m$ 的"窗口"逃逸。

如果我们居住的地表像在月球上一样没有大气层，地球表面的平均温度将大约是 $-18\,℃$。然而，大气层的存在使得地球的平均温度大约在 $14\,℃$，比月球表面平均温度高出 $32\,℃$。图 1-1 显示的是如果地球上没有大气层且地球和太阳都被视为理想黑体时，地球吸收和向外辐射的光谱能谱分布。注意，图中两条曲线的峰值已被归一化处理，并且水平轴坐标尺度是对数尺度。

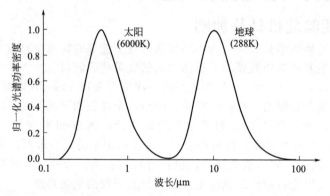

图 1-1　当地球和太阳都被视为黑体时，地球吸收和向外辐射的光谱能谱分布

人类的活动增加了大气中"人造气体"的排放，这些气体吸收波长的范围是在 $7\sim13\mu m$，特别是二氧化碳、甲烷、臭氧、氮氧化合物和氯氟碳化物（CFCl）等。这些气体阻碍了能量的正常逃逸，并且被广泛认为是造成地表平均温度升高的原因。据 McCarthy 等一些作者的论述（2001），在 20 世纪内地球表面的平均温度已经增加了 $(0.6\pm0.2)\,℃$。根据模型预测，到 21 世纪，全球气温还会继续升高，而且升温过程可能随地区的不同而变化，并且伴随着降水量的增减而变化。除此之外，气候的多变性也会随之产生差异，并改变一些极端天气现象出现的频率和强度。有迹象表明，洪水和干旱日益频繁。可以预见，温室效应对人类和自然环境将产生大范围的严重影响。

毫无疑问，现今人类的活动已达到了能够影响地球的自我平衡体系的程度。由此造成的副作用是具有破坏性的，具有低环境影响和低"温室气体"排放等特征的技术将在未来的几十年内变得愈加重要。由于燃烧矿物燃料的能源产业是产生温室气体的主要源头，因此能够取代化石燃料的技术，例如光伏技术，应当被推广使用（Blakers 等，1991）。

1.1.3　常规电网的局限性

经济不发达的边远地区，由于居住分散，交通不便，很难通过延伸常规电网的方法来解决用电问题，电力供应严重制约了当地经济的发展。而这些边远地区往往太阳能资源十分丰富，利用太阳能发电是理想的选择，独立太阳能光伏发电系统可解决这些偏远地区的学校、医疗场所、家庭照明等用电。

1.2　太阳能光伏发电原理及特点

1.2.1　太阳能光伏发电原理

太阳能电池是一种基于光生伏特效应将太阳能直接转化为电能的器件，所以太阳能电池又称光伏电池，是太阳能光伏发电系统的基础和核心器件。太阳能转换成为电能的过程主要包括三个步骤：

①　太阳能电池就是一块大面积的 p-n 结，太阳光照射时，p-n 结的 n 区、空间电荷区和 p 区吸收一定能量的光子后，产生电子-空穴对，称为"光生载流子"，两者的电极性相反，电子带负电，空穴带正电；

②　电极性相反的光生载流子在半导体 p-n 结的静电场作用下被分离开，在 p 区聚集光生空穴，在 n 区聚集光生电子，使 p 区带正电，n 区带负电，在 p-n 结两边产生光生电动势——太阳能电池；

③　光生载流电子和空穴分别向太阳能电池的正、负极聚集，当太阳能电池的两端接上负载，则负载就有"光生电流"流过，从而获得电功率输出（电能）。

太阳能光伏发电原理和结构如图 1-2 所示。当光线照射太阳能电池表面时，一部分光子被硅材料吸收，光子的能量传递给硅原子，使原子核外处于束缚态的价电子发生跃迁，成为自由电子和空穴，分别在 p-n 结两侧集聚形成电位差。当外部电路接通时，在该电压的作用下，将会有电流流过外部电路产生一定的输出功率。这个过程的实质是光子能量转换成电能的过程。将许多个太阳能电池串联或并联起来就可构成输出功率比较大的太阳能电池组件或方阵。

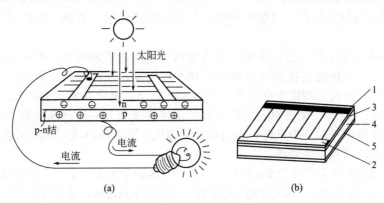

图 1-2　太阳能电池的发电原理和结构

1—栅线电极；2—减反射膜；3—扩散区；4—基区；5—底电极

太阳能电池只要受到阳光或灯光的照射，就能够把光能转变为电能，太阳能电池可发出相当于所接收光能的 10%～20% 的电。一般来说，光线越强，发出的电能就越多。为了使太阳能电池板最大限度地减少光反射，将光能转变为电能，一般在太阳能电池板的上表面都覆盖有一层可防止光反射的膜（减反射膜），从而使太阳能电池板的表面呈紫色。

光伏电池主要分为晶硅电池和非晶硅电池。目前，晶硅电池占绝对比重。晶硅光伏电池产业链分为硅料、硅片、电池片、组件、系统五个环节，其中上游为硅料、硅片，中游为电池片、组件，下游为光伏发电系统。

硅料：当熔融的单质硅凝固时，硅原子以金刚石晶格排列成许多晶核，如果这些晶核长成晶面取向不同的晶粒，则形成多晶硅。多晶硅料是生产多晶硅片和单晶硅片的直接材料。

硅片：硅料可以进一步加工成硅片，硅片分为单晶硅片和多晶硅片。

电池片：硅片可以进一步加工成电池片——光伏电池。

组件：将不同规格的光伏电池片组合在一起称作组件。该过程需将电池片通过串、并联获得需要的高电压、大电流，然后通过一个二极管输出。

系统：将光伏组件、光伏控制器、蓄电池、逆变器以及交流配电柜、太阳跟踪控制系统等零部件组合起来，构成最后的光伏发电系统。

在太阳能光伏发电系统中，系统的总效率 η 由太阳能电池组件的光电转换效率、控制器效率、蓄电池效率、逆变器效率及负载的效率等决定。目前，太阳能电池的光电转换效率只有 20％左右。因此，提高太阳能电池组件的光电转换效率、降低太阳能光伏发电系统的单位功率造价，是太阳能光伏发电产业化的重点和难点。自太阳能电池问世以来，晶体硅作为主要材料保持着统治地位。目前对硅太阳能电池转换效率的研究，主要围绕着加大吸能面（如采用双面电池减小反射）、运用吸杂技术和钝化工艺提高硅太阳能电池的转换效率、电池超薄型化等方面。

1.2.2 太阳能光伏发电的特点

（1）优点

太阳能光伏发电发电过程简单，没有机械转动部件，不消耗燃料，不排放包括温室气体在内的任何物质，无噪声、无污染；太阳能资源分布广泛且取之不尽、用之不竭。因此，与风力发电、生物质能发电和核电等新型发电技术相比，光伏发电是一种最具可持续发展理想特征（最丰富的资源和最洁净的发电过程）的可再生能源发电技术，具有以下主要优点。

① 太阳能资源取之不尽，用之不竭，照射到地球上的太阳能要比人类目前消耗的能量大 6000 倍。而且太阳能在地球上分布广泛，只要有光照的地方就可以使用光伏发电系统，不受地域、海拔等因素的限制。

② 太阳能资源随处可得，可就近供电，不必长距离输送，避免了长距离输电线路所造成的电能损失。

③ 光伏发电的能量转换过程简单，是直接从光能到电能的转换，没有中间过程（如热能转换为机械能、机械能转换为电磁能等）和机械运动，不存在机械磨损。根据热力学分析，光伏发电具有很高的理论发电效率，可达 80％以上，技术开发潜力巨大。

④ 光伏发电本身不使用燃料，不排放包括温室气体和其它废气在内的任何物质，不污染空气，不产生噪声，对环境友好，不会遭受能源危机或燃料市场不稳定而造成的冲击，是真正绿色环保的新型可再生能源。

⑤ 光伏发电过程不需要冷却水，可以安装在没有水的荒漠戈壁上。光伏发电还可以很方便地与建筑物结合，构成光伏建筑一体化发电系统，不需要单独占地，可节省宝贵的土地资源。

⑥ 光伏发电无机械传动部件，操作、维护简单，运行稳定可靠。一套光伏发电系统只要有太阳能电池组件就能发电，加之自动控制技术的广泛采用，基本上可实现无人值守，维护成本低。

⑦ 光伏发电系统工作性能稳定可靠，使用寿命长（30 年以上）。晶体硅太阳能电池寿命可长达 20～35 年。在光伏发电系统中，只要设计合理、选型适当，蓄电池的寿命也可长达 10～15 年。

⑧ 太阳能电池组件结构简单，体积小、重量轻，便于运输和安装。光伏发电系统建设周期短，而且根据用电负荷容量可大可小，方便灵活，极易组合、扩容。

太阳能电池是一种大有前途的新型电源，具有永久性、清洁性和灵活性三大优点，且属于可再生能源。太阳能光伏发电与火力发电、核能发电相比，太阳能电池不会引起环境污染；太阳能电池可以大中小并举，大到百万千瓦的中型电站，小到只供一户用电的独立太阳能发电系统，这些特点是其它电源无法比拟的。

（2）缺点

当然，太阳能光伏发电也有它的不足和缺点，归纳起来有以下几点。

① 能量密度低。尽管太阳投向地球的能量总和极其巨大，但由于地球表面积也很大，而且地球表面大部分被海洋覆盖，真正能够到达陆地表面的太阳能只有到达地球范围太阳辐射能量的 10％左右，致使在陆地单位面积上能够直接获得的太阳能量较少。通常以太阳辐照度来表示，地球表面辐照度最高值约为 $1.2kW/m^2$，且绝大多数地区和大多数日照时间内都低于 $1kW/m^2$。太阳能的利用实际上是低密度能量的收集、利用。

② 占地面积大。由于太阳能能量密度低，这就使得光伏发电系统的占地面积会很大，每 10kW 光伏发电功率占地约需 $100m^2$，平均每平方米面积发电功率为 100W。随着光伏建筑一体化发电技术的成熟和发展，越来越多的光伏发电系统可以利用建筑物、构筑物的屋顶和立面，将逐渐克服光伏发电占地面积大的不足。

③ 转换效率低。光伏发电的最基本单元是太阳能电池组件。光伏发电的转换效率指光能转换为电能的比率。目前晶体硅光伏电池转换效率为 13％～17％，非晶硅光伏电池只有 6％～8％。由于光电转换效率太低，从而使光伏发电功率密度低，难以形成高功率发电系统。因此，太阳能电池的转换效率低是阻碍光伏发电大面积推广的瓶颈。

④ 间歇性工作。在地球表面，光伏发电系统只能在白天发电，晚上不能发电，除非在太空中没有昼夜之分的情况下，太阳能电池才可以连续发电，这与人们的用电需求不符。

⑤ 受气候环境因素影响大。太阳能光伏发电的能源直接来源于太阳光的照射，而地球表面上的太阳照射受气候的影响很大，长期的雨雪天、阴天、雾天甚至云层的变化都会严重影响系统的发电状态。另外，环境因素的影响也很大，比较突出的一点是，空气中的颗粒物（如灰尘）等沉落在太阳能电池组件的表面，阻挡了部分光线的照射，这样会使电池组件转换效率降低，从而造成发电量减少甚至电池板的损坏。

⑥ 地域依赖性强。地理位置不同，气候不同，使各地区日照资源相差很大。光伏发电系统只有应用在太阳能资源丰富的地区，其效果才会好。

⑦ 系统成本高。由于太阳能光伏发电的效率较低，到目前为止，光伏发电的成本仍高于其它常规发电方式(如火力和水力发电)，这是制约其广泛应用的最主要因素。但是我们也应看到，随着太阳能电池产能的不断扩大及电池片光电转换效率的不断提高，光伏发电系统的成本也下降得非常快。太阳能电池组件的价格几十年来已经从最初的每瓦 70 多美元下降至目前的每瓦 0.4 美元左右，度电成本已接近常规发电。

⑧ 晶（体）硅电池的制造过程高污染、高能耗。晶体硅电池的主要原料是纯净的硅。硅是地球上含量仅次于氧的元素，主要存在形式是沙子（SiO_2）。从硅砂一步步变成纯度为 99.9999％以上的晶体硅，要经过多道化学和物理工序的处理，不仅要消耗大量能源，还会造成一定的环境污染。

尽管太阳能光伏发电存在很多不足之处，但是随着能源问题越来越重要，大力开发可再生能源将是解决能源危机的主要途径。太阳能光伏发电是一种最具可持续发展理想特征的可再生能源发电技术，近年来我国政府也相继出台了一系列鼓励和支持太阳能光伏产业的政策，将极大促进太阳能光伏产业的发展，光伏发电技术和应用水平将会不断提高，我国光伏发电产业的前景十分广阔。

1.3　太阳能光伏发电系统的组成与应用

1.3.1　太阳能光伏发电系统的组成

太阳能光伏发电系统是利用太阳能电池组件和其它辅助设备将太阳能转换成电能的系统。一般将太阳能光伏发电系统分为独立（离网）系统、并网系统、分布式系统和混合（互补）系统。

独立太阳能光伏发电系统在自己的闭路系统内部形成电路，是通过太阳能电池组将接收来的太阳辐射能量直接转换成电能供给负载，并将多余能量经过充电控制器后以化学能的形式储存在蓄电池中。并网发电系统通过太阳能电池组将接收来的太阳辐射能量转换为电能，再经过高频直流转换后变成高压直流电，经过逆变器逆变后向电网输出与电网电压同频、同相的正弦交流电流。混合太阳能光伏发电系统主要有市电互补光伏发电系统和风光互补发电系统等。

1.3.1.1　独立太阳能光伏发电系统

（1）独立太阳能光伏发电系统的组成

独立太阳能光伏发电系统的规模和应用形式各异，如系统规模跨度很大，小到 $0.3\sim2W$ 的太阳能庭院灯，大到兆瓦级的太阳能光伏电站；其应用形式也多种多样，在家用、交通、通信、空间等诸多领域都能得到广泛的应用。尽管光伏系统规模大小不一，但其组成结构和工作原理基本相同。独立太阳能光伏发电系统由太阳能电池方阵、蓄电池组、控制器、DC/AC 变换器（逆变器）、用电负载等构成。独立太阳能光伏发电系统基本构成如图 1-3 所示。

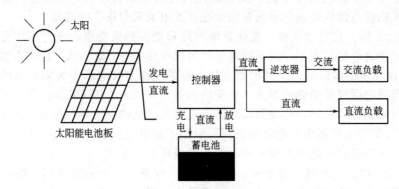

图 1-3　独立太阳能光伏发电系统构成

① 光伏组件方阵　太阳能光伏发电系统中最重要的是太阳能电池，它是收集太阳光并将其转换为电能的核心组件。出于技术和材料的原因，单一太阳能电池的发电量是十分有限的（工作电压为 $0.4\sim0.5V$，典型值为 $0.48V$），远不能满足一般用电设备的要求。实用中的太阳能电池是将若干单一太阳能电池片经串、并联组成的电池系统，称为电池组件（或电池板），具有独立电源的功能；当发电容量较大时，就需要用多块电池组件串、并联后构成太阳能电池方阵。太阳能电池主要是晶硅电池（单晶硅太阳能电池、多晶硅太阳能电池）和非晶硅电池，其性能如表 1-1 所示。目前，晶硅电池占绝对比重。近年来，非晶硅电池成本优势更加明显，所占比重逐步增大。另外，薄膜电池（大大节约原材料使用，从而大幅降低成本）已成为太阳能电池的发展方向，但其技术要求非常高。非晶硅薄膜电池作为目前技术最成熟的薄膜电池，是薄膜电池中最具有增长潜力的品种。此外，非硅电池（包括硒化铜铟CIS、碲化镉CdTe 等）的研发进展也很快。

表 1-1　太阳能电池的类型及特性

类型	单晶硅	多晶硅	非晶硅
光电转换效率	12%～17%	10%～15%	6%～8%
使用寿命	15～20 年	15～20 年	5～10 年
平均价格	昂贵	较贵	较便宜
稳定性	好	好	差(会衰减)
颜色	黑色	深蓝色	棕色
主要优点	光电转换效率高、工作稳定、体积小	工作稳定、成本低、使用广泛	价低、弱光性好，多用于计数器、电子表等
主要缺点	成本高	光电转换效率较低	光电转换效率最低，会衰减；相同功率的面积比晶体硅大 1 倍以上

② 蓄电池 蓄电池组是太阳能光伏发电系统中的储能装置，由它将太阳能电池方阵从太阳辐射能转换来的直流电转换为化学能储存起来，以供负载使用。由于太阳能光伏发电系统的输入能量极不稳定，所以一般需要配置蓄电池才能使负载正常工作。太阳能电池产生的电能以化学能的形式储存在蓄电池中，在负载需要供电时，蓄电池将化学能转换为电能供应给负载。蓄电池的特性直接影响太阳能光伏发电系统的工作效率、可靠性和价格。蓄电池容量的选择一般要遵循以下原则：首先在能够满足负载用电的前提下，把白天太阳能电池组件产生的电能尽量存储下来，同时还要能够存储预定的连续阴雨天时负载需要的电能。

蓄电池容量要受到末端负载需用电量和日照时间（发电时间）的影响。因此，蓄电池的安时容量由预定的负载需用电量和连续无日照时间决定。目前，太阳能光伏发电系统常用的是阀控密封铅酸（VRLA）蓄电池、深放电吸液式铅酸蓄电池等。

③ 控制器 控制器的作用是使太阳能电池和蓄电池高效、安全、可靠地工作，以获得最高效率并延长蓄电池的使用寿命。控制器对蓄电池的充、放电进行控制，并按照负载的电源需求控制太阳能电池组件和蓄电池对负载输出电能。控制器是整个太阳能光伏发电系统的核心部分，通过控制器对蓄电池充放电条件加以限制，防止蓄电池反充电、过充电及过放电。另外，控制器还应具有电路短路保护、反接保护、雷电保护及温度补偿等功能。由于太阳能电池的输出能量极不稳定，对于太阳能光伏发电系统的设计来说，控制器充、放电控制电路的质量至关重要。

④ 逆变器 在太阳能光伏发电系统中，如果含有交流负载，那么就要使用DC/AC变换器（即逆变器），将太阳能电池组件产生的直流电或蓄电池释放的直流电转换为负载需要的交流电。太阳能电池组件产生的直流电或蓄电池释放的直流电经逆变主电路的调制、滤波、升压后，得到与交流负载额定频率、额定电压相同的正弦交流电提供给系统负载使用。逆变器按激励方式不同，可分为自激式振荡逆变和它激式振荡逆变。逆变器具有电路短路保护、欠压保护、过流保护、反接保护、过热保护及雷电保护等功能。

⑤ 用电负载 太阳能光伏发电系统按负载性质分为直流负载系统和交流负载系统，太阳能光伏发电系统设计时，必须考虑负载的功率、阻抗特性（电阻性、电感性或电容性）等。

⑥ 光伏发电系统附属设施 光伏发电系统的附属设施包括直流配电系统、交流配电系统、运行监控和检测系统、防雷和接地系统等。

(2) 独立太阳能光伏发电系统面临的问题

① 能量密度不大，整体的利用效率较低，前期的投资较大。

② 独立太阳能光伏发电系统的储能装置一般以铅酸蓄电池为主，蓄电池成本占太阳能光伏发电系统初始设备成本的25%左右，若对蓄电池的充、放电控制比较简单，容易导致蓄电池提前失效，增加了系统的运行成本。蓄电池在20年的运行周期中占投资费用的43%，大多数蓄电池并不能达到设计的使用寿命，除了蓄电池本身的缺陷和维护不到位外，蓄电池运行管理不合理是导致蓄电池提前失效的重要原因。

因此对于独立太阳能光伏发电系统，提高能量利用率，研究科学的系统能量控制策略，可以降低独立光伏系统的投资费用。

③ 由于光伏发电受昼夜、气候、季节影响大，所以独立太阳能光伏发电系统供电稳定性、可靠性差。

实际户用光伏发电系统如图1-4所示。

1.3.1.2 并网太阳能光伏发电系统

并网太阳能光伏发电系统由光伏电池方阵、控制器、并网逆变器等组成，一般不经过蓄电池储能，图1-5是并网型太阳能光伏发电系统结构原理示意图。并网型太阳能光伏发电系

图 1-4　实际户用光伏发电系统

统由太阳能电池组件方阵将光能转变成电能，并经直流配电箱进入并网逆变器，有些类型的并网型光伏发电系统还要配置蓄电池组存储直流电能。并网逆变器由充放电控制、功率调节、交流逆变、并网保护切换等部分构成。经逆变器输出的交流电供负载使用，多余的电能通过电力变压器等设备馈入公共电网（称为卖电）。当并网光伏系统因天气原因发电量不足或自身用电量偏大时，可由公共电网向交流负载供电（称为买电）。系统还配备有监控、测试及显示系统，用于对各部分工作状态的监控、检测及发电量等各种数据的统计，还可以利用计算机网络系统远程传输控制和显示数据。

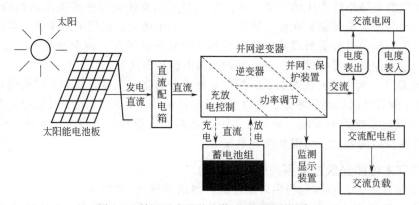

图 1-5　并网型太阳能光伏发电系统结构原理

并网太阳能光伏发电系统的最大特点是，太阳能电池组件产生的直流电经过并网逆变器转换成符合市电电网要求的交流电之后直接并入公共电网，一般不需配置蓄电池，可以充分利用光伏方阵所发的电能，从而减小能量的损耗，并降低系统的成本。但是，系统中需要专用的并网逆变器，以保证输出的电力满足电网对波形、电压、频率、相位等电性能指标的要求。因逆变器效率的问题，还是会有部分的能量损失。这种系统通常能够并行使用市电和太阳能光伏发电系统作为本地交流负载的电源，降低整个系统的负载缺电率，而且并网光伏系统可以对公用电网起到调峰作用。但并网太阳能光伏发电系统作为一种分散式发电系统，对传统的集中供电系统的电网会产生一些不良的影响，如谐波污染、孤岛效应等。

1.3.1.3　分布式光伏发电系统

分布式光伏发电系统，又称分散式发电或分布式供能，是指在用户现场或靠近用电现场配置较小的光伏发电供电系统，以满足特定用户的需求，支持现存配电网的经济运行，或者同时满足这两个方面的要求。

分布式光伏发电系统的基本设备包括光伏电池组件、直流汇流箱、直流配电柜、并网逆变器、交流配电柜等设备，另外还有供电系统监控装置和环境监测装置。它既可以独立运行自用，也可以并网运行，多余或不足的电力通过联接电网来调节。

1.3.2 太阳能光伏发电技术的应用与发展历程

(1) 国际太阳能光伏发电技术的发展历程

早在1839年，法国科学家贝克雷尔（Becqurel）就发现，光照能使半导体材料的不同部位之间产生电位差。这种现象后来被称为"光生伏特效应"，简称"光伏效应"。1954年，美国科学家恰宾（Chapin）等人在贝尔实验室首次制成了实用的单晶硅太阳能电池，将太阳光能转换为电能的实用光伏发电技术诞生。

20世纪70年代后，随着现代工业的发展，全球能源危机和大气污染问题日益突出。传统的化石能源正在一天天减少，对环境造成的危害日益突出，同时全球约有20亿人得不到正常的能源供应。这时，全世界都把目光投向了可再生能源，希望可再生能源能够改变人类的能源结构，维持长远的可持续发展。太阳能以其独有的优势成为人们重视的焦点。丰富的太阳辐射能是取之不尽、用之不竭、无污染、廉价、人类能够自由利用的重要能源。

20世纪80年代，太阳能电池的种类不断增多、应用范围日益广阔、市场规模也逐步扩大。

20世纪90年代，光伏发电技术快速发展。2006年，世界上已经建成10多座兆瓦级光伏发电站。美国是最早制订光伏发电发展规划的国家，1997年提出"百万屋顶"计划。日本于1992年就启动了新阳光计划，2003年日本光伏组件生产占世界的50%，世界前十大厂商有4家在日本。德国新的可再生能源法规定了光伏发电上网电价，大大推动了光伏发电市场和产业发展，使德国成为继日本之后世界光伏发电发展最快的国家。瑞士、法国、意大利、西班牙、芬兰等国，也纷纷制订光伏发电发展计划，并投巨资进行技术开发和加速工业化进程。

进入21世纪，光伏发电发展更加迅速：1990～2005年世界光伏组件年平均增长率约为15%；2020年，全球新增光伏装机容量高达138.2GW，较2019年117GW增长了18%；中国以48.2GW新增装机容量独领风骚，较2019年的30.1GW增长了60.1%；全球累计光伏装机容量达760.40GW，其中中国252.88GW，占比33.26%；2020年全球平均光电转换效率超过20%，光伏最低中标电价达到1.32美分/（kW·h）。市场发展预测2025年装机容量将达266GW。

国际上目前很难确定选择哪一种太阳能电池最佳，虽然目前晶体硅太阳能电池的销量最大，但公认今后薄膜电池最具潜力。另外，不同太阳能电池的特性各不相同，在光伏市场中各有其不同的应用领域。例如，非晶硅电池主要应用于商用电子方面，多晶硅电池主要用于光伏屋顶，单晶硅电池主要用在大功率设备上。最近几年，国际上对多晶硅薄膜电池的研究较活跃，但采用哪种工艺方案较佳尚难断定。近几年，有机纳米太阳能电池的效率有较大提高，受到一定的关注。

发达国家近几年来主要开拓的市场是屋顶式并网太阳能光伏发电系统，其原因是发达国家的电网分布已很密集，电网峰值用电的电费高，而并网太阳能光伏发电不用蓄电池，太阳光好的地区采用光伏发电的电价已接近商品电价。人们预测10年后屋顶并网太阳能光伏发电系统将大规模推广应用。

并网太阳能光伏发电系统应用始于20世纪80年代初，美国、日本、德国、意大利等国都为此做出了努力，当时建造的都是较大型的并网太阳能光伏电站，规模从100kW～1MW不等，而且都是由政府投资建设的试验性电站。但试验结果并不十分理想，由于当时太阳能电池很贵，很难让电力公司接受。

自 20 世纪 90 年代以来，国外发达国家重新掀起了发展并网太阳能光伏发电系统的高潮，这次不是建造大型并网太阳能光伏电站，而是发展屋顶并网太阳能光伏发电系统。屋顶并网太阳能光伏发电系统充分利用了阳光的分散性特点，将太阳能电池安装在现有建筑物的屋顶上，其灵活性和经济性都大大优于大型并网太阳能光伏电站，受到了各国的重视。

1993 年，德国首先开始实施由政府投资支持、被电力公司认可的 1000 屋顶计划，继而扩展为 2000 屋顶计划，现在实际建成的屋顶并网太阳能光伏发电系统已经超过 5000 座。这些屋顶并网太阳能光伏发电系统均不带蓄电池，电力公司对并网光伏发电系统发出的电予以收购，大大刺激了这一领域的商业性发展和技术上的完善。德国政府于 1999 年开始实施 10 万套太阳能屋顶（每户约 3～5kW）计划，政府给用户 35％左右的补助及 10 年的无息贷款。

日本在太阳能光伏发电与建筑结合方面已经做了十几年的努力，尤其在 1996 年以后更是突飞猛进，每年新建的屋顶并网太阳能光伏发电系统达几万套。日本屋顶并网太阳能光伏发电系统的特点，是将太阳能电池组件制作成建筑材料的形式，如瓦和玻璃等，使太阳能电池能很容易地安装在建筑物上，也很容易被建筑公司接受。

20 世纪 80 年代初，美国就已经开始了并网太阳能光伏发电的努力，制订了 PV-USA 计划，即太阳能光伏发电规模应用计划，主要是建立 100kW 以上的大型并网太阳能光伏发电系统，最大的系统计划达 10MW，但是由于成本高，电力不可调度，不受电力公司欢迎。1996 年，在美国能源部的支持下，又开始了一项"光伏建筑物计划（PV-BONUS）"，计划投资 20 亿美元。美国目前电力的 2/3 用于包括为民用住宅在内的各类建筑物供电，光伏建筑物计划的目标是采用太阳能光伏发电缓解建筑物的峰值负荷，并探求未来清洁的建筑物供电途径。此项计划将有助于开发新型的光伏建筑材料，包括玻璃、天窗、墙体等，有助于开发屋顶并网太阳能光伏发电系统的模块和可由电力部门很容易安装的光伏调峰电力模块等。计划分为三步实施，概念开发、产品开发和市场开发。这项计划的内容很丰富，其中典型的开发项目包括以下几点。

① DSM 系统（按需求安排发电的系统），即带有蓄电池的电力可以调度的光伏发电系统。这种并网太阳能光伏发电系统在其后几年内仅在美国国内就会有 300MW 的市场。这种系统的发电成本为 30 美分/千瓦时，而美国某些地区的峰值电价已高达 20～30 美分/千瓦时（一般冬季电价为 3～4 美分/千瓦时，夏季为 7～8 美分/千瓦时）。目前这类调峰太阳能光伏发电系统已进入"平价市场"。

② 由太阳能热水器和非晶硅太阳能电池联合构成的光伏、光热系统，可以为用户同时提供电力和热水。由于非晶硅太阳能电池不像晶体硅太阳能电池那样当温度升高后输出功率会降低，所以特别适合于这种系统。

③ 光伏屋顶建筑材料（柔性和非柔性），如透明光伏玻璃、聚光电池供电供水系统、光伏墙体、光伏智能窗帘等。

除了屋顶并网太阳能光伏发电系统外，一些发达国家还在其它光伏技术应用方面做了大量工作，主要有以下几个方面：

① 风光柴互补发电系统。为了进一步降低可再生能源的发电成本，国外在风光柴混合发电系统上做了大量的示范工作和经济对比。还开发了混合发电系统的优化软件，利用该软件可根据当地资源设计最合理、最经济的供电方案。

② 未来与汽车配套的太阳能光伏发电系统。太阳能光伏发电系统在汽车行业有很大的潜在市场，国外已经开发出较成功的可以为电动汽车蓄电池充电的太阳能快速充电系统、太阳能汽车空调板、太阳能汽车换气扇、太阳能空调和冷饮箱等。

③ 太阳能制氢加燃料电池的再生发电系统。芬兰的 NAPS 已经完成这一发电系统的示范工程。太阳能电池将太阳能转变成电能，通过电解水，产生氢气和氧气，氧气排放到空气

中，氢气储存到储氢罐中。使用时氢气再与空气中的氧气通过燃料电池发电，氢气和氧气在发电过程中又化合成水。该系统属于最清洁的再生能源发电系统，在未来具有巨大的市场，尤其对于冬夏太阳能辐射差异很大、采用蓄电池极不经济的高纬度地区，通过这种办法利用太阳能将会十分有效。此外，随着电动汽车的发展，这一发电系统也会变得更为重要。

④ 再生能源海岛供电系统。海岛是一个特殊的环境，由于其淡水的缺乏、燃料的昂贵，使得可再生能源有了用武之地。国外已经对海岛上应用风光柴混合发电系统做了大量示范工程，为海岛供应电力和淡水。此外，由于岛上渔民需要用冰来储存和运送新鲜的鱼虾，海岛的可再生能源制冰系统也得到了推广应用。

⑤ 太阳能发电专用直流负载。为了提高太阳能光伏发电系统效率，减少故障环节，国外开发了许多不需要采用逆变器、可以直接由太阳能电池和蓄电池供电的直流负载，包括直流电视机、直流电冰箱、直流空调等，这类专用负载特别适合于车辆、船只和流动性的单位，如旅游团、地质队、部队等。

(2) 我国光伏发电产业的发展历程

我国太阳能资源非常丰富，理论储量达每年 17000 亿吨标准煤，与同纬度的其它国家或地区相比，与美国相近，比欧洲、日本优越得多，因而有巨大的开发潜力。

我国太阳能电池的研究始于 1958 年，1959 年研制成功第一个有实用价值的太阳能电池。1971 年 3 月首次成功地将太阳能电池应用于我国第二颗人造卫星上。1973 年开始在地面应用太阳能电池，1979 年开始生产单晶硅太阳能电池。20 世纪 80 年代中、后期，引进国外太阳能电池生产线或关键设备，初步形成生产能力达到 4.5MW 的太阳能光伏产业。其中，单晶硅电池 2.5MW，非晶硅电池 2MW，工业组件的转换效率单晶硅电池为 11%～13%、非晶硅电池为 5%～6%。20 世纪 90 年代中、后期，光伏发电产业进入稳步发展时期，太阳能电池及组件产量逐年稳步增加。经过 30 多年的努力，21 世纪我国光伏发电产业迎来了快速发展的新阶段。

2021 年，全国多晶硅产量达 50.5 万吨，同比增长 27.5%，硅片产量约为 227GW，同比增长 40.6%；电池片产量约为 198GW，同比增长 46.9%；组件产量达到 182GW，同比增长 46.1%。

光伏市场扩大，新增光伏并网装机容量 54.88GW，同比增长 13.9%；累计光伏并网装机容量达到 308GW，两者均位居全球第一；全年光伏发电量为 3259 亿千瓦时，同比增长 25.1%，约占全国全年总发电量的 4.0%。

产品效率提高，规模化生产的 p 型硅单晶电池均采用 PERC 技术，平均转换效率达到 23.1%，较 2020 年提高 0.3 个百分比，先进企业转换效率达到 23.3%；采用 PERC 技术的黑硅多晶电池片转换效率达到 21.1%，较 2020 年提高 0.2 个百分比；常规黑硅多晶电池转换效率提升动力不强，2021 年转换效率约为 19.5%，仅提升 0.1 个百分比。

2022 年国内光伏发电将在"碳达峰、碳中和"目标下，进入大规模、高比例、高质量发展阶段，并将摆脱补贴依赖，实现市场化发展，光伏发电进入"平价时代"。根据 CPIA（Country Policy and Institutional Assessment，国家政策和制度的评估）的预测，保守情况下，2025 年我国新增光伏装机容量将达到 90GW，未来五年复合增速为 13.3%；而 2025 年全球新增光伏装机容量将为 270GW，复合增速为 15.7%。乐观情况下，2025 年我国新增光伏装机容量将达到 110GW，复合增速为 17.9%；全球新增光伏装机容量将为 330GW，复合增速为 20.5%。

光伏发电应用领域包括农村电气化、交通、通信、石油、气象、国防等。特别是独立太阳能光伏发电系统解决了许多偏远地区的学校、医疗所、家庭照明、电视等用电，对发展边远贫困地区的社会经济和文化事业发挥了十分重要的作用。西藏有 7 个无电县城采用太阳能光伏发电站供电，社会效益和经济效益非常显著。

在太阳能电池研究开发方面，我国开展了单晶硅、多晶硅电池研究及非晶硅、碲化镉、硒铜等薄膜电池的研究，同时还开展了浇铸多晶硅、银/铝浆、EVA 等材料的研究，并取得可喜成果，其中刻槽埋栅电池效率达到国际先进水平。我国光伏产业已形成了较好基础，但在总体水平上我国同国外相比还有很大差距，主要表现为以下几个方面。

① 技术水平较低。太阳能电池光电转换效率、封装水平同国外相比存在一定差距。太阳能光伏发电系统的配套技术还不成熟。例如，并网逆变器、控制器还没有实现自主研发商业化生产，产品可靠性低，主要依赖进口；独立太阳能光伏发电系统中的蓄电池技术还不过关，使用寿命较短。

② 专用原材料国产化经过多年的研发取得一定成果，但性能仍有待进一步改进，部分材料仍依赖进口，如高纯硅材料严重短缺（95％依赖进口）。

③ 国内太阳能电池生产能力迅速增强，2020 年，我国太阳能光伏电池产量达 157GW，成为太阳能光伏制造大国。如果一味扩大生产规模，有可能出现产能过剩的危机。光伏电价逐年下降，已进入无补贴的"平价时代"

2020 年光伏电价新政（业内征求意见），Ⅰ、Ⅱ、Ⅲ类资源地区的集中式电站标杆上网指导电价上限分别设定为 0.35、0.40、0.49 元/(kW·h)；工商业分布式补贴上限价格为 0.05 元/(kW·h)，户用光伏发电补贴明确为 0.08 元/(kW·h)。

2021 起，集中式/工商业分布式新备案项目无补贴；2022 年起，全部光伏发电无补贴。

其它发电行业上网参考电价：燃煤火电约 0.4 元/(kW·h)；水电 0.1612～0.39 元/(kW·h)；风电 2019 年 Ⅰ～Ⅳ类资源区陆上风电指导价（含税）分别调整为 0.34、0.39、0.43、0.52 元/(kW·h)，2020 年指导价（含税）分别调整为 0.29、0.34、0.38、0.47 元/(kW·h)。

由此可见，光伏电价已与常规火电价格相当，具有广阔的发展空间。

（3）太阳能光伏发电的应用

世界观察研究所的研究报告中指出，利用太阳能获取电力已成为全球发展最快的能量补给方式。随着太阳能光伏发电成本的下降，光伏发电正逐渐扩大应用领域，目前主要用于以下几个方面。

① 农村和边远无电地区的应用，在高原、海岛、牧区等边远无电地区，太阳能光伏发电可解决日常生活用电，甚至还有农田灌溉等问题。

② 太阳能光伏照明方面的应用，如太阳能路灯、庭院灯、草坪灯、太阳能路标标牌、信号指示、广告灯箱照明等，甚至还有家庭照明灯、野营灯、登山灯、垂钓灯、节能灯、手电筒等。

③ 分布式光伏发电及光伏建筑一体化的应用，如利用工商业屋顶、家庭住宅屋顶等安装分布式光伏发电系统，使得各类建筑物都能实现光伏发电系统，与电力电网并网运行，以自发自用为主、余电并网的模式，这也是目前和今后光伏发电应用的主要形式和发展方向。

④ 太阳能商品及玩具的应用，如太阳能收音机、太阳能钟、太阳能帽、太阳能手机充电器、太阳能手表、太阳能计算器、太阳能玩具等。

⑤ 其它应用，如农光互补、渔光互补、温室大棚、太阳能充电站、太阳能电动汽车、太阳能游艇、太阳能充电设备、太阳能汽车空调等，还有卫星、航天器、空间太阳能电站等高新技术的应用。

（4）太阳能光伏发电技术的发展趋势

开发新能源和可再生清洁能源，是 21 世纪世界经济发展中最具有决定性影响的五项技术领域之一。充分开发利用太阳能是世界各国政府可持续发展的能源战略决策，其中太阳能光伏发电最受瞩目。太阳能光伏发电远期将大规模应用，近期可解决特殊应用领域的需要。

自20世纪90年代以来，在可持续发展战略的推动下，可再生能源技术进入了快速发展的阶段。据专家预测，21世纪中叶太阳能和其它可再生能源能够提供世界能耗的50%。太阳能光伏发电系统和建筑的完美结合体现了可持续发展的理想范例，国际社会十分重视。国际能源组织（IEA）在1991年和1997年相继两次启动建筑光伏集成（BIPV）计划，获得很大成功，建筑光伏集成具有以下几个优点。

① 具有高技术、无污染和自供电的特点，能够强化建筑物的美感和建筑质量。

② 光伏部件是建筑物总构成的一部分，除了发电功能外，还是建筑物的外部保护层，具有多功能和可持续发展的特征。

③ 可实现分布型的太阳能光伏发电和分布型的建筑物互相匹配。

④ 建筑物的外墙能为光伏系统提供足够的面积。

⑤ 不需要额外的占地面积，省去了光伏系统的支撑结构，省去了输电费用；PV阵列可以代替常规建筑材料，从而节省安装和材料费用，例如，昂贵的外墙包覆装修成本有可能等于光伏组件的成本，如果将光伏发电系统集成到建筑施工过程，安装成本又可大大降低。建筑光伏集成系统既适用于居民住宅，又适用于商业、工业和公共建筑、高速公路音障等；既可集成到屋顶上，又可集成到外墙上；既可集成到新设计的建筑上，又可集成到现有的建筑上。光伏建筑集成近年来发展很快，许多国家相继制订了本国的光伏屋顶计划。建筑自身能耗占世界总能耗的1/3，是未来太阳能光伏发电产业的最大市场。光伏发电系统和建筑结合将根本改变太阳能光伏发电在世界能源中的从属地位，前景光明。

专家预计，21世纪前半期的30～50年，光伏发电量将超过核电发电量。以2040年计算，这要求光伏发电年增长率达16.5%，这是一个很实际的发展速度，前提是光伏系统安装成本至少能和核能发电相比。

当前影响太阳能光伏发电大规模应用的主要障碍是它的制造成本太高，在众多发电技术中，太阳能光伏发电仍是成本最高的一种，因此，发展太阳能光伏发电技术的主要目标是通过改进现有的制造工艺、设计新的电池结构、开发新颖电池材料等方式降低制造成本，提高太阳能电池的光电转换效率。近年来，光伏工业呈现稳定发展的趋势，发展的特点是：产量增加，转换效率提高，成本降低，应用领域不断扩大。

瑞士联邦理工学院研制出一种二氧化钛太阳能电池，其光电转换率高达33%，并成功地采用了一种无定形有机材料代替电解液，从而使它的成本比一块差不多大的玻璃贵不了多少，使用起来也更加简便。可以预料，随着技术的进步和市场的拓展，太阳能电池成本及售价将会大幅下降。随着太阳能电池成本的下降，太阳能光伏发电技术将进入大规模发展时期。

近年来，随着光电池材料、转换效率和稳定性等方面不断取得进展，光伏技术发展日新月异。晶体硅太阳能电池的研究重点是高效率单晶硅电池和低成本多晶硅电池。限制单晶硅太阳能电池光电转换效率的主要技术障碍有：

① 电池表面栅线遮光影响；

② 表面光反射损失；

③ 光传导损失；

④ 内部复合损失；

⑤ 表面复合损失。

针对这些问题，近年来开发出许多新技术，主要有：

① 单双层反射膜技术；

② 激光刻槽埋藏栅线技术；

③ 绒面技术；

④ 背点接触电极技术；

⑤ 高效背反射器技术；

⑥ 光吸收技术。

随着这些新技术的应用，发明了不少新的太阳能电池种类，极大地提高了太阳能电池的光电转换效率。例如，澳大利亚新南威尔士大学的格林教授采用激光刻槽埋藏栅线等新技术，将高纯化晶体硅太阳能电池的光电转换效率提高到 24.4%。光伏发电技术发展的另一特点是薄膜太阳能电池研究领域取得重大进展和各种新型太阳能电池的不断涌现。晶体硅太阳能电池光电转换效率虽高，但其成本难以大幅度下降，而薄膜太阳能电池在降低制造成本上有着非常广阔的诱人前景。早在十几年前，澳大利亚科学家利用多层薄膜结构的低质硅材料已使太阳能电池成本骤降 80%。

20 世纪 90 年代后期，太阳能光伏发电发展更加迅速。在产业方面，各国一直通过扩大规模、提高自动化程度、改进技术水平、开拓市场等措施降低成本，并取得了巨大进展。

在研究开发方面，单晶硅电池效率已达 24.7%，多晶硅电池效率突破 19.8%。非晶硅薄膜电池通过双结、三结叠层和合金层技术，在克服光衰减和提高效率上不断有新的突破，实验室稳定效率已经突破 15%。碲化镉电池效率达到 15.8%，铜铟硒电池效率达到 18.8%。晶硅薄膜电池的研究工作自 1987 年以来发展迅速，成为世界关注的新热点。

21 世纪世界光伏发电的发展将具有以下几个特点。

① 光伏产业将继续以高增长速率发展。多年来，光伏产业一直是世界增长速度最高和最稳定的领域之一，光伏发电的未来前景已被越来越多的国家政府和金融界（如世界银行）所认识，许多发达国家和地区纷纷制订光伏发电发展规划。预计到 21 世纪中叶，太阳能光伏发电将成为人类的基础能源之一。

② 太阳能电池组件成本将大幅度降低。太阳能光伏发电系统安装成本每年以 9% 的速率降低。降低成本可通过扩大规模、提高自动化程度和技术水平、提高电池效率等技术途径实现。考虑到 21 世纪薄膜太阳能电池技术会有重大突破，其降低成本的潜力更大。因此 21 世纪太阳能电池组件成本大幅度降低是必然趋势。

③ 太阳能光伏发电产业向百兆瓦级规模发展，同时自动化程度、技术水平也将大大提高，电池效率将向更高水平发展。

④ 薄膜太阳能电池技术将获得突破。薄膜太阳能电池具有大幅度降低成本的潜力，世界许多国家都在大力研究开发薄膜太阳能电池。在 21 世纪，薄膜太阳能电池技术将获得重大突破，规模会向百兆瓦级以上发展，成本会大幅度降低，实现太阳能光伏发电与常规发电相竞争的目标，从而成为可替代能源。

⑤ 太阳能光伏建筑集成并网发电快速发展。建筑光伏集成具有多功能和可持续发展的特征，建筑光伏集成设计使建筑更加洁净、完美，使人赏心悦目，容易被专业建筑师、用户和公众接受。太阳能光伏发电系统和建筑的完美结合体现了可持续发展的理想范例，国际社会十分重视。许多国家相继制订了本国的屋顶计划，使得建筑光伏集成技术蓬勃发展。光伏发电系统和建筑结合将使太阳能光伏发电向替代能源过渡，成为世界能源结构组成的重要部分。

⑥ 光伏发电系统运行方式的优势。太阳能资源无处不有，即使没有高低压网线，太阳能光伏发电系统仍然可以照常工作。太阳能光伏发电作为独立电源使用，成本低，所以位于边远地区的村庄都可以作为家用。供电系统、太阳能电池水泵系统以及大部分的通信电源系统等都属此类。太阳能光伏发电系统还可以同其它发电系统组成混合供电系统，如风-光混合系统、风-光-油混合系统等。由于风力发电系统成本低，风能和太阳能在许多地区具有互补性，从而可以大大减少蓄电池的存储容量，因此风-光混合系统的投资一般比独立太阳能光伏发电系统可以减少 1/3 左右。最有发展前景的是太阳能光伏发电系统与电网相联构成联

网发电系统。联网系统是将太阳能电池发出的直流电通过并网逆变器馈入电网。联网发电系统分为被动式联网系统和主动式联网系统。被动式联网系统中不带储能系统，馈入电网的电力完全取决于日照的情况，不可调度；主动式联网系统带有储能系统，可根据需要随时将太阳能光伏发电系统并入或退出电网。实践证明，联网太阳能光伏电站可以对电网调峰、提高电网末端的电压稳定性、改善电网功率因数和有效地消除电网杂波，应用前景广阔，是大规模利用太阳能电池发电的发展方向。

(5) 中国的光伏产业

① 中国是全球最大的光伏生产国　根据中国光伏产业联盟（China Photovoltaic Industry Alliance，CPIA）的数据，2018 年我国硅料、硅片、电池片、组件有效产能分别达116.1GW、146.4GW、128.1GW、130.1GW，产量分别为 77.7GW、109.2GW、87.2GW、85.7GW。产量占全球总产量的比重分别为 58%、90%、73%、72%。

2019 年，尽管在政策调整下，我国光伏应用市场有所下滑，但受益于海外市场增长，我国光伏各环节产业规模依旧保持快速增长势头。在产业制造端各环节，截至 2019 年底，我国多晶硅产能达到 46.2 万吨，同比增长 19.4%，产量约 34.2 万吨，同比增长 32.0%；硅片产量 134.6GW，同比增长 25.7%，单晶硅片实现大逆转，占比超过 65%；电池片产量 108.6GW，同比增长27.7%，PERC 单晶电池量产平均效率达 22.3%；组件产量 98.6GW，同比增长 17.0%。

2019 年全国光伏发电累计装机达到 20430 万千瓦，同比增长 17.3%，其中集中式光伏14167 万千瓦，同比增长 14.5%；分布式光伏 6263 万千瓦，同比增长 24.2%。2019 年全国光伏发电量达 2243 亿千瓦时，同比增长 26.3%。2015 年中国光伏发电总装机容量就居全球之首。2020 年 12 月 12 日，我国领导人在世界气候雄心峰会上承诺：中国在 2030 年，风电、太阳能发电总装机容量将达到 12 亿千瓦以上。

② 光伏产业出口量额实现"双升"　2019 年我国光伏产品出口额约 207.8 亿美元，同比增长 29%，"双反"以来首次超过 200 亿美元。其中，硅片出口额为 20 亿美元，出口量51.8 亿片（约 27.3GW），单晶硅片出口量约占 70%；电池片出口额为 14.7 亿美元，出口量约 10.4GW；组件出口额为 173.1 亿美元，出口量约 66.6GW，超过 2018 年全年光伏产品出口总额。硅片、电池片、组件出口量均超过 2018 年，创历史新高。2019 年，我国太阳能级多晶硅进口量约为 14.1 万吨，同比增长 12.8%，进口额约为 11.7 亿美元；多晶硅进口单价约为 8.3 美元/kg，同比下降 38.9%。

③ 光伏技术进步进一步加速　目前光伏发电即将脱离对补贴的依赖，由于光伏平价目标压力巨大，迫使光伏制造企业加速降低光伏度电成本，新技术的应用步伐不断加快，甚至将呈现超预期的发展态势。2019 年 210mm 超大硅片电池片已量产，组件产品已投入工程应用；此外，异质结电池、TOPCon 电池等高效电池技术的扩产化步伐也在稳步推进。2020年，产业化生产的 P 型 PERC 单晶和 N 型 TOPCon 单晶电池转换效率均分别达到 22.7% 和23.3%，主流组件产品功率将达到 325W 以上；PERC 电池技术仍将是电池市场的主导，但TOPCon 电池产量将出现较大幅度增长。

④ 光伏应用进一步多样化　基于光资源的广泛分布和光伏发电的应用灵活性特点，近年来我国光伏发电在应用场景上与不同行业相结合的跨界融合趋势愈发凸显，水光互补、农光互补、渔光互补等应用模式不断推广。随着光伏发电在各领域应用的逐步深入，以下几个领域的关注度也将逐步提高。一是光伏＋制氢。光伏＋制氢，实现了清洁能源生产清洁能源，能有效解决光伏发电消纳问题，实现两种新能源之间的有效应用。随着光伏发电和电解水制氢技术的不断发展，光伏＋制氢将成为我国能源安全和能源结构调整的新选择。二是光伏＋5G 通信。据规划，随着 5G 技术的应用普及，国内至少有 1438 万个基站需要新建或改

造，同时，按照各运营商 5G 规模和数量计算能耗总量，5G 基站全网功耗将是 4G 的 4.62 倍。光伏发电系统能够有效降低电力基础设施投资，在 5G 领域的应用发展潜力巨大。三是光伏＋新能源汽车。截至 2019 年底，我国纯电动车保有量达 310 万辆，随着光伏充电站/桩建设业务逐渐扩大，光伏＋新能源汽车应用模式将逐渐普及。四是光伏＋建筑。随着近零能耗、零能耗等更高节能水平绿色建筑逐步应用和普及，以高效、智能化的光伏发电系统作为建筑能源形式的"光电建筑"，将成为越来越多光伏企业差异化发展的契机。

1.3.3　光伏发电技术课程的知识结构

　　本课程为现代新能源应用技术专业的必修课、电子与电气技术等专业选修课，与物理学、电工及电子学、现代电力电子技术、自动控制技术等课程有密切联系，是一门综合性、技能性、实践性较强的专业技术课程。通过本课程的学习，应能掌握太阳能光伏发电系统中太阳、太阳能光伏电池、蓄电池、控制器、逆变器等环节的功能作用，掌握太阳能电池与太阳能电池组件的原理、结构及其设计制造工艺，掌握蓄电池、控制器、逆变器等的基本结构、工作原理、技术特性及其使用方法，具备太阳能光伏发电系统一般的故障分析、处理能力。同时，应熟悉太阳能光伏发电应用系统的结构组成、设计方法、安装调试和运行管理技术，使太阳能光伏发电系统在广泛推广应用中为缓解能源危机、保护自然环境发挥应有的作用。

　　根据太阳能光伏发电系统的基本组成，该课程的基本知识结构如图 1-6 所示，可供学习参考。

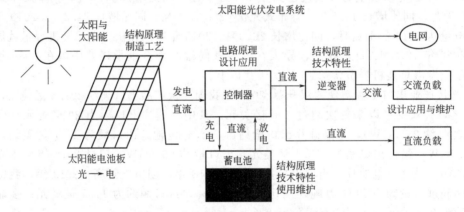

图 1-6　太阳能光伏发电系统知识结构

思考题与习题

1-1　为什么说化石燃料资源不但迟早会枯竭耗尽，而且化石燃料对环境的严重污染所导致的生态破坏也越来越严重？

1-2　简要说明利用太阳能光伏发电的优势和不足之处。

1-3　简要说明太阳能光伏发电系统的基本组成及其应用。

1-4　我们为什么要了解全球太阳能光伏产业的现状和发展前景？

1-5　我国太阳能光伏产业现状和发展前景如何？

1-6　在太阳能利用中存在哪些经济技术问题？

第 **2** 章

太阳与太阳能

2.1 太阳*

太阳是离地球最近的一颗恒星，也是太阳系的中心天体，它的质量占太阳系总质量的99.865%。太阳还是太阳系里唯一自己发光的天体，它给地球带来光和热。如果没有太阳光的照射，地面的温度将会很快地降低到接近绝对零度。由于太阳光的照射，地面平均温度才会保持在14℃左右，形成了人类和绝大部分生物生存的条件。除了原子能、地热和火山爆发的能量外，地面上大部分能源均直接或间接同太阳有关。

2.1.1 太阳的基本参数

太阳是宇宙中的一颗恒星。太阳半径 R 为 $6.96×10^5 km$，是地球半径的 109 倍；体积为 $1.41×10^{18} km^3$，是地球的 1302500 倍；日地平均距离为 $1.5×10^8 km$，太阳光到达地球表面时间约 $8'18''$；质量约为 $1.99×10^{27} t$，是地球质量的 33 万倍；平均密度 $1.409 g/cm^3$，约为地球密度的 1/4，但中心密度高达 $158 g/cm^3$；太阳总辐射功率 $3.83×10^{26} J/s$，表面的有效温度为 5762K，而内部中心区域的温度则高达几千万度。

根据目前太阳产生的核能速率估算，氢的储量足够维持 600 亿年，而地球内部组织因热核反应聚合成氦，它的寿命约为 50 亿年，因此，从这个意义上讲，可以说太阳的能量是取之不尽、用之不竭的。

2.1.2 太阳的基本结构

太阳的质量很大，在太阳自身的重力作用下，太阳物质向核心聚集，核心中心的密度和温度很高，使得能够发生原子核反应。这些核反应是太阳的能源，所产生的能量连续不断地向空间辐射，并且控制着太阳的活动。天文学家通常把太阳分成"里三层"和"外三层"。太阳内部的"里三层"由中心向外依次为核反应区、辐射区、对流区。太阳与地球一样，外部也存在"大气层"——太阳大气，太阳大气由内向外，大致可以分为光球、色球、日冕等层次，即"外三层"。各层次的物理性质有明显区别。

太阳的结构和能量传递方式如图 2-1 所示，简要说明如下。

(1) 核反应区

在太阳半径 25%（即 $0.25R$）的区域内，是太阳的核心，集中了太阳一半以上的质量。此处温度大约 1500 万度（K），压力约为 2500 亿大气压（1atm = 101325Pa），密度接近 $158 g/cm^3$。这部分产生的能量占太阳产生的总能量的 99%，并以对流和辐射方式向外传递。氢聚合时放出 γ 射线，这种射线通过较冷区域时，消耗能量，增加波长，变成 X 射线或紫外线及可见光。

（2）辐射区

在核反应区的外面是辐射区，所属范围 $0.25\sim0.8R$，温度下降到 13 万度，密度下降为 $0.079\mathrm{g/cm^3}$。在太阳核心产生的能量通过这个区域以辐射方式传输出去。

（3）对流区

在辐射区的外面是对流区（对流层），所属范围 $0.8\sim1.0R$，温度下降为 5000K，密度为 $10^{-8}\mathrm{g/cm^3}$。在对流区内，能量主要靠对流传播。对流区及其里面的部分是看不见的，它们的性质只能靠同观测相符合的理论计算来确定。

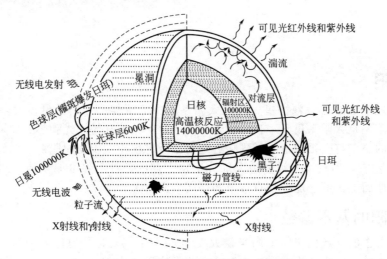

图 2-1 太阳的结构和能量传递方式

（4）光球层

人们平常看到的、能发出明亮耀眼光芒的太阳圆斑就是光球层。光球层厚度约 500km，表面的温度可以达到 5700℃。由于大气透明度有限，因此在观测中有临边昏暗的现象。

光球层上常有黑斑出现，它实际是具有强磁场的漩涡，由于温度低，看起来是黑的，所以叫做太阳黑子。倘若能把黑子单独取出，一个大黑子便可以发出相当于满月的光芒。日面上黑子出现的情况不断变化，这种变化反映了太阳辐射能量的变化。太阳黑子的变化存在复杂的周期现象，平均活动周期为 11.2 年。

光球层的大气中存在着激烈的活动，用望远镜可以看到光球表面有许多密密麻麻的斑点状结构，很像一颗颗米粒，称为米粒组织。它们极不稳定，一般持续时间仅为 $5\sim10\mathrm{min}$，其温度要比光球的平均温度高出 $300\sim400℃$。目前认为，这种米粒组织是光球下面气体的剧烈对流造成的现象。

（5）色球层

紧贴光球以上的一层大气层称为色球层，平时不易被观测到，这一区域只是在日全食时才能被看到。当月亮遮掩了光球明亮光辉的一瞬间，人们能发现日轮边缘上有一层玫瑰红的绚丽光彩，那就是色球层，平均厚度约为 2000km，是一层呈玫瑰色、稀疏透明的大气层，它的化学组成与光球基本上相同，主要由氢、氦、钙等离子构成。它是由无数细小的火舌组成，其宽度约为几百千米，高度可到 $6000\sim7000\mathrm{km}$。但色球层内的物质密度和压力要比光球低得多。日常生活中，离热源越远处温度越低，而太阳大气的情况却截然相反，光球顶部接近色球处的温度只不过是 4300℃，到了色球顶部温度竟高达几万度，再往上，到了日冕区温度陡然升至上

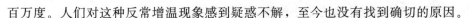

百万度。人们对这种反常增温现象感到疑惑不解，至今也没有找到确切的原因。

在色球层的边缘，常常突然窜出一片火舌般的气柱，高度可达几万千米，甚至1000多万千米，这就是所谓的"日珥"。

日珥是迅速变化着的活动现象，一次完整的日珥过程一般为几十分钟。同时，日珥的形状千姿百态，天文学家根据形态变化规模的大小和变化速度的快慢将日珥分成宁静日珥、活动日珥和爆发日珥三大类。其中，最壮观的是爆发日珥，本来宁静或活动的日珥，有时会突然"怒火冲天"，把气体物质拼命往上抛射，然后回转着返回太阳表面，形成一个环状，所以又称环状日珥。

在色球层上还有耀斑，它来势凶猛，去则迅速，在极短的时间内，突然增亮，同时还释放出巨大的能量，相当于几万甚至几十万个氢弹爆炸产生的能量。耀斑发射的高能带电粒子流与地球高层大气作用，产生"极光"。耀斑的爆发会使地磁场受到干扰（这时指南针失灵，称为磁爆），电离层受到破坏，使它失去反射无线电波的功能，无线电通信尤其是短波通信，以及电视台、电台广播，会受到干扰甚至中断。此外还会破坏输电网（这对太阳能并网发电构成很大的威胁），甚至可能还会威胁到航天飞机和空间站中宇航员的生命。因此，监测太阳活动和太阳风的强度，适时作出空间气象预报，显得越来越重要。

色球层的温度从内到外呈增长趋势，从最里层，也就是靠近光球层的部位，到色球层顶部，可以从4600K增加到几万度，它以发出非可见光为主。

(6) 日冕层

在日全食时的短暂瞬间，常常可以看到太阳周围除了绚丽的色球外，还有一大片白里透蓝、柔和美丽的晕光，这就是太阳大气的最外层——日冕。日冕的范围在色球之上，它的形状很不规则，并且经常变化，同色球层没有明显的界限。它的厚度很大，可以延伸到 $(5\sim6)\times10^6$ km 的范围内，即一直延伸到好几个太阳半径的地方。日冕里的物质不但稀薄，而且还会向外膨胀，并使得热电离气体粒子连续地从太阳向外流出而形成"太阳风"。日冕层亮度很小，仅为光球层的百万分之一，但温度却很高，达到100多万度。根据高度的不同，日冕层可分为两部分：高度在17万千米以下，呈淡黄色，温度在100万度以上称为内冕；高度在17万千米以上，呈青白色的称为外冕，温度比日冕要低。

太阳看起来很平静，实际上无时无刻不在发生剧烈的活动。太阳表面和大气层中的活动现象，诸如太阳黑子、耀斑和日冕物质喷发等，会使太阳风大大增强，造成许多地球物理现象——例如极光增多、大气电离层和地磁的变化等。

严格说来，上述太阳大气的分层（"外三层"）仅有形式的意义，实际上各层之间并不存在着明显的界限，它们的温度、密度随着高度是连续地改变的。

可见，太阳并不是一个一定温度的黑体，而是许多层不同波长发射、吸收的辐射体。不过，在描述太阳时，通常将太阳看作是温度为6000K、波长为 $0.3\sim3.0\mu m$ 的黑色辐射体。

2.2　太阳与地球

2.2.1　地球的纬度与经度*

(1) 地球的纬线与纬度

地轴：地球自转的轴线，通过地球的南北极和地球中心。

赤道：地球中腰与地轴垂直且与南北极距离相等的大圆圈。或赤道是地球表面的点随地球自转产生的轨迹中周长最长的圆周线。赤道半径6378.140km；两极半径6357.752km；平均半径6371.004km；赤道周长40075.7km。赤道把地球分为南北两半球，以北是北半球，以南是南半球。赤道是地球上重力最小的地方。

纬线：赤道的南北两边若干与赤道平行的圆圈，即纬圈，构成纬圈的线段，称为纬线。赤道是地球上最长的一条纬线。

纬度：纬度可分为天文纬度、大地纬度、地心纬度。地心纬度是指某点与地球球心的连线和地球赤道面所成的线面角，大地纬度是指某地地面法线对赤道面的夹角，天文纬度指该地铅垂线方向对赤道面的夹角。

赤道是划分南、北纬度的基线，赤道的纬度为0°。以赤道为界，地球分为南北半球。赤道南、北各有90°，分别向两极排列，南、北极分别为南、北纬90°。纬圈越小，纬度越高。纬度的高低标志气候的冷热：0~30°，低纬度区；30~60°，中纬度区；60~90°，高纬度区。

南北回归线：南北回归线就是南纬北纬纬度为23°27′（23.45°）的那条纬线。每年冬至日，太阳直射点在南半球的纬度达到最大，此时正是南半球的盛夏，此后太阳直射点逐渐北移，并始终在南纬23°27′附近和北纬23°27′附近的两个纬度圈之间周而复始地循环移动。因此，把这两个纬度圈分别称为北回归线和南回归线，如图2-2所示。

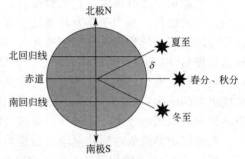

图2-2　一年中太阳赤纬角的变化规律

（2）地球的经线与经度

经线：南北极间若干南北方向的且与赤道垂直的大圆圈，即"经圈"，构成经圈的线段称为经线，即地面上连接南北极的线，表示南北方向，所有经线长度相等。

经度：就是地球上一个地点离一根被称为本初子午线的南北方向走线以东或以西的度数。通过伦敦格林尼治天文台原址的经线，国际规定为0°经线，即本初子午线（子午线总长度40008km），向东、西各有180°（即分为东、西半球），它是确定地球经度和全球时刻的标准参考线。地球上各地的时区也由此划分，经度每相差15°便相差一个小时（即一个时区）。

2.2.2　太阳与地球的位置关系

在设计太阳能电池应用系统时，不可避免地都会涉及到太阳高度角、方位角、日照时间等计算问题，因而必须对地球绕太阳运行的基本规律及其相关的天文背景有一定了解。

（1）天球与天球坐标系

图2-3　天球及天球坐标系

以观察者为球心，以任意长度（无限长）为半径，其上分布着所有天体的球面叫做**天球**。图2-3所示为天球及天球坐标系。通过天球的中心（即观察者的眼睛）与铅直线相垂直的平面称为**地平面**；地平面将天球分为上下两个半球；地平面与天球的交线是个大圆，称为**地平圈**；通过天球的中心的铅直线与天球的交点分别称为**天顶**和**天底**。地球每天绕着它本身的极轴自西向东地自转一周，反过来说，假定地球不动，那么天球将每天绕着它本身的轴线自东向西地自转一周；我们称之为**周日运动**。在周日运动过程中，天球上有两个不动点，叫做**南天极**和**北天极**，连接两个天极的直线称为**天轴**；通过天球的中心（即观察者的眼睛）与天轴相垂直的平面称为**天球赤道面**；天球赤道面与天球的交线是个大圆，称为**天赤道**。通过天顶和天极的大圆称为**子午圈**。

可以在上述这些极和圈（面）的基础上定义几种天球坐标系，以便研究天体在天球上的位置和它们的运动规律。最常用的有地平坐标系和赤道坐标系；后者根据原点的不同又可细分为时角坐标系和赤道坐标系。下面着重介绍与设计太阳能电池应用系统有关的地平坐标系和时角坐标系。

（2）地平坐标系

以地平圈为基本圈，天顶为基本点，南点为原点的坐标系叫做**地平坐标系**，如图 2-4 所示。通过天顶和太阳（或任一天体）M 作一大圆，叫做**地平经圈**；地平经圈交地平圈于 M' 点；从原点 S 沿地平圈顺时针方向计量，弧 SM' 为**地平经度**，或**方位角 γ_s**；弧 MM' 为**地平纬度**，或**高度角 h**，向上为正，向下为负。弧 ZM 称为**天顶距**，自 Z 起计量，用 θ_z 表示，显然 $\theta_z = 90° - h$。由于天体有周日运动，所以天体的地平坐标随着时间在不断地变化着。此外，天体的地平坐标还和观测者在地面上的位置有一定关系，即地平坐标随观测地点而异。

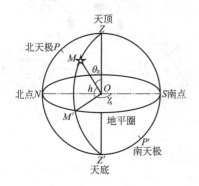

图 2-4　地平坐标系

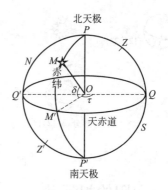

图 2-5　时角坐标系

（3）时角坐标系

以天赤道为基本圈，北天极为基本点，天赤道和子午圈在南点附近的交点为原点的坐标系叫作**时角坐标系**或第一**赤道坐标系**，如图 2-5 所示。通过北天极和太阳（或任一天体）M 作一大圆，叫做**时圈**，时圈交天赤道于 M' 点；从原点 Q 沿天赤道顺时针方向计量，弧 QM' 为**时角 τ**，τ 以度、分、秒为单位来表示，也可以时、分、秒为单位来表示；弧 MM' 叫做**赤纬 δ**，δ 以度、分、秒为单位来表示，从天赤道算起，向上为正，向下为负。当天体作周日运动时，天体的赤纬 δ 不随周日运动而变化，但天体的时角 τ 却从 0° 均匀地增加到 360°。此外，在同一瞬间，在地理经度不同的观测地点观测同一天体的时角 τ 是不同的，即同一天体的时角 τ 随观测地点而异。一般时角 τ 从 Q 点起算（太阳的正午起算，$\tau = 0°$），顺时针方向为正，逆时针方向为负，即上午为负，下午为正。其数值等于离开正午的时间（小时）乘以 15°。在时角坐标系中，太阳（天体）的位置 M 由时角 τ 和赤纬角 δ 两个坐标决定。

以上只是简要介绍了一点相关的天文背景知识。如果要准确计算太阳高度角、方位角、日照时间等数据，还需要了解以上坐标系之间的转换关系，这又牵涉到时间系统，有兴趣的读者可以找一些相关的天文方面的资料进行知识补充。

2.2.3　地球绕太阳的运行规律

众所周知，地球每天绕着通过它本身南极和北极的"地轴"自西向东地自转一周。每转一周（360°）为一昼夜，一昼夜又分为 24h（实际一个恒星日为 23 小时 56 分 4.0905 秒），所以地球每小时自转 15°（即自转角速度为 15°/h）。

地球除了自转外，还绕太阳循着偏心率很小的椭圆形轨道（黄道）上运行，称为"公转"，其周期为一年，一年为 365 天（实际一个恒星年为 365 天 6 小时 6 分 9 秒）。地球的自转轴与公转运行的轨道面（黄道面）的法线倾斜成 23°27′ 的夹角（**黄赤交角**），而且地球公转时其自转轴的方向始终不变，总是指向天球的北极。因此，地球处于运行轨道的不同位置时，阳光投射到地球上的方向也就不同，形成地球四季的变化。图 2-6（a）表示地球绕太阳运行的四个典型季节日的地球公转的行程图，图 2-6（b）表示对应于上述四个典型季节日地球受到太阳照射的情况。

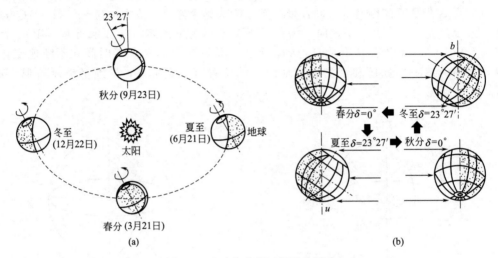

图 2-6　地球绕太阳运行及其影响

2.2.4　太阳的视运动

　　地球上的人们观察到的太阳运动轨迹，称**太阳视运动**（the sun looks at motion）。太阳本身是恒星，太阳视运动的实质是太阳与地球间的相对运动。太阳视运动以及它在太阳正午时候相对于一名在北纬 35°（或者南纬 35°）的固定观察者的位置如图 2-7 所示，图中，ε 是地球自转平面（赤道平面）与地球围绕太阳公转平面（黄道平面）之间的夹角（$\varepsilon=23°27′=23.45°$）。太阳路径在一年中变化，图中也表示出了太阳在一年中不同的偏移极点，即在夏至和冬至以及在二分点的位置。在春分和秋分（3 月 21 日和 9 月 23 日左右）太阳正东升起，正西落下。在正午时分，太阳高度等于 90° 减去纬度。在冬至和夏至（对于北半球而言，分别大约在 12 月 22

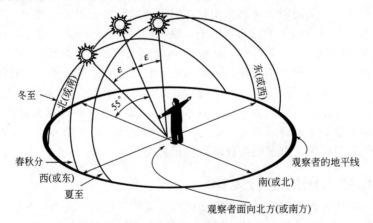

图 2-7　观察者在南纬或北纬 35° 时所观察到的太阳的视运动

日和 6 月 21 日左右；南半球正好相反）太阳的正午高度增加或减少一个地球黄赤交角 23°27′。利用相关的天文学公式可以算出任意时间太阳在天空中的位置。

太阳的视运动轨迹有时用极坐标（如图 2-8 所示）或圆柱形图示描述。其中，圆柱形图对预测附近物体的遮光效应特别有用。

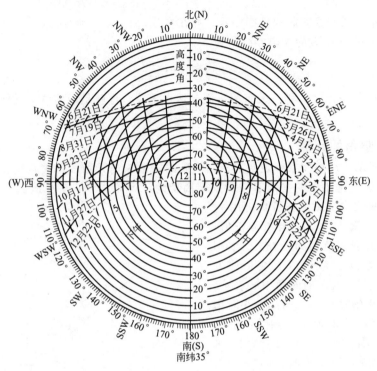

图 2-8　观察者在南纬 35° 时太阳视运动轨道的极坐标图

设观察者位于地球北半球中纬度地区，我们可以对太阳在天球上的周年视运动情况做如下描述。

每年的春分日（3 月 21 日），太阳从赤道以南到达赤道（太阳的赤纬 $\delta = 0°$），地球北半球的天文春季开始。在周日视运动中，太阳出于正东而没于正西，白昼和黑夜等长。太阳在正午的高度等于 $90° - \phi$（ϕ 为观察者当地的地理纬度）。春分过后，太阳的升落点逐日移向北方，白昼时间增长，黑夜时间缩短，正午时太阳的高度逐日增加。夏至日（6 月 22 日），太阳正午高度达到最大值 $90° - \phi + 23°27′$，白昼最长，这时地球北半球天文夏季开始。夏至过后，太阳正午高度逐日降低，同时白昼缩短，太阳的升落又趋向正东和正西。

秋分日（9 月 23 日），太阳又从赤道以北到达赤道（太阳的赤纬 $\delta = 0°$），地球北半球的天文秋季开始。在周日视运动中，太阳又出于正东而没于正西，白昼和黑夜等长。秋分过后，太阳的升落点逐日移向南方，白昼时间缩短，黑夜时间增长，正午时太阳的高度逐日降低。冬至日（12 月 22 日），太阳正午高度达到最小值 $90° - \phi - 23°27′$，黑夜最长，这时地球北半球天文冬季开始。冬至过后，太阳正午高度逐日升高，同时白昼增长，太阳的升落又趋向正东和正西，直到春分日（3 月 21 日）太阳从赤道以南到达赤道。

2.2.5　太阳高度角、方位角、日照时间的计算

2.2.5.1　太阳赤纬角 δ——库珀方程

与赤道面平行的平面与地球的交线称为地球的纬度。通常将太阳光线与地球赤道面的交

角就是太阳的赤纬角，以 δ 表示（图2-5）。在一年当中，太阳赤纬每天都在变化，但不超过 $\pm 23°27'$（$\pm 23.45°$）的范围（图2-2）。夏天最大变化到夏至日的 $+23°27'$；冬天最小变化到冬至日的 $-23°27'$。太阳赤纬随季节变化，按照库珀（Cooper）方程，由式（2-1）计算

$$\delta = 23.45°\sin\left(360°\times\frac{284+n}{365}\right) \tag{2-1}$$

式中，n 为一年中从元旦算起的日期序号，如在春分，$n=81$，则 $\delta=0$。

自春分日起的第 d 天的太阳赤纬角为

$$\delta = 23.45°\sin\left(\frac{2\pi d}{365}\right) \tag{2-2}$$

赤纬角仅仅与一年中的哪一天有关，而与地点无关，也就是说地球上任何位置其赤纬角都是相同的。

2.2.5.2　太阳角的计算

如图2-9所示，从地面某一观测点指向太阳的向量 S 与天顶 Z 的夹角定义为**天顶角**，用 θ_z 表示；向量 S 与地平面的夹角定义为太阳**高度角**，用 h 表示；S 在地面上的投影线与南北方向线之间的夹角为太阳**方位角**，用 γ_s 表示，并规定正南方为 $0°$，向西为正值，向东为负值，其变化范围为 $\pm 180°$。太阳在正东方时，方位角为 $-90°$，在正西方时，方位角为 $90°$。太阳的**时角**用 τ 表示，它定义为：在正午时 $\tau=0$，每隔一小时增 $15°$，上午为负，下午为正。例如：上午11时，$\tau=-15°$；上午8时，$\tau=-15°\times(12-8)=-60°$；下午1时，$\tau=+15°$；下午3时，$\tau=+15°\times 3=+45°$。

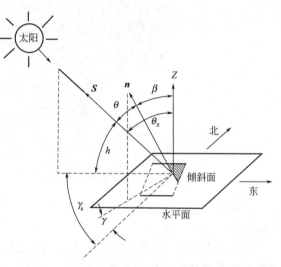

图2-9　太阳角的定义
（与地平面呈 β 角的一个倾斜面与太阳辐射的几何关系）
Z—天顶；n—倾斜面法线；S—指向太阳的向量；β—倾斜面与水平面的夹角；θ_z—天顶角，指向太阳的向量 S 与天顶 Z 的夹角；h—太阳高度角，指向太阳的向量 S 与地平面的夹角；γ_s—太阳方位角，指向太阳的向量 S 在地面上的投影与南北方向线间夹角；θ—指向太阳的向量 S 与倾斜面法线 n 的夹角；γ—法线 n 在地面上的投影与南北方向线的夹角

（1）太阳高度角 h

太阳高度一天中每时每刻都在变化，在天文学中，太阳高度角的计算公式为

$$\sin h = \sin\phi\sin\delta + \cos\phi\cos\delta\cos\tau \tag{2-3}$$

式中，ϕ 为观测点地理纬度；δ 为当日观测时刻的太阳赤纬角；τ 为观测时刻的太阳时角。其中单位均以度（$°$）计。

正午时，$\tau=0$，$\cos\tau=1$，式（2-3）可简化为

$$\sin h = \sin\phi\sin\delta + \cos\phi\cos\delta = \cos(\phi-\delta)$$

因为 $\cos(\phi-\delta)=\sin[90°\pm(\phi-\delta)]$，所以，

$$\sin h = \sin[90°\pm(\phi-\delta)] \tag{2-4}$$

正午时，若太阳在天顶以南，即 $\phi>\delta$，取 $\sin[90°-(\phi-\delta)]$，从而有

$$h = 90°-\phi+\delta \tag{2-5}$$

正午时，若太阳在天顶以北，即 $\phi<\delta$，取 $\sin[90°+(\phi-\delta)]$，从而有

$$h = 90°+\phi-\delta \tag{2-6}$$

在南北回归线上，有时正午时太阳正对天顶，则 $\phi=\delta$，从而有 $h=90°$。

规定：地理纬度 ϕ，北半球取正值，南半球取负值；太阳赤纬角 δ，太阳位于赤道以北时取正值，位于赤道时 $\delta=0$，位于赤道以南时取负值。

[例 2-1] 计算夏至日南回归线上的正午太阳高度角。

解 夏至日正午太阳赤纬角 $\delta=23°27'$，南回归线纬度 $\phi=-23°27'<\delta$，所以太阳高度角为

$$h=90°+(\phi-\delta)=90°+(-23°27'-23°27')=43°06'$$

[例 2-2] 计算春分日北极圈上的正午太阳高度角。

解 春分日正午太阳赤纬角 $\delta=0°$，北极圈纬度 $\phi=66°33'>\delta$，所以太阳高度角为

$$h=90°-(\phi-\delta)=90°-(66°33'-0°)=23°27'$$

(2) 太阳方位角 γ_s

由图 2-9 的几何关系，太阳方位角计算公式为

$$\cos\gamma_s=\frac{\sin h\sin\phi-\sin\delta}{\cos h\cos\phi} \tag{2-7}$$

也可用下式计算

$$\sin\gamma_s=\frac{\cos\delta\sin\tau}{\cos h} \tag{2-8}$$

根据地理纬度、太阳赤纬及观测时间，利用式（2-6）或式（2-8）中任一个可以求出任何地区、任何季节某一时刻的太阳方位角（正午的太阳方位角为 $\gamma_s=0°$）。

(3) 日照时间 T

太阳在地平线的出没瞬间，其太阳高度角 $h=0$，若不考虑地表面曲率及大气折射的影响，根据式（2-3），可得出日出日没时角的表达式

$$\cos\tau_\theta=-\tan\phi\tan\delta \tag{2-9}$$

式中，τ_θ 为日出或日没时角，以度表示：正为日没时角，负为日出时角。

对于北半球，当 $-1\leqslant-\tan\phi\tan\delta\leqslant+1$，由式（2-9）可得

$$\tau_\theta=\arccos(-\tan\phi\tan\delta) \tag{2-10}$$

因为 $\cos\tau_\theta=\cos(-\tau_\theta)$，所以 $\tau_{\theta出}=-\tau_\theta$，$\tau_{\theta没}=\tau_\theta$。

由式（2-10）可求得任何季节、任何纬度上的昼长。求出时角 τ_θ 后，日出日没时间用 $t=\dfrac{\tau_\theta}{15°/h}$ 求出，一天中可能的日照时间 T（昼长）可由下式给出

$$T=\frac{2}{15°}\arccos(-\tan\phi\tan\delta)(h) \tag{2-11}$$

[例 2-3] 计算上海地区 9 月 22 日中午 12 时和下午 2 时的太阳高度角和方位角，以及该地区冬至日的日出日没时角及全天日照时间。

解 ① 上海地区的纬度 $\phi=31.17°$。

② 9 月 22 日距元旦的时间 $n=265$，则当日的赤纬角为

$$\delta=23.45°\sin\left(360°\times\frac{284+n}{365}\right)=23.45°\sin\left(360°\times\frac{284+265}{365}\right)=-0.6°$$

③ 正午 12 时的时角 $\tau=0°$，下午 2 时的时角 $\tau=15°\times2=30°$。

中午 12 时的太阳高度角：由于 $\phi>\delta$，则

$$h=90°-\phi+\delta=90°-31.17°+(-0.6°)=58.23°$$

④ 下午 2 时的太阳高度角：

$$\begin{aligned}
\mathrm{Sin}h&=\sin\phi\sin\delta+\cos\phi\cos\delta\cos\tau\\
&=\sin31.17°\sin(-0.6°)+\cos31.17°\cos(-0.6°)\cos30°
\end{aligned}$$

$$= 0.7355$$
$$h = 47.35°$$

下午 2 时的太阳方位角

$$\sin\gamma_s = \frac{\cos\delta\sin\tau}{\cos h} = \frac{\cos(-0.6°)\sin30°}{\cos45.93°} = 0.738$$

由此可得 $\gamma_s = 47.6°$。

⑤ 冬至日的太阳赤纬角 $\delta = -23.45°$，则

$$\cos\tau_\theta = -\tan\phi\tan\delta = -\tan31.17°\tan(-23.45°) = 0.2624$$

因此，上海地区冬至日的日出时角 $\tau_{\theta出} = -74.79°$，日落时角 $\tau_{\theta没} = 74.79°$，全天日照时间

$$T = \frac{2}{15°}\arccos(-\tan\varphi\tan\delta)(\text{h}) = 2 \times \frac{|\tau_\theta|}{15°}(\text{h}) = 2 \times \frac{74.79°}{15°}(\text{h}) = 9.97(\text{h})$$

（4）日出、日落时的方位角

日出、日落时太阳高度角为 $h = 0°$，所以 $\cos h = 1$，$\sin h = 0$，代入式(2-7)，

$$\cos\gamma_s = -\sin\delta/\cos\phi \tag{2-12}$$

得到的日出、日落时的方位角都有两组解，因此必须选择一组正确的解。我国所处的位置大致可划分为北热带（$0 \sim 23.45°$）和北温带（$23.45° \sim 66.55°$）两个气候带。当太阳赤纬角 $\delta > 0°$（夏半年）时，太阳升起和降落都在北面的象限（数学上的第一、二象限）；$\delta < 0°$（冬半年）时，太阳升起和降落都在南面的象限（数学上的第三、四象限）。

[例2-4] 求上海地区 9 月 22 日的日出、日落时的方位角。

解 上海地区的 $\phi = 31.12°$，其 9 月 22 日（$n = 265$）的太阳赤纬角：

$$\delta = 23.45°\sin\left(360° \times \frac{284+265}{365}\right) = -0.6°$$

代入式(2-12)

$$\cos\gamma_s = -\sin\delta/\cos\phi = -\sin(-0.6°)/\cos31.12° = 0.01223$$

可得 $\gamma_s = 89.30°$ 或 $\gamma_s = -89.30°$。

因此，日出、日落时的方位角分别为 $\gamma_s = -89.30°$ 和 $\gamma_s = 89.30°$。

（5）太阳入射角 θ

计算光伏组件表面太阳辐射量最重要的是确定太阳入射角 θ。太阳入射角 θ 为太阳照射到地表倾斜面上时，太阳入射线与倾斜面法线之间的夹角。如图 2-9 所示，太阳入射角 θ 与其它角度之间的关系为

$$\cos\theta = \sin\delta(\sin\phi\cos\beta - \cos\phi\sin\beta\cos\gamma) +$$
$$\cos\delta\cos\tau(\cos\phi\cos\beta + \sin\phi\sin\beta) + \cos\delta\sin\beta\sin\gamma\sin\tau \tag{2-13}$$

式中，ϕ 为当地纬度；θ 为太阳入射角；δ 为太阳赤纬角；β 为斜面倾斜角；τ 为时角；θ_z 为太阳天顶角；γ 为倾斜面方位角（参见图 2-9）。

由式(2-13)可以计算出处于任何地理位置、任何季节、任何时候、光伏组件处于任何几何位置上的太阳入射角。

对于北半球，光伏组件朝向赤道（正南 $\gamma = 0°$）放置的倾斜面，可得

$$\cos\theta = \sin\delta\sin(\phi-\beta) + \cos(\phi-\beta)\cos\delta\cos\tau \tag{2-13a}$$

对于南半球，光伏组件朝向赤道（$\gamma = 180°$）放置的倾斜面，可得

$$\cos\theta = \sin\delta\sin(\phi+\beta) + \cos(\phi+\beta)\cos\delta\cos\tau \tag{2-13b}$$

如果是在水平面上，即 $\beta = 0°$，则有

$$\cos\theta = \cos\phi\cos\delta\cos\tau + \sin\phi\sin\delta \tag{2-13c}$$

可见，此时在水平面上的太阳入射角 θ 与太阳高度角 h（见式（2-3））互余。

如果是在垂直面上，即 $\beta = 90°$，则有

$$\cos\theta = -\sin\delta\,\cos\phi\cos\gamma + \cos\delta\sin\phi\,\cos\gamma\,\cos\tau + \cos\delta\sin\gamma\sin\tau \qquad (2\text{-}13\mathrm{d})$$

式（2-13a）说明，朝南放置（$\gamma = 0°$）、倾斜角为 β 的光伏组件表面上的太阳入射角等于纬度为 $\phi - \beta$ 处水平表面上的入射角，它们之间的关系如图 2-10 所示。

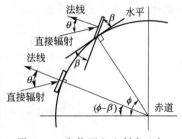

图 2-10　光伏面上入射角 θ 与 ϕ 和 β 的关系

若将光伏组件倾斜角置于和当地纬度相同，即 $\beta = \phi$，式（2-13a）简化为

$$\cos\theta = \cos\delta\cos\tau \qquad (2\text{-}14)$$

[例 2-5]　计算北京地区在 2 月 13 日上午 10 时 30 分，倾角为 45°、方位角为 15° 的倾斜面上的太阳入射角。

解　2 月 13 日的 $n = 44$，$\delta = -14°$，上午 10：30 的时角 $\tau = 22.5°$，$\beta = 45°$，$\gamma = 15°$，北京地区的纬度 $\phi = 39.48°$。代入式（2-13）得

$$\cos\theta = \sin(-14°)(\sin 39.48°\cos 45° - \cos 39.48°\sin 45°\cos 15°)$$
$$+ \cos(-14°)\cos 22.5°(\cos 39.48°\cos 45° + \sin 39.48°\sin 45°) + \cos(-14°)\sin 45°\sin 15°\sin 22.5°$$
$$= 0.8292$$

所以此时的太阳入射角 $\theta = 34°$。

2.3　太阳能

2.3.1　太阳辐射能*

太阳是一个主要由氢和氦组成的炙热的气体火球（氢 71.3%，氦 27%，其它 1.8%），太阳的能量主要来源于太阳内部氢聚变成氦的核聚变反应，每秒有 6.57×10^{11} kg 的氢聚合生成 6.53×10^{11} kg 的氦。在核聚变过程中，质量亏损 m 约为 0.4×10^{10} kg，按爱因斯坦质能公式 $E = mc^2$（c 为光速）计算，亏损质量可连续产生约 3.865×10^{23} kW 能量。这些能量以电磁波的形式，以 3×10^5 km/s 的速度（即光速 c）穿越太空射向四面八方。地球只接受到太阳总辐射的二十二亿分之一，即有 1.73×10^{14} kW 辐射能到达地球大气层上边缘（"地球上界"），由于穿越大气层时的衰减，最后约 8.5×10^{13} kW 辐射能到达地球表面，这个数量相当于全世界发电量的几十万倍。

到达地球表面的太阳辐射能大体分为三部分，一部分转变为热能（约 4.0×10^{13} kW），使地球的平均温度大约保持在 14℃，造成适合各种生物生存和发展的自然环境，同时使地球表面的水不断蒸发，造成全球每年约 50×10^{16} km³ 的降水量，其中大部分降水落在海洋中，少部分落在陆地上，这就是云、雨、雪、江、河、湖形成的原因。太阳辐射能中还有一部分（约有 3.7×10^{13} kW）用来推动海水及大气的对流运动，这便是海流能、波浪能、风能的由来。太阳辐射能还有一少部分（约 0.4×10^{13} kW）的太阳能被植物叶子的叶绿素所捕获，成为光合作用的能量来源。

太阳在单位时间内以辐射形式发射出的能量称太阳的辐射功率，也叫辐射通量，它的单位是瓦特（W = J/s）。

投射到单位面积上的辐射通量叫辐照度，单位是瓦/米²，W/m²。

从单位面积上接收到的辐射能称为曝辐射量，单位为焦耳/米²，J/m²。

在一段时间内（如每小时、日、月、年等）太阳投射到单位面积上的辐射能量称为辐照量，单位是千瓦时/[平方米·日（月、年）]，kW·h/[m²·d(m、y)]。

2.3.2　太阳辐射光谱[*]

太阳发射的电磁辐射能量在大气上界随波长的分布，称为太阳辐射光谱（能谱）。太阳以光辐射的形式将能量传送到地球表面，但由于地球大气层的存在，到达地面的太阳光谱与大气上界的太阳光谱有所不同，其辐射光谱分布如图 2-11 所示。图中阴影部分，表示太阳辐射被大气所吸收的部分。

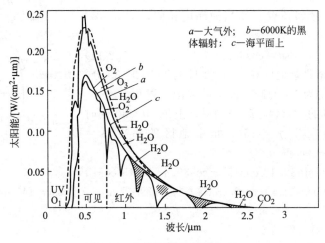

图 2-11　太阳辐射的光谱分布

太阳的光辐射，是由连续变化的不同波长的光组成的连续光谱（波谱）。根据波长，太阳的光谱大致可以分为三个光谱区。

（1）紫外光谱

不可见光，波长小于 $0.39\mu m$，有杀菌作用，但大量波长短于 $0.3\mu m$ 的紫外线对植物生长有害，紫外光谱约占太阳光辐射能量的 8.3%。

（2）可见光谱

波长在 $0.39\sim0.76\mu m$ 范围的光是人的眼睛能看得见的可见光谱，可见光谱又分为红、橙、黄、绿、青、蓝、紫七种单色光谱。植物生长的光合作用取决于可见光谱部分，可见光谱约占太阳光辐射能量的 40.3%。

（3）红外光谱

波长大于 $0.76\mu m$ 的光是人眼不可见的红外光，红外光的热效应明显，它能提高植物的温度并加速水分的蒸发，波长超过 $0.8\mu m$ 的红外线不能引起光化学反应（光合作用）。红外光谱区的能量约占太阳光辐射能量的 51.4%。

太阳光谱的波长范围是非常宽的，从几个埃（10^{-10} m）到几十米，但太阳辐射的能量不是按波长均匀分布的，正如图 2-11 所示，太阳辐射的能量主要分布在 $0.3\sim3.0\mu m$ 波长范围内。

2.3.3　到达地球表面上的太阳辐射能

2.3.3.1　太阳常数（solar constant）

太阳常数是指在日地平均距离处，地球大气层外（大气上界）垂直于太阳光线的平面上，单位时间、单位面积内所接受的所有波长的太阳总辐射能量值，它基本上是一个常数，所以这个辐照度称为太阳常数，或大气质量 0（AM0）的辐射。太阳常数值被世界气象组织确定为：$I_0 = (1367\pm7)$ W/m^2。太阳常数在一定程度上代表了垂直到达大气上界的太阳辐射强度。对于不是垂直照射的情况，到达水平面上的太阳辐射强度与太阳常数之间存在着下面的关系：

$$I = I_0 \sin h \tag{2-15}$$

式中，h 为太阳高度角；I_0 为太阳常数；I 为投射到大气上界水平面上的太阳辐射强度。

上式表明：大气上界水平面上的太阳辐射强度，随太阳高度角的增大而增强。当太阳高度角为90°时，太阳辐射强度 I 就等于太阳常数 I_0。因此，太阳常数就是到达水平面上的太阳辐射强度的最大值。

由于到达大气上界的太阳辐射与日地距离的平方成反比，因此，在远日点和在近日点的太阳辐射强度与太阳常数就有一定差异。在近日点垂直于大气上界的太阳辐射强度比太阳常数大3.4%；而在远日点却比太阳常数小3.5%。

实际上，一年中日地距离是变化的，因此太阳常数 I_0 的值稍有变化。但是，由于日地间距离太大（平均距离为 1.5×10^8 km），其它影响因素可在控制的精确度范围内，所以对于设计和利用太阳能光伏发电者来说，完全可以把它当作一个常数来处理。因此人们就采用"太阳常数"来描述地球大气层上方（大气上界）的太阳辐射强度。

2.3.3.2 到达地球表面上的太阳辐射能

到达地面的太阳辐射一部分以平行光的方式直接到达，称为直接辐射；另一部分是太阳光线经大气散射，投射到地面的称为散射辐射；直接辐射与散射辐射的总和为地球接收到的太阳总辐射能量。

(1) 影响地球表面上太阳辐射能的因素

地球大气外的太阳辐射能基本上是一个常数，经过大气层后，要受到一系列因素的影响，实际到达地球表面的太阳辐射能将有所衰减。一般来说，晴朗天气，赤道上空直射时的太阳辐射能只有大气外的60%～70%。而阴雨下雪天，地球表面只能接受到一些散射光。据统计，反射回宇宙的能量约占太阳辐射总能量的30%，被吸收的能量约占23%，

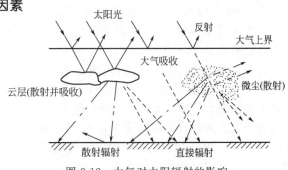

图 2-12 大气对太阳辐射的影响

其余47%左右才能到达地球的陆地和海洋表面，如图2-12所示。

影响地球表面上的太阳辐射能的主要因素如下。

① 天文因素：日地距离；太阳赤纬角；太阳时角。

② 地理因素：地理位置；海拔高度。

③ 物理因素：大气透明度；接受太阳辐射面的表面物理化学性质，包括表面涂层性质。

④ 几何因数：接收太阳辐射面的倾斜度；接收太阳辐射面的方位角。

(2) 大气层对太阳辐射的衰减作用

大气透明度是表征大气对于太阳光线透明程度的一个参数。太阳光线是穿过地球大气之后才到达地面的，因此大气透明度好，到达地面的太阳辐射能就多；相反，大气透明度差，则到达地面的太阳辐射能就少。例如，在晴朗无云的天气时，大气透明度很高，我们就会感到太阳很热；而在天空云雾或风沙灰尘很多时，大气透明度很低，就会感到太阳不太热，甚至有时连太阳都看不见。因此大气透明度与天空云量和大气中所含灰沙等杂质的多少有关。大气层与其它介质一样，也不是完全透明的介质，大气的存在是使地面太阳辐射衰减的主要原因，它对太阳辐射的衰减可归结成三种作用的结果。

① 吸收作用：太阳光谱中的 X 射线及其它一些超短波辐射在电离层被氮、氧等大气成分强烈地吸收；大气中的臭氧对于紫外区域的选择性吸收；大气中的气体分子、水汽、二氧化碳对于波长大于 $0.69\mu m$ 的红外区域的选择性吸收；大气中悬浮的固体微粒和水滴对于太阳辐射中各种波长射线的连续性吸收。

② 散射作用：大气中悬浮的固体微粒和水滴对于太阳辐射中波长大于 $0.69\mu m$ 的红外区域的连续性散射。

③ 漫反射作用：大气中悬浮的各种粉尘对于太阳光的漫反射，它与大气被污染而变混浊的程度有关。

上述现象就称为大气衰减，大气衰减与太阳光线经过大气的路径长短有关，路径越长，衰减越厉害，随着太阳在地面上方的不同高度，经过路径的长度也不同。图 2-13 表明了太阳光线在太阳不同高度时经过地面上方大气的情况。图中 A 为海平面，O 为大气层上界，S'、S 表示太阳的不同位置。当太阳位于天顶 S 时，它在海平面上方的高度为 90°，太阳光到达海平面所经过的路程最短，受大气衰减作用的影响也最小，这就是为什么中午太阳光最强的原因。

（3）大气质量 m

为了能够方便地研究太阳辐射受地球大气衰减作用的影响，将太阳辐射通过大气的厚度称为大气质量（air-mass，AM），其确切定义是：太阳光线通过大气的实际距离与大气的垂直厚度之比，它是一个无量纲的量，用 m 表示。大气质量示意图如图 2-13 所示。

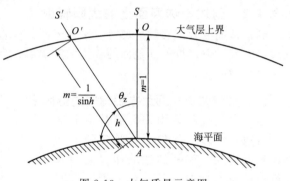

图 2-13　大气质量示意图

太阳与天顶重合时，太阳光线穿过一个地球大气层的厚度，距离最短。假定在 1 个标准大气压和 0℃时，海平面上太阳光线垂直入射（太阳高度角 $h=90°$）时，$m=1$，记为 AM1；大气层上界的大气质量 $m=0$（AM0）。太阳在其它位置时，大气质量都大于 1，如 $m=1.5$，通常写成 AM1.5，表示太阳光线通过大气的实际距离为大气垂直厚度的 1.5 倍，相当于太阳光线与地面夹角为 42°。

大气质量越大，说明太阳光线经过大气的路径越长，受到的衰减越多，到达地面的能量就越少。

地面上的大气质量计算公式：

A 为地球海平面上的一点，O 是太阳在天顶位置 S 时大气层上的点，S' 是太阳的实际位置，它通过大气层上界的 O' 点射到 A 点，这时的大气质量为（h 为太阳高度角）：

$$m = \sec\theta_z = \frac{1}{\sin h} \tag{2-16}$$

式中，θ_z 为太阳天顶角；h 为太阳高度角。大气质量 AM1.5 对应太阳天顶角 $\theta_z=48.19°$。

2.3.3.3　落在倾斜表面上的辐射

光伏组件一般具有固定的倾斜角，因此通常需要通过落在水平面上的日照量，来估算落在斜面上的日照量。如之前所讨论的，这分别需要直射和漫射数据。许多模型对于天空的漫射分布情况作出了一系列的假设（Duffie & Beckman，1991；NASA，2004）。如果用于输入模型进行计算的数据本身也是先通过其它模型例如日照小时数数据计算得来的，则应当尽量选用简单的模型进行计算（Perez 等，2001）。在本书中，我们仅考虑向赤道方向倾斜的平面，尽管其它一些复杂模型可能描述任意朝向的平面（Lorenzo，1989）。

Telecom 方法　如果能够以直射成分和漫射成分的形式提供日照数据，那么就可以通过下面的方法来确定当太阳能电池板与水平面成 β 角时落在板面上相应的日照（Mack，1979）。

首先，我们假设漫射成分 D 与倾斜角是两个相互独立的变量（当倾斜角不超过 45°时，可以认为这个假设成立）。Lorenzo（2003）讨论了一些更为复杂的模型，比如考虑到地球相对接近太阳时候或者在地平线附近的较高辐射强度（在天气晴朗的前提下）。

其次，落在水平面上的直射成分 S 需要转换成在相对水平面倾角为 β 的斜面上的直射成分 S_β，如图 2-14 所示。

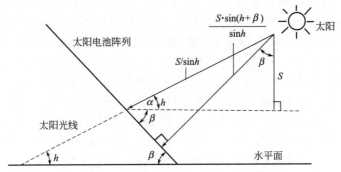

图 2-14　光线落在与水平面成 β 角的斜面上

因此我们得到

$$S_\beta = \frac{S \cdot \sin(h+\beta)}{\sin h} \tag{2-17}$$

式中，h 是太阳正午时的高度（即阳光和水平面间的角度）。由下式给出

$$h = \alpha = 90° + \phi - \delta \tag{2-18}$$

式中，φ 是在南半球时的纬度。

以上适用于位于南半球，朝北的太阳能组件。如果是位于北半球而朝南，应当使用 h＝90－φ＋δ，其中 φ 是北半球的纬度。

方程（2-17）在严格意义上只对于正午时候准确，虽然它常被用于确定光伏系统的尺寸需求，将落在水平面上的平均日照的直射成分，转换成落在倾斜角为 β 的太阳能板上的平均日照的直射成分，因此引入了一个小的误差。

2.3.4　我国的太阳能资源

(1) 太阳能资源分布*

在我国辽阔的土地上，有着十分丰富的太阳能资源。据估算，我国陆地每年接受的太阳能辐射量约为 5.02×10^{22} J，相当于 1.7 万亿吨标准煤的能量（标准煤的燃烧值：国标，29305kJ/kg；行业标准，29271kJ/kg），数量是非常巨大的。全国各地太阳年辐射总量达 3350～8370MJ/m²，中值为 5860MJ/m²。因此，研究和发展太阳能的利用对我国今后能源与电力的发展有着特别重要的意义。

从全国太阳年辐射总量的分布来看，西藏、青海、新疆、内蒙古南部、山西、陕西北部、河北、山东、辽宁、吉林西部、云南中部和西南部、广东东南部、福建东南部、海南岛东部和西部以及台湾省的西南部等广大地区的太阳辐射量很大。西藏西部太阳能资源最丰富，这是因为青藏高原地区广大，平均海拔高度最高（在 4000m 以上），大气层清洁、透明度好，纬度低，日照时间长的原因。有"日光城"之称的拉萨市，年平均日照时间为

3005.7h，相对日照为 68%，太阳年总辐射量为 8160MJ/m²。四川、重庆和贵州等省市因雾多，阴雨天多，所以太阳年辐射总量最小。

我国太阳能资源分布的主要特点是：太阳能的高值中心和低值中心都处在北纬 22°～35° 这一带。青藏高原是高值中心，四川盆地是低值中心。太阳年辐射总量，西部地区高于东部地区，而且除西藏和新疆两个自治区外，基本上是南部低于北部，这是由于北方多晴朗，而南方多阴雨。在北纬 30°～40°地区，太阳能的分布情况与一般的太阳能随纬度而变化的规律相反，太阳能不是随着纬度的增加而减少，而是随着纬度的增加而增长。

按接受太阳能辐射量的大小，全国大致上可分为五类地区。

① 一类地区　全年日照时数为 3200～3300h，辐射量在 6700～8370 MJ/(m²·a)，相当于 230～285kg 标准煤燃烧所发出的热量。主要包括青藏高原、甘肃北部、宁夏北部和新疆南部等地。这是我国太阳能资源最丰富的地区，与印度和巴基斯坦北部的太阳能资源相当。尤其是西藏，地势高，太阳光的透明度也好，太阳辐射总量最高值达 9210MJ/(m²·a)，仅次于撒哈拉大沙漠，居世界第二位，其中拉萨是世界著名的阳光城。

② 二类地区　是我国太阳能资源比较丰富的地区，主要包括河北西北部、山西北部、内蒙古南部、宁夏南部、甘肃中部、青海东部、西藏东南部和新疆南部等地，全年日照时数为 3000～3200h，辐射量在 5860～6700MJ/(m²·a)，相当于 200～230kg 标准煤燃烧所发出的热量。

③ 三类地区　为我国太阳能资源中等类型地区，全年日照时数为 2200～3000h，年太阳辐射总量为 4950～5860MJ/(m²·a)，相当于 170～200kg 标准煤燃烧所发出的热量。主要包括山东、河南、河北东南部、山西南部、新疆北部、吉林、辽宁、云南、陕西北部、甘肃东南部、广东南部、福建南部、苏北、皖北、台湾西南部等地。

④ 四类地区　是我国太阳能资源较差地区，这些地区主要位于长江中下游，包括湖南、湖北、广西、江西、浙江、福建北部、广东北部、陕西南部、江苏北部、安徽南部以及黑龙江、台湾东北部等地。春夏多阴雨，秋冬季太阳能资源还尚充足。全年日照时数为 1400～2000h，辐射量在 4190～4950MJ/(m²·a)，相当于 140～170kg 标准煤燃烧所发出的热量。

⑤ 五类地区　主要包括四川、重庆和贵州，是我国太阳能资源最少的地区，全年日照时数约 1000～1400h，年太阳辐射总量 3350～4190MJ/(m²·a)，相当于 115～140kg 标准煤燃烧所发出的热量。

从太阳能资源开发利用的角度看，不仅要考虑年日照时数，还要考虑月平均气温等因素。一、二、三类地区，年日照时数大于 2200h，辐射总量高于 4950MJ/(m²·a)，是我国太阳能资源丰富或较丰富的地区，面积较大，约占全国总面积的 2/3 以上，具有利用太阳能的良好条件。四、五类地区虽然太阳能资源条件较差，但仍有一定的利用价值。

太阳能辐射数据可以从县级气象台站取得，也可以从国家气象局取得。从气象局取得的数据是水平面的总辐射数据，包括：水平面直接辐射和水平面散射辐射。

(2) 平均日照时数和峰值日照时数

要了解平均日照时数和峰值日照时数，首先要知道日照时间和日照时数的概念。

日照时间是指太阳光在一天当中从日出到日落实际的照射时间。

日照时数是指在某一地点，一天当中太阳光达到一定的辐照度（一般以气象台测定的 120W/m² 为标准）时开始记录，直到小于此辐照度时停止记录，其间所经过的小时数。日照时数小于日照时间。

平均日照时数是指某一地点一年或若干年的日照时数的平均值。例如，某地 1985 年到 1995 年实际测量的年平均日照时数是 2053.6h，日平均日照时数就是 5.63h。

峰值日照时数是指将当地的太阳辐射量，折算成标准测试条件（辐照度 1000W/m²）下的时数。例如，某地某天的日照时间是 8.5h，但不可能在这 8.5h 中太阳的辐照度都是 1000W/m^2，而是从弱到强再从强到弱变化的，若测得这天累计的太阳辐射量是 3600W·h/m^2，则这天的峰值日照时数就是 3.6h。因此，在计算太阳能光伏发电系统的发电量时一般采用平均峰值日照时数作为参考值。

（3）全年太阳辐射总量

在设计太阳能光伏发电系统容量时，当地全年太阳能辐射总量也是一个重要参考数据。应通过气象部门了解当地近几甚至 8～10 年的太阳能辐射总量的平均值。通常气象部门提供的是水平面的太阳辐射量，而太阳能电池一般都是倾斜安装，因此还需要将水平面的太阳辐射量换算成倾斜面上的辐射量。表 2-1 是年总辐射量与日平均峰值日照时数间的对应关系。

表 2-1 年水平面总辐射量与日平均峰值日照时数间的对应关系表

年总辐射量/(kJ/cm^2)	740	700	660	620	580	540	500	460	420
年总辐射量/(kWh/m^2)	2055	1945	1833	1722	1611	1500	1389	1278	1167
日平均峰值日照时数/h	5.75	5.42	5.10	4.78	4.46	4.14	3.82	3.50	3.19

我国主要城市太阳能资源数据如表 2-2 所示，供设计光伏发电系统时参考。其它地区设计时可参考就近城市的数据。

表 2-2 我国主要城市太阳能资源数据表 辐射单位：kJ/(m^2·d)

城市	纬度 ϕ/(°)	日辐射量 H_t	最佳倾角 β_{op}/(°)	斜面日辐射量 H	修正系数 K_{op}
哈尔滨	45.88	12703	$\phi+3$	15838	1.1400
长春	43.90	13572	$\phi+1$	17127	1.1548
沈阳	41.77	13793	$\phi+1$	16563	1.0671
北京	39.8	15261	$\phi+4$	18035	1.0976
天津	39.10	14356	$\phi+5$	16722	1.0692
呼和浩特	40.78	16574	$\phi+3$	20075	1.1468
太原	37.78	15061	$\phi+5$	17394	1.1005
乌鲁木齐	43.78	14464	$\phi+12$	16594	1.0092
西宁	36.78	16777	$\phi+1$	19617	1.1360
兰州	36.05	14966	$\phi+8$	15842	0.9489
银川	38.48	16553	$\phi+2$	19615	1.1559
西安	34.30	12781	$\phi+14$	12952	0.9275
上海	31.17	12760	$\phi+3$	13691	0.9900
南京	32.00	13099	$\phi+5$	14207	1.0249
合肥	31.85	12525	$\phi+9$	13299	0.9988
杭州	30.232	11668	$\phi+3$	12372	0.9362
南昌	28.67	13094	$\phi+2$	13714	0.8640
福州	26.08	12001	$\phi+4$	12451	0.8978
济南	36.88	14043	$\phi+6$	15994	1.0630
郑州	34.72	13332	$\phi+7$	14558	1.0476
武汉	30.63	13201	$\phi+7$	13707	0.9036
长沙	28.20	11377	$\phi+6$	11589	0.8028
广州	23.13	12110	$\phi-7$	12702	0.8850
海口	20.03	13835	$\phi+12$	13510	0.8761
南宁	22.82	12515	$\phi+5$	12734	0.8231
成都	30.67	10392	$\phi+2$	10304	0.7553
贵阳	26.58	10327	$\phi+8$	10235	0.8135
昆明	25.02	14194	$\phi-8$	15333	0.9216
拉萨	29.70	21301	$\phi-8$	24151	1.0964

注：峰值日照时数=斜面日辐射量/3600 （h）

太阳电池方阵是选择一定倾角安装的，应将水平面上的太阳辐射转换到倾斜面上的太阳辐射后，方能应用。斜面辐射最佳修正系数 K_{op} 是根据某地各月辐射的直接辐射和散射辐射分量后计算出来的值，它是描述斜面辐射量和各月辐射均匀程度的系数，K_{op} 值的大小代表斜面辐射的质量水平，用它作为修正系数处理方法对太阳电池电源是合适的，但 K_{op} 乘平面辐射量不等于斜面辐射量。

设计太阳能光伏发电系统时，还需根据当地气象资料了解当地最长连续阴雨天数，也就是蓄电池向负载维持供电的天数，一般在 3～7 天内选取，以此设计太阳能电池和蓄电池的容量，连续阴雨天较多的南方地区，可适当放大些。

思考题与习题

2-1　太阳"里三层"是指哪三层？有何特点？

2-2　什么叫太阳视运动？什么是太阳赤纬角？太阳赤纬角在一年中如何变化？

2-3　什么是太阳的方位角和方向角？

2-4　计算春分日读者学校或工作所在地正午的太阳高度角。

2-5　上午 9 时 30 分和下午 16 时的时角分别是多少？

2-6　计算学习或工作地区 5 月 16 日上午 8 时、中午 12 时和下午 3 时的太阳高度角和方位角，以及该地区夏至日的日出日没时间及全天日照时间。

2-7　北京地区的纬度是北纬 39.56°，请计算冬至日的太阳日出、日落时角及全天日照时间，以及下午 2 时的方位角。

2-8　上海地区的纬度是北纬 31.14°，求 10 月 1 日 10 时太阳的高度角、方位角和天顶角。

2-9　太阳巨大的能量是如何产生的？太阳能量是如何向外传递的？

2-10　什么叫做辐射能和辐射能力？

2-11　什么叫做太阳常数？太阳常数的值是多少？

2-12　什么叫大气质量？AM1.5 表示什么意思？

2-13　当太阳天顶角为 0°时大气质量为 1；当天顶角为 48.2°时，大气质量是多少？天顶角为多少时，大气质量为 2？

2-14　为什么地球大气层上方（大气上界）的太阳辐射强度不是一个固定值？

2-15　太阳光谱是什么含义？太阳辐射波长范围是多少？地面上的太阳光谱与地球上界的太阳光谱有什么不同？为什么？

2-16　到达地面的太阳总辐射主要包括哪两部分？影响地面接收太阳辐射能的因素有哪些？

2-17　按接受太阳能辐射量的大小，全国大致可分为几类地区？你所在的学校属于哪类区域，平均峰值日照时数为多少？

2-18　拉萨市为什么被人们称为"日光城"？

第 3 章

太阳能光伏电池

3.1 太阳能光伏发电原理

3.1.1 半导体基础知识[*]

(1) 导体、绝缘体和半导体

物质由原子组成，原子由原子核和核外电子组成，电子受原子核的作用，按一定的轨道绕核高速运动。有的电子受原子核的作用力较小，可以在物质内部的原子间自由运动，这种电子称为"自由电子"，它是物质导电的基本电荷粒子。单位体积中自由电子的数量，称为**自由电子浓度**，用 n 表示，它是决定物体导电能力的主要因素之一。

由于晶体内原子的振动，自由电子在晶体中做杂乱无章的运动。导体中的自由电子在电场力作用下的定向运动形成**电流**。在单位电场强度（$1V/cm$）下，定向运动的自由电子的"直线速度"，称为自由电子的**迁移率**，用 μ 表示，这也是决定物体导电能力的主要因素。表征物体导电能力的物理量称为**电导率**，用 σ 表示，

$$\sigma = en\mu \tag{3-1}$$

式中，e 为电子的电量。导体中的自由电子定向运动形成电流所受到的"阻力"称为**电阻**，它也表征物体导电能力。导体的电阻特性用**电阻率 ρ** 表示，

$$\rho = 1/\sigma \tag{3-2}$$

按材料的导电能力划分，物质可分为三类：导体、半导体、绝缘体。

善于传导电流的物质称为**导体**，如铜、铝、铁等金属，它们的电阻率大约为 $10^{-9} \sim 10^{-6}\Omega \cdot cm$；

不能导电或者导电能力微弱到可以忽略不计的物质称为**绝缘体**，如橡胶、玻璃、塑料和干木材等，它们的电阻率为 $10^{8} \sim 10^{20}\Omega \cdot cm$；

导电能力介于导体和绝缘体之间的物质称为**半导体**，其电阻率为 $10^{-5} \sim 10^{7}\Omega \cdot cm$，如硅、锗、砷化镓、硫化镉等材料都是半导体。

金属导体和半导体都能导电，但它们的导电机理是不完全相同的。金属导体导电是自由电子（n 恒定）在电场力作用下的定向运动，其导电性能基本是恒定的。半导体导电是电子和空穴在电场力作用下的定向运动。电子和空穴的浓度随温度、杂质含量、光照等变化较大，影响其导电能力，导电性能不恒定，这是半导体材料的重要特性。

(2) 硅的晶体结构

硅是最常见和应用最广的半导体材料，硅的原子序数为 14，它的原子核外有 14 个电子，这些电子围绕着原子核作层状的轨道分布运动，如图 3-1 所示，第一层 2 个电子，第二

层 8 个电子，还剩 4 个电子排在最外层，称为**价电子**，硅的物理化学性质主要由它们决定。

硅晶体和所有的晶体都是由原子（或离子、分子）在空间按一定规则排列而成的。这种对称的、有规则的排列叫做晶体的**晶格**。一块晶体如果从头到尾都按一种方向重复排列，即长程有序，就称其为**单晶体**。在硅的晶体中，每个硅原子近邻有 4 个硅原子，每两个相邻原子之间有一对电子，它们与两个相邻原子核都有相互作用，称为**共价键**。正是靠共价键的作用，使硅原子紧紧结合在一起，构成了晶体。由许多小颗粒单晶杂乱地排列在一起的固体称为**多晶体**。非晶体没有上述特征，但仍保留了相互间的结合形式，如一个硅原子仍有 4 个共价键，短程看是有序的，长程无序，这样的材料称为**非晶体**，也叫做无定形材料。

图 3-2 是硅的晶胞结构，称为金刚石结构。一个硅原子和四个相邻的硅原子以共价键联结，这四个硅原子恰好在正四面体的四个顶角上，而该原子则处于四面体的中心。

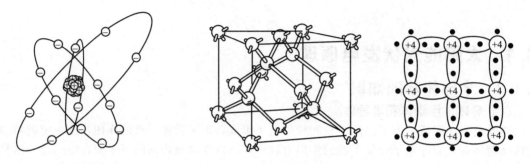

图 3-1　硅原子结构　　　　　　　　　　图 3-2　硅的晶胞结构

（3）能级和能带图

物质是由原子构成的，而原子是由原子核及围绕原子核运动的电子所组成（见图 3-1）。电子在原子核周围运动时，每一层轨道上的电子都有确定的能量，最里层的轨道，电子距原子核距离最近，受原子核的束缚最强，相应的能量最低。第二层轨道具有较大的能量，越外层的电子受原子核的束缚越弱，能量越大。以人造卫星绕地球的环行运动作一个比喻，越外层的电子轨道相当于越高的人造卫星轨道，要把人造卫星送到更高的轨道上去，必须给它更大的能量，这就是说，轨道越高，能量也越高。为了形象地表示电子在原子中的运动状态，用一系列高低不同的水平横线来表示电子运动所能取的能量值，这些横线就是标志电子能量高低的电子**能级**。图 3-3 是单个硅原子的电子能级示意图，字母 E 表示能量，脚注 1、2……表示电子轨道层数，括号中的数字表示该轨道上的电子数。图中表明，每层电子轨道都有一个对应的能级。

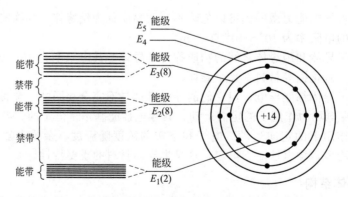

图 3-3　单原子的电子能级及其对应的固体能带

在晶体中，原子之间的距离很近，相邻原子的电子轨道相互交叠，互相作用。这样，与轨道相对应的能级就不是如图 3-3 所示的单一的电子能级，而是分裂成能量非常接近但又大小不同的许多电子能级，这些由很多条能量相差很小的电子能级形成一个"**能带**"。每个单原子的电子能级对应的固体能带，如图 3-3 所示。外层的电子由于受相邻原子的影响较大，它所对应的能带较宽；内层电子互相影响小，它所对应的能带较窄。电子在每个能带中的分布通常是先填满能量较低的能级，然后逐步填充较高的能级，而且每个能级只允许填充两个具有相同能量的电子。

内层电子能级所对应的能带都是被电子填满的，最外层价电子能级所对应的能带，能否被填满，主要取决于晶体的种类。如铜、银、金等金属晶体，它们的价电子能带有一半的能级是空的，而硅、锗等的价电子能带全被电子填满。

（4）禁带、价带和导带

根据量子理论，晶体中的电子不存在两个能带中间的能量状态，即电子只能在各能带内运动，在能带之间的区域没有电子态，这个区域叫做"**禁带**"。

电子的定向运动就形成电流。这种运动是因为它受到外电场的作用，使电子获得了附加的能量，电子能量增大，就有可能使电子从能带中较低的能带跃迁到较高的能带。这一重要现象，是理解半导体导电特性的出发点。

完全被电子填满的能带称为"**满带**"，最高的满带容纳价电子，称为"**价带**"，价带上面完全没有电子的能带称为"**空带**"。有的能带只有部分能级上有电子，一部分能级是空的。这种部分填充的能带，在外电场的作用下，可以产生电流。而没有被电子填满、处于最高满带上的一个能带称为"**导带**"。金属、半导体、绝缘体的能带如图 3-4 所示。

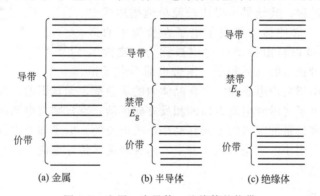

图 3-4　金属、半导体、绝缘体的能带

由图 3-4（b）看出，价电子要从价带越过禁带跳跃到导带里去参与导电运动，必须从外界获得大于或等于 E_g 的附加能量，E_g 的大小就是导带底部与价带顶部之间的能量差，称为"**禁带宽度**"或"**带隙**"。常用单位是电子伏（电子伏是电学中的能量单位，eV，1eV 是指在强度为 1V/cm 的电场中，使电子顺着电场方向移动 1cm 所需的能量）。如硅的禁带宽度在室温下为 1.12eV，这就是说，由外界给予价带里的电子 1.12eV 的能量，电子就有可能越过禁带跳跃到导带里。部分太阳能电池半导体材料的禁带宽度如表 3-1 所示。

表 3-1　半导体材料的禁带宽度

材料	Si	Ge	GaAs	Cu(InGa)Se	InP	CdTe	CdS
E_g/eV	1.12	0.7	1.4	1.04	1.2	1.4	2.6

金属与半导体的区别在于金属在一切条件下具有良好的导电性，它的导带和价带重叠在一起，不存在禁带，即使接近热力学温度零度，电子在外电场的作用下仍可以参与导电。

半导体的禁带宽度比金属大，但却远小于绝缘体。半导体在绝对零度时，电子填满价带，导带是空的，此时与绝缘体一样不能导电。当温度高于热力学温度零度时，晶体内部产生热运动，使价带中少量电子获得足够的能量，跳跃到导带（这个过程叫做**激发**），此时半导体就具有一定的导电能力。激发到导带的电子数目是由温度和晶体的禁带宽度决定的。温度越高，激发到导带的电子越多，导电性越好；温度相同，禁带宽度小的晶体激发到导带的电子就多，导电性就好。

半导体与绝缘体的区别在于禁带宽度不同。绝缘体的禁带宽度比较大，它在室温时激发到导带上的电子非常少，其电导率很低；半导体的禁带宽度比绝缘体小，室温时有相当数量的电子跃迁到导带上去，如每立方厘米的硅晶体，导带上约有 10^{10} 个电子，而每立方厘米的导体晶体的导带中约有 10^{22} 个电子。因此，导体的电导率远远高于半导体。

（5）电子和空穴

晶格完整且不含杂质的半导体称为**本征半导体**。

半导体在热力学温度零度时，电子填满价带，导带是空的。此时的半导体和绝缘体的情况相同，不能导电。当温度高于热力学温度零度时，价电子在热激发下有可能克服共价键束缚从价带跃迁到导带，使其价键断裂。电子从价带跃迁到导带后，在价带中留下一个空位，称为**空穴**，具有一个断键的硅晶体如图 3-5 所示。

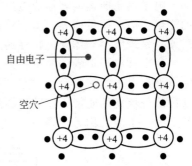

图 3-5　具有一个断键的硅晶体

空穴可以被相邻满键上的电子填充而出现新的空穴，也可以说是价带中的空穴被相邻的价电子填充而产生新的空穴，这样的重复过程，其结果可以比较简单地描述成空穴在晶体内的移动，这种移动相当于电子在价带中的运动。这种在价带中可以自由移动的空位被称为"**空穴**"，而空穴可以看成是带正电的物质粒子，所带电荷与电子相等，但符号相反。由于自由电子和空穴在晶体内的运动都是无规则的，并不能产生电流。如果存在电场，自由电子将沿着电场方向的相反方向运动，空穴则与电场同方向运动，半导体就是靠导带的电子和价带的空穴的定向移动来形成电流的。电子和空穴都被称为**载流子**。半导体的本征导电能力很小，它是由电子和空穴两种载流子传导电流，而在金属中仅有自由电子一种载流子传导电流。

（6）掺杂半导体

实际使用的半导体都掺有少量的某种杂质，这里所指的"杂质"是有选择的。例如在纯净的硅中掺入少量的五价元素磷，这些磷原子在晶格中取代硅原子，并用它的四个价电子与相邻的硅原子进行共价结合。磷有五个价电子，用去四个还剩一个。这个多余的价电子虽然没有被束缚在价键里面，但仍受到磷原子核的正电荷的吸引。不过这种吸引力很弱，只要很少的能量（约 0.04eV）就可以使它脱离磷原子到晶体内成为自由电子，从而产生电子导电运动；同时，磷原子由于缺少一个电子而变成带正电的磷离子，如图 3-6（a）所示。由于磷原子在晶体中起着施放电子的作用，所以把磷等五价元素叫做施主型杂质（或叫 n 型杂质），其浓度用符号 N_D 表示。在掺有五价元素（即施主型杂质）的半导体中，电子的数目远远大于空穴的数目，半导体的导电主要是由电子来决定，导电方向与电场方向相反，这样的半导体叫做电子型或 **n 型半导体**。

如果在纯净的硅中掺入少量的三价元素硼，它的原子只有三个价电子，当硼和相邻的四个硅原子作共价结合时，还缺少一个电子，要从其中一个硅原子的价键中获取一个电子填

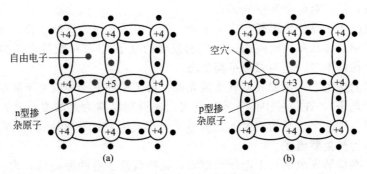

图 3-6　n 型和 p 型硅晶体结构

补。这样就在硅中产生了一个空穴，而硼原子由于接受了一个电子而成为带负电的硼离子，如图 3-6（b）所示。硼原子在晶体中起着接受电子而产生空穴的作用，所以叫做受主型杂质（或叫 p 型杂质），其浓度用符号 N_A 表示。在含有三价元素（即受主型杂质）的半导体中，空穴的数目远远超过电子的数目，半导体的导电主要是由空穴决定的，导电方向与电场方向相同，这样的半导体叫做空穴型或 **p 型半导体**。

单位体积（$1cm^3$）中电子或空穴的数目叫做**"载流子浓度"**，它决定着半导体电导率的大小。

没有掺杂的半导体称为本征半导体，其中电子和空穴的浓度是相等的。在含有杂质和晶格缺陷的半导体中，电子和空穴的浓度不相等。把数目较多的载流子叫做**"多数载流子"**，简称**"多子"**；把数目较少的载流子叫做**"少数载流子"**，简称**"少子"**。例如，n 型半导体中，电子是"多子"，空穴是"少子"；p 型半导体中则相反，空穴是"多子"，电子是"少子"。

在掺杂半导体中，杂质原子的能级处于禁带之中，形成杂质能级。五价杂质原子形成**施主能级**，位于导带的下面；三价杂质原子形成**受主能级**，位于价带的上面（见图 3-7）。施主（或受主）能级上的电子（或空穴）跳跃到导带（或价带）中去的过程称为**电离**。电离过程所需的能量就是**电离能**（必须注意，所谓空穴从受主能级激发到价带的过程，实际上就是电子从价带激发到受主能级中去的过程）。由于它们的电离能很小，施主能级距离导带底和受主能级距离价带顶都十分接近。在一般的使用温度下，n 型半导体中的施主杂质或 p 型半导体中的受主杂质几乎全部电离。

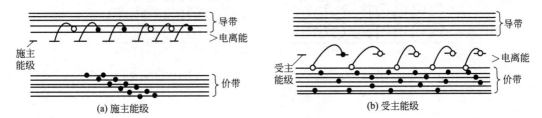

图 3-7　施主和受主能级

（7）载流子的产生与复合

由于晶格的热振动，电子不断从价带被"激发"到导带，形成一对电子和空穴（即**电子-空穴对**），这就是载流子产生的过程。

不存在电场时，由于电子和空穴在晶格中的运动是无规则的，在运动中，电子和空穴常常碰在一起，即电子跳到空穴的位置上，把空穴填补掉，这时电子-空穴对就随之消失。这种现象叫做电子和空穴的**复合**，即载流子复合。按能带论的观点，复合就是导带中的电子落进价带的空能级，使一对电子和空穴消失。

在一定的温度下，晶体内不断产生电子和空穴，电子和空穴不断复合，如果没有外来的光、电、热的影响，那么单位时间内，产生和复合的电子-空穴对数目达到相对平衡，晶体的总载流子浓度保持不变，这叫做**热平衡状态**。

在外界因素的作用下，例如 n 型硅受到光照，价带中的电子吸收光子能量跳入导带（这种电子称为**光生电子**），在价带中留下等量空穴，这种现象称为**光激发**，电子和空穴的产生率就大于复合率。这些多于平衡浓度的光生电子和空穴称为非平衡载流子。由光照而产生的非平衡载流子称为**光生载流子**。

半导体中存在能够导电的自由电子和空穴，这些载流子有两种输运方式：漂移运动和扩散运动。

半导体中载流子在外加电场的作用下，按照一定方向的运动称为**漂移运动**。

载流子在热平衡时作不规则的热运动，运动方向不断改变，平均位移等于零，不会形成电流。载流子不断改变方向是因为在运动中不断与晶格、杂质、缺陷发生碰撞的结果。经过一次碰撞，改变一次方向，这种现象叫做**散射**。外界电场的存在使载流子作定向的漂移运动，并形成电流。

扩散运动是半导体在因外加因素使载流子浓度不均匀而引起的载流子从浓度高处向浓度低处的迁移运动。如在一杯清水中滴一滴红墨水，过一段时间整杯水都变红了，这就是扩散运动的结果。扩散运动和漂移运动不同，它不是由于电场力的作用产生的，而是存在载流子浓度差的结果。p-n 结主要就是因载流子的扩散运动形成的。

3.1.2 p-n 结

p-n 结是太阳能电池的核心，是太阳能电池赖以工作的基础。它是怎样形成的呢？如图 3-8（a）所示，把一块 n 型半导体和一块 p 型半导体紧密地接触，在交界处 n 区中电子浓度高，要向 p 区扩散（净扩散），在 n 区一侧就形成一个正电荷的区域；同样，p 区中空穴浓度高，要向 n 区扩散，p 区一侧就形成一个负电荷的区域。这个 n 区和 p 区交界面两侧的正、负电荷薄层区域称为"**空间电荷区**"，即通常所说的 **p-n 结**，如图 3-8（b）所示。

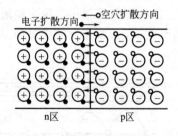 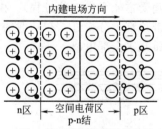

(a) 形成p-n结前载流子的扩散过程　　(b) p-n结空间电荷区和内建电场

图 3-8　p-n 结

在 p-n 结内，有一个从 n 区指向 p 区的电场，是由 p-n 结内部电荷产生的，叫做"**内建电场**"或"自建电场"。由于存在内建电场，在空间电荷区内将产生载流子的漂移运动，使电子由 p 区拉回 n 区，空穴由 n 区拉回 p 区，其运动方向正好和扩散运动的方向相反。这样，开始时扩散运动占优势，空间电荷区内两侧的正负电荷逐渐增加，空间电荷区增宽，内建电场增强。随着内建电场的增强，漂移运动也随之增强，阻止扩散运动的进行，使其逐步减弱。最后，扩散运动和漂移运动趋向平衡，扩散和漂移的载流子数目相等而运动方向相反，达到动态平衡。此时，内建电场两边的电势，n 区的一边高，p 区的一边低，存在的这

个电势差称作 **p-n 结势垒**，也叫内建电势差或**接触电势差**，用符号 U_D 表示。由电子从 n 区流向 p 区可知，p 区相对于 n 区的电势差为一负值。由于 p 区相对于 n 区具有电势 $-U_D$（取 n 区电势为零），所以 p 区中所有电子都具有一个附加电势能，其值为：

$$\text{电势能} = \text{电荷} \times \text{电势} = (-q) \times (-U_D) = qU_D \tag{3-3}$$

式中，q 为电子电荷；qU_D 通常称作**势垒高度**。

当 p-n 结加上正向偏压（即 p 区接电源的正极，n 区接负极），如图 3-9（b）所示，此时外加电场的方向与内建电场的方向相反，使空间电荷区中的电场减弱。这样就打破了扩散运动和漂移运动的相对平衡，源源不断地有电子从 n 区扩散到 p 区，有空穴从 p 区扩散到 n 区，使载流子的扩散运动超过漂移运动，由于 n 区电子和 p 区空穴均是多子，通过 p-n 结的电流（称为**正向电流**）很大。当 p-n 结加上反向偏压（即 n 区接电源的正极，p 区接负极），如图 3-9（c）所示，此时外加电场的方向与内建电场的方向相同，增强了空间电荷区中的电场，载流子的漂移运动超过扩散运动。这时 n 区中的空穴一旦到达空间电荷区边界，就要被电场拉向 p 区，p 区的电子一旦到达空间电荷区边界，也要被电场拉向 n 区。它们构成 p-n 结的**反向电流**，方向是由 n 区流向 p 区。由于 n 区中的空穴和 p 区的电子均为少子，故通过 p-n 结的反向电流很快饱和，而且很小。由此可见，电流容易从 p 区流向 n 区，不容易从相反的方向通过 p-n 结，这就是 p-n 结的**单向导电性**。

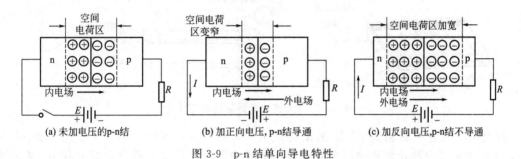

图 3-9　p-n 结单向导电特性

3.1.3　光伏效应

太阳能电池就是一个大面积的 p-n 结。当太阳能电池受到光照时，根据光量子理论，只要照射光的能量 $E = h\nu = hc/\lambda \geqslant E_g$（$h$ 为普朗克常数；ν 为照射光频率；c 为光速；E_g 为禁带宽度，Si 材料 $E_g = 1.12\text{eV}$），则照射光在 n 区、空间电荷区和 p 区被吸收，将价带电子激发到导带，分别产生电子-空穴对。由于入射光强度从表面到太阳能电池体内成指数衰减，在各处产生光生载流子的数量有差别，沿光强衰减方向将形成光生载流子的浓度梯度，从而产生载流子的扩散运动。n 区中产生的光生载流子到达 p-n 结区 n 侧边界时，由于内建电场的方向是从 n 区指向 p 区，静电力立即将光生空穴拉到 p 区，光生电子阻留在 n 区。同理，在 p 区中到达结区 p 侧边界的光生电子立即被内建电场拉向 n 区，空穴被阻留在 p 区。同样，空间电荷区中产生的光生电子-空穴对则自然被内建电场分别拉向 n 区和 p 区。p-n 结及两边产生的光生载流子就被内建电场所分离，在 p 区聚集光生空穴，在 n 区聚集光生电子，使 p 区带正电，n 区带负电，在 p-n 结两边产生**光生电动势**。上述过程通常称作光生伏特效应或**光伏效应**。光生电动势的电场方向和平衡 p-n 结内建电场的方向相反。光伏效应原理如图 3-10 所示。

当太阳能电池的两端接上负载，这些被分离的电荷就形成电流。图 3-11 形象地表示了太阳能电池的发电原理，太阳能电池是把太阳辐射能转变为电能的器件。

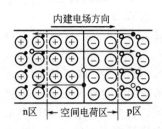 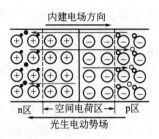 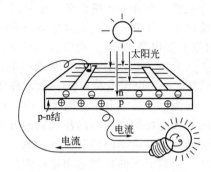

图 3-10 光伏效应示意图 　　　　图 3-11 太阳能电池的发电原理

3.1.4 太阳能电池的结构和性能

3.1.4.1 太阳能电池的结构

最简单的太阳能电池是由 p-n 结构成的，如图 3-12 所示，其上表面有栅线形状的上电极，背面为背电极，在太阳能电池表面通常还镀有一层减反射膜。

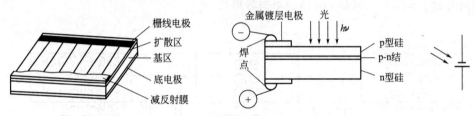

图 3-12 太阳能电池的结构和符号

硅太阳能电池一般制成 p^+/n 型结构或 n^+/p 型结构，其中，第一个符号，即 p^+ 和 n^+，表示太阳能电池正面光照层半导体材料的导电类型；第二个符号，即 n 和 p，表示太阳能电池衬底半导体材料的导电类型。

太阳能电池的电性能与制造电池所用半导体材料的特性有关。在太阳光或其它光照射时，太阳能电池输出电压的极性，p 型一侧电极为正，n 型一侧电极为负。

根据太阳能电池的材料和结构不同，可将其分为许多种形式，如 p 型和 n 型材料均为相同材料的同质结太阳能电池（如晶体硅太阳能电池），p 型和 n 型材料为不同材料的异质结太阳能电池［硫化镉/碲化镉（CdS/CdTe），硫化镉/铜铟硒（CdS/CuInSe$_2$）薄膜太阳能电池］，金属-绝缘体-半导体（MIS）太阳能电池，绒面硅太阳能电池，激光刻槽掩埋电极硅太阳能电池，钝化发射结太阳能电池，背面点接触太阳能电池，叠层太阳能电池等。

3.1.4.2 太阳能电池的技术参数

(1) 开路电压

受光照的太阳能电池处于开路状态，光生载流子只能积累于 p-n 结两侧产生光生电动势，这时在太阳能电池两端测得的电势差叫做**开路电压**，用符号 U_{oc} 表示。

太阳电池片的开路电压 U_{oc} 与电池片面积无关

$$U_{oc} = (A_0 kT/q)\ln(I_{ph}/I_0 + 1)$$

式中，I_{ph} 为光生电流，$I_{ph} = I_{sc}$；I_0 为光电池等效二极管反向饱和电流。一般晶体硅太阳电池片在标准测试条件下的开路电压 U_{oc} 约为 600～650mV（理论值可达 720mV）。

(2) 短路电流

如果把太阳能电池从外部短路测得的最大电流，称为**短路电流**，用符号 I_{sc} 表示。

太阳电池片短路电流 I_{sc} 与电池片的面积有关，面积越大，I_{sc} 越大。在标准测试条件下，一般的晶硅太阳电池片的 I_{sc} 值约为 $35\sim38\text{mA}/\text{cm}^2$（理论值可达 $46\text{mA}/\text{cm}^2$）。

硅光电池开路电压和短路电流与光照度的关系如图 3-13 所示。

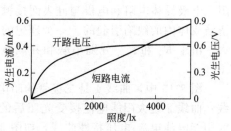

图 3-13 硅光电池的开路电压和短路电流与光照度关系

(3) 最大输出功率

把太阳能电池接上负载，负载电阻中便有电流流过，该电流称为太阳能电池的**工作电流**（I），也称负载电流或输出电流；负载两端的电压称为太阳能电池的**工作电压**（U）。负载两端的电压与通过负载的电流的乘积称为太阳能电池的**输出功率** P（$=UI$）。

太阳能电池的工作电压和电流是随负载电阻而变化的，将不同阻值所对应的工作电压和电流值作成曲线，就得到太阳能电池的伏安特性曲线。如果选择的负载电阻值能使输出电压和电流的乘积最大，即可获得**最大输出功率**，用符号 P_m 表示。此时的工作电压和工作电流称为**最佳工作电压和最佳工作电流**，分别用符号 U_m 和 I_m 表示，$P_m=U_mI_m$。

(4) 填充因子

太阳能电池的另一个重要参数是**填充因子（FF）**，它是最大输出功率与开路电压 U_{oc} 和短路电流 I_{sc} 乘积之比：

$$FF=\frac{P_m}{U_{oc}I_{sc}}=\frac{U_mI_m}{U_{oc}I_{sc}} \tag{3-4}$$

(5) 转换效率

太阳能电池的**转换效率（η）**指在外部回路上连接最佳负载电阻时的最大能量转换效率，等于太阳能电池的最大输出功率 P_m 与入射到太阳能电池表面的能量之比：

$$\eta=\frac{P_m}{A_tP_{in}}\times100\%=FF\cdot\frac{U_{oc}I_{sc}}{A_tP_{in}}\times100\% \tag{3-5}$$

式中，P_{in} 为单位面积入射光的功率；A_t 为包括栅线在内的太阳电池总面积（也称全面积）。目前，实用太阳能电池转换效率 15% 左右。

3.1.4.3 太阳能电池的伏-安特性及等效电路

太阳能电池的电路及等效电路如图 3-14 所示。

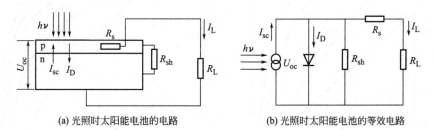

(a) 光照时太阳能电池的电路　　　　(b) 光照时太阳能电池的等效电路

图 3-14 太阳能电池的电路及等效电路

图中，R_L 为电池的外接负载电阻。当 $R_L=0$ 时，所测得电流为电池的短路电流 I_{sc}。测量短路电流的方法，是用内阻小于 1Ω 的电流表接在太阳能电池的两端进行测量。同一块太阳能电池，其 I_{sc} 值与入射光的辐照度成正比（见图 3-13）；当环境温度升高时，I_{sc} 略有上升。当 R_L 为无穷大时，所测得的电压为电池的开路电压 U_{oc}。I_D（二极管电流）为通过 p-n 结的总扩散电流，其方向与 I_{sc} 相反。R_s 为串联电阻，它主要由电池的体电阻、表面电阻、电极导体电阻和电极与硅表面接触电阻所组成。R_{sh} 为旁路电阻，它是由硅片的边缘不清洁或体内的缺陷引起的。一个理想的太阳能电池，串联电阻 R_s 很小，而并联电阻 R_{sh} 很大。由于 R_s 和 R_{sh} 分别串联和并联在电路中，所以在进行理想的电路计算时，可以忽略不计。

图 3-15 中，曲线 1 是二极管的暗电流-电压关系曲线，即无光照时太阳能电池的 I-U 曲线；曲线 2 是太阳能电池接受光照后的 I-U 曲线。经过坐标变换，最后可得到常用的光照太阳能电池电流-电压特性曲线，如图 3-16 所示。

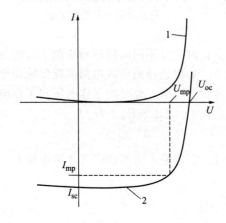

图 3-15　太阳能电池的电流-电压关系曲线
1—未受光照；2—受光照

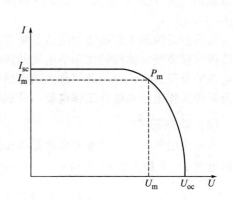

图 3-16　常用太阳能电池电流-电压特性曲线
I—电流；I_{sc}—短路电流；I_m—最大工作电流；U—电压；
U_{oc}—开路电压；U_m—最大工作电压；P_m—最大功率

I_{mp} 为最大负载电流，U_{mp} 为最大负载电压。在此负载条件下，太阳能电池的输出功率最大，在太阳能电池的电流-电压特性曲线中，P_m 对应的这一点称为最大功率点。该点对应的电压称为最大功率点电压 U_m，即最大工作电压；该点所对应电流，称为最大功率点电流 I_m，即最大工作电流；该点的功率，即最大功率 P_m。光电池输出最大功率 P_m 的条件是：负载的电阻大小等于光电池本身的输出电阻，即工作在最大功率点。

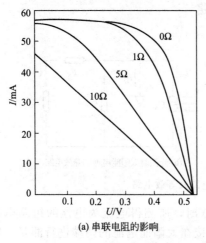

(a) 串联电阻的影响

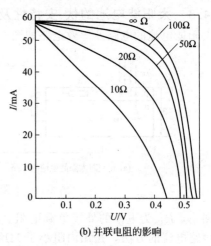

(b) 并联电阻的影响

图 3-17　太阳能电池串、并联电阻对其输出性能的影响

太阳能电池（组件）的输出功率取决于太阳辐照度、太阳光谱分布和太阳能电池（组件）的工作温度，因此太阳能电池性能的测试须在**标准条件**（STC）下进行。测量标准被欧洲委员会定义为 101 号标准，其**测试条件**是：光谱辐照度 $1000W/m^2$，大气质量为 AM1.5时的光谱分布；电池温度 25℃。在该条件下，太阳能电池（组件）输出的最大功率称为**峰值功率**。**注意**：太阳能电池（组件）的特性参数一般都是在**标准测试条件**下测出的。

图 3-17 示出了入射光强为 $1000W/m^2$ 时，串、并联电阻对面积为 $2cm^2$ 的硅太阳能电池输出性能的影响，主要是对 I-U 输出特性曲线在最大功率点附近的形状有着较大的影响。图 3-17（a）表明，串联电阻增加时，开路电压没有变化，但填充因子却大大减小。当串联电阻相当大时，还可能使短路电流降到小于最大光生电流。图 3-17（b）表明，并联电阻下降时，短路电流不受影响，但填充因子和开路电压随并联电阻的降低而减小。

3.2 太阳能电池材料制备*

硅太阳能电池是目前使用最广泛的太阳能电池，按硅材料的晶体结构区分，有单晶、多晶和非晶硅太阳能电池三种。单晶和多晶硅太阳能电池亦称晶体硅太阳能电池，目前占太阳能电池的大部分市场，其产量占到当前世界太阳能电池总产量的 90% 左右。晶体硅太阳能电池制造工艺技术成熟，性能稳定可靠，光电转换效率高，使用寿命长，已进入工业化大规模生产。因此，本章主要对地面用晶体硅太阳能电池的一般生产制造工艺进行介绍，包括硅材料的制备、太阳能电池的制造和太阳能电池组件的封装三个部分。

3.2.1 硅材料的优异性能

① Si 材料丰富，易于提纯，纯度可达 12 个 9（12N）；（电子级硅 9N，太阳能电池硅 7N 即可）；

② 硅的晶体结构如图 3-18 所示，可见 Si 原子占晶格空间小（34%），这有利于电子运动和掺杂；

③ Si 原子核外 4 个电子（见图 3-1），掺杂后，容易形成电子-空穴对；

④ 容易生长大尺寸的单晶硅（$\phi 400 \times 1100mm$，重 438kg）；

⑤ 易于通过沉积工艺制作单晶 Si、多晶 Si 和非晶 Si 薄层材料；

⑥ 易于腐蚀加工；

⑦ 带隙适中（在室温下硅的禁带宽度 $E_g = 1.12eV$），受本征激发影响小；

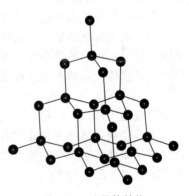

图 3-18 硅晶体结构

⑧ Si 材料力学性能好，便于机加工；

⑨ Si 材料理化性能稳定；

⑩ Si 材料便于金属掺杂，制作低阻值欧姆接触；

⑪ 切片损伤小，便于可控钝化；

⑫ Si 材料表面 SiO_2 薄层制作简单，SiO_2 薄层有利于减小反射率，提高太阳能电池发电效率；SiO_2 薄层绝缘好，便于电气绝缘的表面钝化；SiO_2 薄层是良好的掩膜层和阻挡层。

Si 材料是优良的光伏发电材料！

3.2.2 硅材料的制备*

制造太阳能电池的硅材料以**石英砂**（SiO_2）为原料，先把石英砂放入电炉中用碳还原得到**冶金硅**，较好的纯度为$98\%\sim99\%$。冶金硅与氯气（或氯化氢）反应得到四氯化硅（或三氯氢硅），经过精馏使其纯度提高，然后通过氢气还原成**多晶硅**。多晶硅经过坩埚直拉法（Cz法）或区熔法（Fz法）制成**单晶硅棒**，硅材料的纯度可进一步提高，要求单晶硅缺陷和有害杂质少。在制备单晶硅的过程中可根据需要对其掺杂，地面用晶体硅太阳能电池材料的电阻率为$0.5\sim3\Omega\cdot cm$，空间用硅太阳能电池材料的电阻率约为$10\Omega\cdot cm$。

从硅材料到制成太阳能电池组件，需要经过一系列复杂的工艺过程，以多晶硅太阳能电池组件为例，其生产过程大致是：

$$硅砂\rightarrow硅锭\rightarrow切割\rightarrow硅片\rightarrow电池\rightarrow组件$$

3.2.2.1 高纯多晶硅的制备

硅是地壳中分布最广的元素，其含量达25.8%。但自然界中的硅，主要以石英砂（也称硅砂）的形式存在，主要成分是高纯的二氧化硅（SiO_2），含量一般在99%以上。我国的优质石英砂蕴藏量非常丰富，在很多地区都有分布。生产制造硅太阳能电池用的硅材料高纯多晶硅，是用优质石英砂冶炼出来的。首先把石英砂放在电炉中，用碳还原的方法炼得**工业硅**，也称冶金硅（MG-Si），其反应式为

$$SiO_2+2C\longrightarrow Si+2CO$$

较好的工业硅，是纯度为$98\%\sim99\%$的多晶体。工业硅所含杂质，因原材料和制法而异。一般来说，铁、铝占$0.1\%\sim0.5\%$，钙占$0.1\%\sim0.2\%$，铬、锰、镍、钛、锆各占$0.05\%\sim0.1\%$，硼、铜、镁、磷、钒等均在0.01%以下。工业硅大量用于一般工业，仅有百分之几用于电子信息工业。

工业硅与氢气或氯化氢反应，可得到三氯氢硅（$SiHCl_3$）或四氯化硅（$SiCl_4$）。经过精馏，使三氯氢硅或四氯化硅的纯度提高，然后通过还原剂（通常用氢气）还原为**元素硅**。在还原过程中，沉积的微小硅粒形成很多晶核，并且不断增多长大，最后长成棒状（或针状、块状）多晶体。习惯上把这种还原沉积出的高纯硅棒（或针、块）叫做**高纯多晶硅**。它的纯度可达99.99999%（7N）至99.9999999%（9N）以上。通常，把9N以上的高纯多晶硅称为**电子级硅**（EG-Si），把7N以上的高纯多晶硅称为**太阳能级硅**（SG-Si）。

由硅砂制备高纯多晶硅的方法有多种，目前工业化生产广泛应用的主要是四氯化硅法三氯氢硅法和硅烷法等。三氯氢硅法在目前世界高纯多晶硅产量中占绝大部分，其工艺流程和生产示意图如图3-19所示。

$$硅砂\xrightarrow[电炉]{焦炭}硅铁（冶金硅）\longrightarrow\underset{（或四氯化硅）}{三氯氢硅}\xrightarrow{纯化}精馏除杂\xrightarrow[还原]{H_2}多晶硅$$

图 3-19 硅砂制备高纯多晶硅工艺流程

（1）四氯化硅法

在早期，应用四氯化硅（$SiCl_4$）作为硅源进行纯化，主要方法是精馏法和固体吸附法。精馏法是利用$SiCl_4$混合液中各种化学组分的沸点不同，通过加热的方法将$SiCl_4$和其它组分分离。固体吸附法是根据化学键的极性来对杂质进行分离。其反应过程的化学反应式为

$$SiCl_4+2H_2\longrightarrow Si+4HCl\uparrow$$

用这种方法需要$1100\sim1200℃$的高温，而且制取$SiCl_4$时氯气的消耗量很大，所以现在已很少使用。

（2）三氯氢硅法

三氯氢硅法又称改良西门子法，主要有以下三道关键工序。

① 由硅砂到冶金硅。将石英砂放在大型电弧炉中，用焦炭进行还原，化学反应式为

$$SiO_2 + 2C \longrightarrow Si + 2CO_2 \uparrow$$

在高温下，SiO_2 与焦炭发生反应，生成液态硅沉积在电弧炉底部，用铁作为催化剂可有效阻止碳化硅的形成。将液体硅定期倒出或在电弧炉底部开孔流出，并用氧气或氧-氯混合气体吹拂，以进一步提纯；然后倒入浅槽，逐渐凝固，便形成含硅 $97\%\sim99\%$ 的冶金硅，其中还含有大量金属杂质，如铁、铜、锌、镍等。

② 由冶金硅到三氯氢硅。将冶金硅通过机械破碎并研磨成粉末，与盐酸在液化床上进行反应，得到三氯氢硅（$SiHCl_3$），化学反应式为

$$Si + 3HCl \longrightarrow SiHCl_3 + H_2 \uparrow$$

③ 由 $SiHCl_3$ 到多晶硅。对 $SiHCl_3$ 进行分馏，以达到超纯状态，再对超纯 $SiHCl_3$ 液体通过高纯气体携带进入充有大量氢气的还原炉中，$SiHCl_3$ 在通电加热的细长硅芯表面发生反应，使得硅沉积在硅芯表面，化学反应式为

$$SiHCl_3 + H_2 \longrightarrow Si + 3HCl \uparrow$$

经过一周或更长的反应时间，还原炉中原来直径只有 8mm 的硅芯将生长到直径 150mm 左右。这样得到的硅棒可作为区熔法生长单晶硅的原料，也可破碎后作为直拉单晶法生长单晶硅棒的原料。

改良西门子法是在西门子法的基础上增加反应气体的回收，从而增加高纯多晶硅的出产率，主要回收并再利用的反应气体包括 H_2、HCl、$SiCl_4$ 和 $SiHCl_3$，形成一个完全闭环生产的过程。这是目前国内外大多数多晶硅厂用来生产电子级与太阳能级多晶硅的主流方法，其工艺流程图如图 3-20 所示。

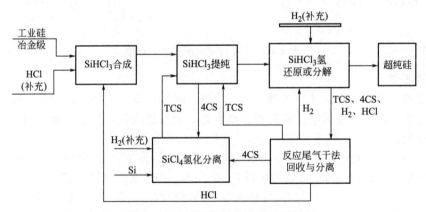

图 3-20 改良西门子法工艺流程图

（3）硅烷法

硅烷（SiH_4）生产的工艺是基于化学反应 $2Mg + Si \rightarrow Mg_2Si$，然后将硅化镁和氯化铵进行如下化学反应：

$$Mg_2Si + 4NH_4Cl \longrightarrow SiH_4 + 2MgCl_2 + 4NH_3 \uparrow$$

从而得到气体硅烷。高浓度的硅烷是一种易燃、易爆气体，要用高纯氮气或氢气稀释到 $3\%\sim5\%$ 后充入钢瓶中使用。硅烷可以通过减压精馏、吸附和预热分解等方法进行纯化，化学反应式为

$$SiH_4 \longrightarrow Si + 2H_2 \uparrow$$

硅烷法由于要消耗金属镁等还原剂，成本要比三氯氢硅法高，而且硅烷本身易燃、易爆，使用时受到一定限制，但此法去除硼等杂质很有效，制成的多晶硅质量较高。

3.2.2.2   多晶硅锭的制备

由西门子法等得到的多晶硅棒因未掺杂等原因，不能直接用来制造太阳能电池。多晶硅太阳能电池是以多晶硅为基体材料的**多晶硅铸锭**制作的太阳能电池。其主要**优点**：能直接拉制出方形硅锭，设备比较简单，并能制出大型硅锭以形成工业化生产规模；材质电能消耗较省，并能用较低纯度的硅作投炉料；可在电池工艺方面采取措施降低晶界及其它杂质的影响。其主要**缺点**是生产出的多晶硅电池的转换效率要比单晶硅电池稍低。多晶硅的铸锭工艺主要有定向凝固法和浇铸法两种。

（1）定向凝固法

本法是将硅材料放在坩埚中熔融，然后将坩埚从热场逐渐下降或从坩埚底部通冷源，以造成一定的温度梯度，固液面则从坩埚底部向上移动而形成硅锭。经过定向凝固后，即可获得掺杂均匀、晶粒较大、呈纤维状的多晶硅锭。定向凝固法中有一种热交换法（HEM），是在坩埚底部通入气体冷源来形成温度梯度。多晶硅定向凝固法的原理，如图 3-21 所示。

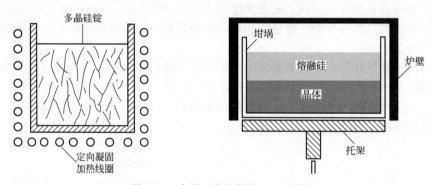

图 3-21   多晶硅定向凝固法原理图

（2）浇铸法

本法是将熔化后的硅液从坩埚倒入另一模具中形成硅锭，铸出的硅锭被切成方形硅片制作太阳能电池。此法设备简单、能耗低、成本低，但易造或位错、杂质缺陷而导致转换效率低于单晶硅电池。

近年来，多晶硅的铸锭工艺主要朝大锭方向发展。目前生产上铸出的是 $69cm \times 69cm$，重 $240 \sim 300kg$ 的方形硅锭。铸出此锭的炉时为 $36 \sim 60h$，切片前的硅材料实收率可达 83.8%。由于铸锭尺寸的加大，使产率及单位重量的实收率都有所增加，提高了晶粒的尺寸及硅材料的纯度，降低了坩埚的损耗及电耗等，使多晶硅锭的加工成本较拉制单晶硅降低多倍。

3.2.2.3   片状硅的制备

片状硅又称硅带，是从熔体中直接生长出来的，可以减少由于切割而造成硅材料的损失，工艺也比较简单，片厚 $100 \sim 200\mu m$。主要生长方法有限边喂膜（EFG）法、枝蔓蹼状晶（WEB）法、边缘支撑晶（ESP）法、小角度带状生长法、激光区熔法和颗粒硅带法等。其中枝蔓蹼状晶法和限边喂膜法比较成熟。

枝蔓蹼状晶（WEB）法，是从坩埚里长出两条枝蔓晶，由于表面张力的作用，两条枝蔓晶中间会同时长出一层薄膜，切去两边的枝晶，用中间的片状晶来制作太阳能电池。由于硅片形状如蹼状，所以称为蹼状晶。它在各种硅带中质量最好，但生长速度相对较慢。

限边喂膜（EFG）法，即在石墨坩埚中使熔融的硅从能润湿硅的模具狭缝中通过而直接拉出正八角形硅筒，正八角的边长略大于 10cm，管壁厚度（硅片厚）与石墨模具的毛细形状、拉制温度和速度等有关，约 $200 \sim 400 \mu m$，管长约 5m。再采用激光切割法将硅筒切成 10cm×10cm 方形硅片。电池效率可达 13%～15%。用限边喂膜法进行大批量生产时，应满足的主要技术条件为：①采用自动控制温度梯度、固液交界的新月形的高度及硅带的宽度等，以有效地保证晶体生长的稳定性；②在模具对硅料的污染方面进行控制。

此外，还有带带法和滴转法等，这些方法目前还未进入大规模工业化生产。

3.2.2.4 单晶硅的制备

一般用于制造高纯单晶硅的工业生产方法主要是直拉单晶法和区熔法。

(1) 直拉单晶法

直拉单晶法又称切克劳斯基（Cz）法，如图 3-22(a) 所示。在单晶炉中将高纯多晶硅加热熔化，并在单晶炉中形成一定的温度梯度场，而且保持熔融的硅液面为硅晶体的特定凝固点，再将籽晶硅引向熔融的硅液面，然后一边旋转，一边提拉，熔融的硅就在同一方向定向凝固生长，得到单晶硅棒。

掺杂可在熔化硅之中进行，将一定量的 p 型或 n 型杂质置入硅料一起熔化，利用杂质在硅熔化和凝固时的溶解度之差，使一些有害杂质浓集于头部或底部，经过拉制，补偿成一定电阻率的晶体硅，同时可以起到纯化作用。

目前已能拉制直径大于 16in、重达数百公斤的大型单晶硅棒。

(2) 区熔法

区熔法又称悬浮区熔法（Fz）法，如图 3-22(b) 所示，用通水冷却的高频线圈环绕硅单晶棒，高频线圈通电后使硅棒内产生涡电流而加热，导致硅棒局部熔化，出现浮区。及时缓慢地移动高频线圈，同时旋转硅棒，使熔化的硅重新结晶。利用硅中杂质的分凝现象，提高了硅的纯度。反复移动高频线圈，可使得硅棒中段不断提纯，最后得到纯度极高的单晶硅

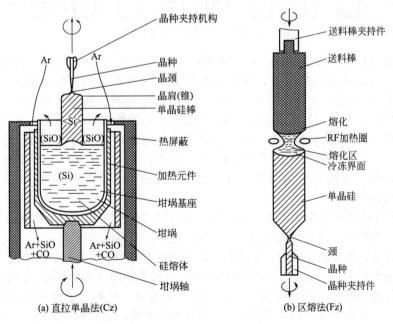

(a) 直拉单晶法(Cz)　　(b) 区熔法(Fz)

图 3-22　两种制备单晶硅的技术

棒。因受到线圈功率的限制,区熔单晶硅棒的直径不能太大。

多晶硅经过坩埚直拉法（Cz 法）或区熔法（Fz 法）制成单晶硅棒,硅材料的纯度可进一步提高,要求单晶硅缺陷和有害杂质少。在制备单晶硅的过程中可根据需要对其掺杂,地面用晶体硅太阳能电池材料的电阻率为 $0.5 \sim 3\Omega \cdot cm$,空间用硅太阳能电池材料的电阻率约为 $10\Omega \cdot cm$。

3.3 太阳能电池制造工艺

3.3.1 硅片的加工

制成单晶硅棒或硅锭后,用内圆切片机或多线切片机切成 $0.24 \sim 0.44mm$ 的薄片,地面用晶体硅太阳能电池常用尺寸为 $\phi 100mm$ 的圆片或 $100mm \times 100mm$ 的准方片,目前也有 $125mm \times 125mm$,$150mm \times 150mm$ 的准方片或方片;空间用太阳能电池的尺寸为 $20mm \times 20mm$ 或 $20mm \times 40mm$。内圆切片机切片时,硅材料的损失接近 50%,线切片机的材料损失要小些。空间用太阳能电池基片的导电类型为 p 型,地面用太阳能电池基片的导电类型一般也为 p 型。

硅片的加工,是将硅锭经表面整形、定向、切割、研磨、腐蚀、抛光、清洗等工艺,加工成具有一定直径、厚度、晶向和高度、表面平行度、平整度、光洁度,表面无缺陷、无崩边、无损伤层,高度完整、均匀、光洁的镜面硅片。硅片加工的一般工艺流程如图 3-23 所示。这一流程也包括了太阳能电池制造阶段硅片的表面处理工序,在连续生产中可以归并。

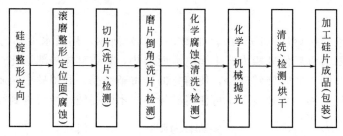

图 3-23 硅片加工工艺流程

将硅锭按照技术要求切割成硅片,才能作为生产制造太阳能电池的基体材料。因此,硅片的切割,即通常所说的切片,是整个硅片加工的重要工序。所谓切片,就是将硅锭通过镶铸金刚砂（SiC）磨料的刀片（或钢丝）的高速旋转、接触、磨削作用,定向切割成为要求规格的硅片。切片工艺技术直接关系到硅片的质量和成品率。对于切片工艺技术的原则要求是:①切割精度高、表面平行度好、翘曲度和厚度公差小;②断面完整性好,消除拉丝、刀痕和微裂纹;③提高成品率,缩小刀（钢丝）切缝,降低原材料损耗;④提高切割速度,实现自动化切割。切片的方法目前主要有外圆切割、内圆切割、线切割以及激光切割等。

目前工业生产中较多采用的切割方法之一是内圆切割。它是用内圆切割机将硅锭切割成 $0.2 \sim 0.4mm$ 的薄片。其刀体的厚度为 $0.1mm$ 左右,刀刃的厚度为 $0.20 \sim 0.25mm$,刀刃上黏有金刚砂粉。在切割过程中,每切割一片,硅材料有 $0.3 \sim 0.35mm$ 的厚度损失,因此硅材料的利用率仅为 $40 \sim 50\%$。内圆切割刀片的示意图如图 3-24 所示。内圆式切割机的切割方法,可分成如图 3-25 所示 4 类:（a）刀片水平安装,硅料水平方向送进切割;（b）刀片垂直安装,硅料水平方向送进切割;（c）刀片垂直安装,硅料垂直方向送进切割;（d）刀片固定,硅片垂直方向送进切割。

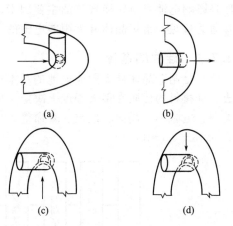

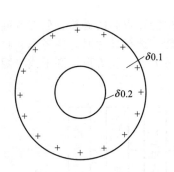

图 3-24 内圆切割刀片示意图 　　　　图 3-25 内圆式切割机切割分类方法示意图

采用线切割机切片是当前最为先进的切片方法，更适合大规模工业化生产。它是用钢丝携带研磨微粒完成切割工作。即将 100km 左右钢丝卷置于固定架上，经过滚动碳化硅磨料切割硅片，如图 3-26 所示。此法具有切片质量高、速度快、产量大、成品率高、材料损耗少（切损只有 $0.2 \sim 0.22$mm）、可切割更大更薄（$0.18 \sim 0.2$mm）的硅片以及成本低等特点，适宜于大规模自动化生产。典型瑞士线切割机的生产能力为可同时加工四组 125mm $\times 125$mm $\times 520$mm 的硅锭，用时约 3.15h，可切片 4160 片，硅片目前的厚度为 $180 \sim 325 \mu$m（可更薄），切割刃口窄，比一般内圆式切割机可节约硅材料约 $1/4$ 左右。

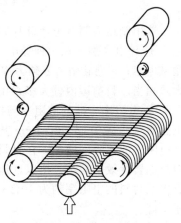

图 3-26 硅片线切割示意图

线切割与内圆切割特性的比较，如表 3-2 所列。

表 3-2 线切割与内圆切割特征的比较

性　能	线切割	内圆切割
切割方法	自由磨削加工	固定研磨加工
切片表面	线锯痕迹	切痕、裂纹、碎屑
损伤深度/μm	$5 \sim 15$	$20 \sim 30$
切片效率/(cm²/h)	$110 \sim 220$	$10 \sim 30$
每次切片数/片	$200 \sim 400$	1
损耗/μm	$150 \sim 210$	$300 \sim 500$
可切片最薄厚度/μm	$180 \sim 200$	350
可切硅锭最大直径/mm	300 以上	200
切片翘曲度	轻微	严重

3.3.2　硅太阳能电池的制造

硅太阳能电池一般分为单晶硅太阳能电池和多晶硅太阳能电池，它们的制造工艺除原材料切割方式不同外，其它工序基本相同。

制造晶体硅太阳能电池包括绒面制备、扩散制结、制作电极和制备蒸镀减反射膜等主要工序。太阳能电池与其它半导体器件的主要区别，是需要一个大面积的浅结实现能量转换。电极用来输出电能。绒面及减反射膜的作用是使电池的输出功率进一步提高。为使电池成为有用的器件，在电池的制造工艺中还包括去除背结和腐蚀周边两个辅助工序。一般来说，结特性是影响电池光电转换效率的主要因素，电极除影响电池的电性能外还关乎电池的可靠性和寿命的长短。常规晶体硅太阳能电池的一般生产制造工艺流程如图 3-27 所示。

3.3.2.1　硅片的选择

硅片是制造晶体硅太阳能电池的基本材料，它可以由纯度很高的硅棒、硅锭或硅带切割而成。硅材料的性质在很大程度上决定了成品电池的性能。选择硅片时，要考虑硅材料的导电类型、电阻率、晶向、位错、寿命等。硅片通常加工成方形、长方形、圆形或半圆形，厚度为 0.18~0.4mm。

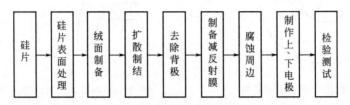

图 3-27　晶体硅太阳能电池生产制造工艺流程

选用制造太阳能电池硅片时，应考虑的主要技术原则如下。

① 导电类型　在两种导电类型的硅材料中，p 型硅常用硼为掺杂元素，用以制造 n^+/p 型硅电池；n 型硅用磷或砷为掺杂元素，用以制造 p^+/n 型硅电池。这两种电池的各项参数大致相当。目前国内外大多采用 p 型硅材料。为降低成本，两种材料均可选用。

② 电阻率　硅的电阻率与掺杂浓度有关。就太阳能电池制造而言，硅材料电阻率的范围相当宽，从 0.1~50Ω·cm 甚至更大均可采用。在一定范围内，电池的开路电压随着硅基体电阻率的下降而增加。在材料电阻率较低时，能得到较高的开路电压，而短路电流略低，但总的转换效率较高。所以，地面应用宜于使用 0.5~3.0Ω·cm 的硅材料，空间用硅太阳能电池材料的电阻率约为 10Ω·cm。太低的电阻率，反而使开路电压降低，并导致填充因子下降。

③ 晶向、位错、寿命　太阳能电池较多选用<111>和<110>晶向生长的硅材料。对于单晶硅电池，一般都要求无位错和尽量长的少子寿命。

④ 几何尺寸　主要有 φ50mm，φ70mm，φ100mm，φ200mm 的圆片和 100mm×100mm，125mm×125mm，156mm×156mm 的方片。硅片的厚度目前已由先前的 300~450μm 降为当前的 180~350μm。

3.3.2.2　硅片的表面处理

切好的硅片，表面脏且不平，因此在制造电池之前要先进行硅片的表面准备，包括硅片的化学清洗和硅片的表面腐蚀。化学清洗是为了除去玷污在硅片上的各种杂质，表面腐蚀的目的是除去硅片表面的切割损伤，获得适合制结要求的硅表面。制结前硅片表面的性能和状态，直接影响结的特性，从而影响成品电池的性能，因此硅片的表面准备十分重要，是电池生产制造工艺流程的重要工序。

（1）硅片的化学清洗

由硅棒、硅锭或硅带所切割的硅片表面可能玷污的杂质可归纳为三类：①油脂、松香、蜡等有机物质；②金属、金属离子及各种无机化合物；③尘埃以及其它可溶性物质。通过一些化学清洗剂可达到去污的目的。常用的化学清洗剂有高纯水、有机溶剂（如甲苯、二甲苯、丙酮、三氯乙烯、四氯化碳等）、浓酸、强碱以及高纯中性洗涤剂等。

(2) 硅片的表面腐蚀

硅片经化学清洗去污后，接着要进行表面腐蚀。这是因为机械切片后在硅片表面留有平均 $30\sim50\mu m$ 厚的损伤层，需在腐蚀液中腐蚀掉。通常使用的腐蚀液有酸性和碱性两类。

① 酸性腐蚀，硝酸和氢氟酸的混合液可以起到良好的腐蚀作用。浓硝酸与氢氟酸的配比为（10:1）～（2:1）。通过调整硝酸和氢氟酸的比例及溶液的温度，可控制腐蚀的速度。如在腐蚀液中加入醋酸作缓冲剂，可使硅片表面光亮，硝酸、氢氟酸与醋酸的一般配比为5:3:3 或 5:1:1 或 6:1:1。

② 碱性腐蚀，硅可与氢氧化钠、氢氧化钾等碱的溶液起作用，生成硅酸盐并放出氢气，因此碱溶液也可作为硅片的腐蚀液。碱腐蚀的硅片虽然没有酸腐蚀的硅片光亮平整，但所制成的成品电池的性能却是相同的。近年来国内外的生产实践表明，与酸腐蚀比较，碱腐蚀具有成本较低和环境污染较小的优点。

影响上述两类腐蚀效果的主要因素，是腐蚀液的浓度和温度。硅片的一般清洗顺序是：先用有机溶剂初步去油，再用热浓硫酸去除残留的有机和无机杂质。硅片经表面腐蚀后，再经王水或碱性过氧化氢清洗液彻底清洗。

在完成化学清洗和表面腐蚀之后，要用高纯的去离子水冲洗硅片。

3.3.2.3 绒面制备

制备有效的绒面结构，有助于提高电池的性能。由于入射光在硅片表面的多次反射和折射，增加了光的吸收，其反射率很低，主要体现在短路电流的提高。

单晶硅绒面结构的制备，就是利用硅的各向异性腐蚀，在硅表面形成金字塔结构（IP）。即利用氢氧化钠稀释液、乙二胺和磷苯二酚水溶液、乙醇胺水溶液等化学腐蚀剂对硅片表面进行绒面处理。如果以（100）面作为电池的表面，经过这些腐蚀液的处理后，硅片表面会出现（111）面形成的正方锥。这些正方锥像金字塔一样密布于硅片的表面，肉眼看来像丝绒一样，因此通常称为**绒面结构**，又称为表面织构化，如图 3-28 所示。经过绒面处理后，增加了入射光投射到硅片表面的机会，第一次没有被吸收的光被折射后投射到硅片表面的一晶面时仍然可能被吸收。这样可使入射光的反射率减少到 10% 以内，如果镀上一层减反射膜，还可进一步降低。

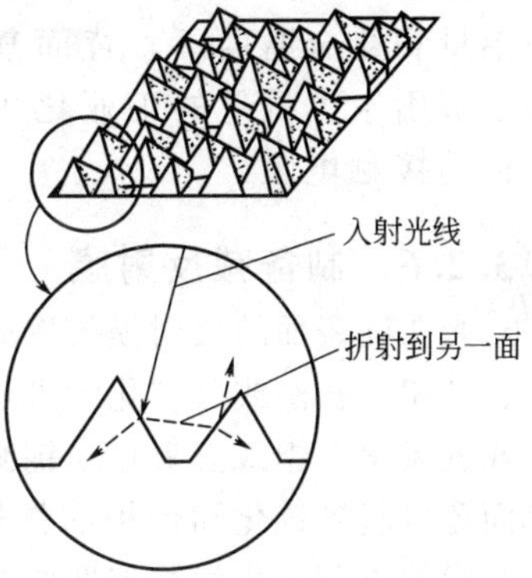

入射光线

折射到另一面

图 3-28 绒面结构减少光的反射

3.3.2.4 扩散制结

p-n 结是晶体硅太阳能电池的核心部分。没有 p-n 结，便不能产生光电流，也就不成其为太阳能电池。因此，p-n 结的制造是最主要的工序。制结过程就是在一块基体材料上生成导电类型不同的扩散层，形成 p-n 结。可用多种方法制备晶体硅太阳能电池的 p-n 结，主要有热扩散法、离子注入法、薄膜生长法、合金法、激光法和高频电注入法等。通常多采用热扩散法制结。此法又有涂布源扩散、液态源扩散和固态源扩散之分。其中氮化硼固态源扩散，设备简单，操作方便，扩散硅片表面状态好，p-n 结面平整，均匀性和重复性优于液态源扩散，适合于工业化生产。它通常采用片状氮化硼作源，在氮气保护下进行扩散。扩散前，氮化硼片先在扩散温度下通氧 30min，使其表面的三氧化二硼与硅发生反应，形成硼硅玻璃沉积在硅表面，硼向硅内部扩散。扩散温度为 950～1000℃，扩散时间为 15～30min，氮气流量为 2L/min。对扩散的要求是，获得适合于太阳能电池 p-n 结需要的结深和扩散层方块电阻 $R_\square$（单位面积的半导体薄层所具有的电阻，利用它可以衡量扩散制结的质量）。常规晶体硅太阳能电池的结深一般控制在 $0.3\sim0.5\mu m$，方块电阻平均为 $20\sim100\Omega/\square$。

3.3.2.5　去除背结

在扩散过程中，硅片的背面也形成了 p-n 结，所以在制作电极前需要去除背结。

去除背结的常用方法，主要有化学腐蚀法、磨片法和蒸铝或丝网印刷铝浆烧结法等。

（1）化学腐蚀法

掩蔽前结后用腐蚀液蚀去其余部分的扩散层。该法可同时除去背结和周边的扩散层，因此可省去腐蚀周边的工序。腐蚀后，背面平整光亮，适合于制作真空蒸镀的电极。前结的掩蔽一般用涂黑胶的方法。硅片腐蚀去背结后用溶剂去真空封蜡，再经浓硫酸或清洗液煮沸清洗，最后用去离子水洗净后烤干备用。

（2）磨片法

用金刚砂将背结磨去。也可将携带砂粒的压缩空气喷射到硅片背面以除去背结。背结除去后，磨片后背面形成一个粗糙的硅表面，因此适用于化学镀镍背电极的制造。

（3）蒸铝或丝网印刷铝浆烧结法

前两种方法对 n^+/p 型和 p^+/n 型电池制造工艺均适用，本法则仅适用于 n^+/p 型电池制造工艺。此法是在扩散硅片背面真空蒸镀或丝网印刷一层铝，加热或烧结到铝-硅共熔点（577℃）以上使它们成为合金。经过合金化以后，随着降温，液相中的硅将重新凝固出来，形成含有少量铝的再结晶层。它实际上是一个对硅掺杂过程。在足够的铝量和合金温度下，背面甚至能形成与前结方向相同的电场，称为背面场。目前该法已被用于大批量的工业化生产，从而提高了电池的开路电压和短路电流，并减小了电极的接触电阻。

3.3.2.6　制备减反射膜

光在硅表面的反射损失率高达 35％ 左右。为减少硅表面对光的反射，可采用真空镀膜法、气相生长法或其它化学方法等，在已制好的电池正面蒸镀一层或多层二氧化硅或二氧化钛或五氧化二钽或五氧化二铌减反射膜。减反射膜不但具有减少光反射的作用，而且对电池表面还可起到钝化和保护的作用。对减反射膜的要求是：膜对入射光波长范围的吸收率要小，膜的物理与化学稳定性要好，膜层与硅能形成牢固的粘接，膜对潮湿空气及酸碱气氛有一定的抵抗能力，并且制作工艺简单、价格低廉。其中二氧化硅膜，工艺成熟，制作简便，为目前生产上所常用。它可提高太阳能电池的光能利用率，增加电池的电能输出。镀上一层减反射膜可将入射光的反射率减少到 10％ 左右，而镀上两层则可将反射率减少到 4％ 以下。各种表面减反射结构的反射率如图 3-29 所示。

3.3.2.7　腐蚀周边

在扩散制结过程中，硅片的周边表面也有扩散层形成。硅片周边表面的扩散层会使电池上下电极形成短路环，必须将其去除。周边上存在任何微小的局部短路，都会使电池并联电阻下降，以致成为废品。去除周边的方法主要有腐蚀法和挤压法。腐蚀法是将硅片两面掩好，在硝酸、氢氟酸组成的腐蚀液中腐蚀 30s 左右。挤压法则是用大小与硅片相同而略带弹性的耐酸橡胶或塑料与硅片相间整齐地隔开，施加一定压力阻止腐蚀液渗入缝隙，以取得掩蔽的方法。

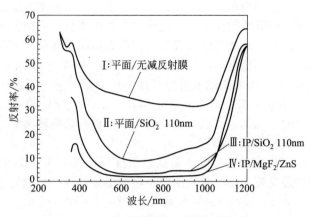

图 3-29　各种表面减反射结构的反射率

3.3.2.8　制作上、下电极

为输出电池光电转换所获得的电能，必须在电池上制作正、负两个电极。所谓电极，就是与电池 p-n 结形成紧密欧姆接触的导电材料。通常对电极的要求有：①接触电阻小；②收集效率高；③遮蔽面积小；④能与硅形成牢固的接触；⑤稳定性好；⑥宜于加工；⑦成本低；⑧易于引线，可焊性强；⑨体电阻小；⑩污染小。制作方法主要有真空蒸镀法、化学镀镍法、银/铝浆印刷烧结法等。所用金属材料，主要有铝、钛、银、镍等。习惯上，把制作在电池光照面的电极称为上电极，把制作在电池背面的电极称为下电极或背电极。上电极通常制成窄细的栅线状，这有利于对光生电流的收集，并使电池有较大的受光面积。下电极则布满全部或绝大部分电池的背面，以减小电池的串联电阻。n^+/p 型电池上电极是负极，下电极是正极；p^+/n 型电池则正好相反，上电极是正极，下电极是负极。

铝浆印刷烧结法是目前晶体硅太阳能电池商品化生产大量采用的方法。其工艺为：把硅片置于真空镀膜机的钟罩内，当真空度抽到足够高时，便凝结成一层铝薄膜，其厚度控制在 $30\sim100nm$；然后，再在铝薄膜上蒸镀一层银，厚度为 $2\sim5\mu m$，为便于电池的组合装配，电极上还需钎焊一层锡-铝-银合金焊料；此外，为得到栅线状的上电极，在蒸镀铝和银时，硅表面需放置一定形状的金属掩膜。上电极栅线密度一般为 $2\sim4$ 条/cm，多的可达 $10\sim19$ 条/cm，最多的可达 60 条/cm。用丝网印刷技术制作上电极，既可降低成本，又便于自动化连续生产。所谓丝网印刷，是用涤纶薄膜等制成所需电极图形的掩膜，贴在丝网上，然后套在硅片上，用银浆、铝浆印刷出所需电极的图形，经过在真空和保护气氛中烧结，形成牢固的接触电极。

金属电极与硅基体粘接的牢固程度，是显示太阳能电池性能的主要指标之一。电极脱落往往是电池失效的重要原因，在电极的制作中应十分注意粘接的牢固性。

3.3.2.9　检验测试

太阳能电池制作经过上述工艺完成后，在作为成品电池入库前，必须通过测试仪器测量其性能参数，以检验其质量是否合格。一般需要测量的参数有最佳工作电压、最佳工作电流、最大功率（也称峰值功率）、转换效率、开路电压、短路电流、填充因子等，通常还要画出太阳能电池的伏安（$I\text{-}U$）特性曲线。

太阳能电池的测试仪器大致由光源、箱体及电池夹持机构、测量仪表及显示部分等组成。光源要求所发出光束的光谱尽量接近于地面太阳光谱 AM1.5，在工作区内光强均匀稳定，并且强度可以在一定范围内调节。由于光源功率很大，为了节省能源和避免测试区内温度升高，多数测试仪都采用脉冲闪光方式。电池夹持机构要做到牢固可靠，操作方便，探针与太阳能电池和台面之间要尽量做到欧姆接触，因为太阳能电池的尺寸在向大面积大电流的方向发展，这就要求测试太阳能电池时一定要接触良好。例如，156mm×156mm 硅太阳能电池的电流大约为 8A，而单体太阳能电池的开路电压为 0.5～0.6V，在测试时由于接触不好，即使产生 0.01Ω 的串联电阻，都会造成 $0.01\Omega×8A=0.08V$ 的电压降，这对太阳能电池的测试是绝对不容许的。因此，测量大面积太阳能电池时必须使用开尔文电极，也就是通常所说的四线制，以保证测量的精确度。

有些测试仪带有恒温装置，可使电池测试时温度保持在 25℃。如果没有恒温装置，应使测量时尽量减少室内温度变化，并且要测出当时的电池温度，将测量结果按照有关规定进行修正。

测量得到的性能参数及伏安特性曲线，通常可以在计算机上显示并打印。

有些电池测试仪还可以根据测试结果，将不同性能参数的太阳能电池自动进行分类，这样可以避免在封装成组件时重新进行分拣的麻烦。

现代太阳能电池测试设备系统主要包括太阳模拟器、测试电路和计算机测试控制与处理三部分。太阳模拟器主要包括电光源电路、光路机械装置和滤光装置三部分。测试电路采用钳位电压式电子负载与计算机相连。计算机测试控制器主要完成对电光源电路的闪光脉冲的控制、伏安特性数据的采集、自动处理、显示等。太阳能电池测试设备系统框图如图 3-30所示。

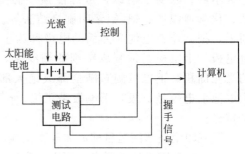

图 3-30　太阳能电池测试设备系统框图

上述是一般通用的晶体硅太阳能电池的生产工艺流程。近年来，晶体硅太阳能电池的光电转换效率不断提高，有许多新结构、新工艺相继应用于工业化生产。

典型晶硅电池片技术参数：

尺寸：156mm×156mm(±0.5mm)；

厚度（Si）：$190\mu m \pm20\mu m$；

正面（－）：氮化硅减反膜；1.9mm 银栅线；

背面（＋）：铝背场，3mm 银背极；

开路电压（V）：0.62($\pm5\%$)

短路电流（A）：9.01($\pm5\%$)；

最大功率点电压：0.515V；

最大功率点电流：7.914A；

温度系数：$K_{T Voltage}$，－0.349％/K；$K_{T Current}$，－0.033％/K；$K_{T Power}$，－0.44％/K。

3.3.3　新型太阳能电池简介*

3.3.3.1　新型高效单晶硅太阳能电池

为了提高太阳能电池的转换效率，探索了多种结构和技术来改进电池的性能：采用背电场减小了背表面处的复合，提高了开路电压；浅结电池减小了正表面复合，提高了短路电流；金属-绝缘体-半导体（MIS）和金属-绝缘体-NP（MINP）太阳能电池则进一步降低了电池的正表面复合。近几年表面钝化技术的进步，从薄的氧化层（＜10nm）到厚氧化层

（约 110nm），使表面态密度和表面复合速度大大降低，单晶硅太阳能电池的转换效率得到了迅速提高。下面介绍几种高效、低成本硅太阳能电池。

（1）发射极钝化及背表面局部扩散太阳能电池（PERL）

PERL（Passivated Emitter and Rear Locally-diffused）电池正反两面都进行钝化，并采用光刻技术将电池表面的氧化层制作成倒金字塔。两面的金属接触面都进行缩小，其接触点进行硼与磷的重掺杂，局部背场技术（LBSF）使背接触点处的复合得到了减少，且背面由于铝在二氧化硅上形成了很好的反射面，使入射的长波光反射回电池体内，增加了对光的吸收，如图 3-31 所示。这种单晶硅电池的光电效率已达 24.7%，多晶硅电池的光电效率已达 19.9%。

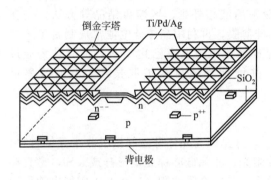

图 3-31　PERL 太阳能电池

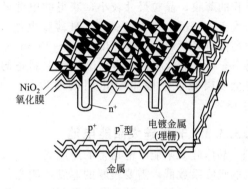

图 3-32　BCSC 太阳能电池

（2）埋栅太阳能电池（BCSC）

埋栅太阳能电池（Buried Contact Solar Cell，BCSC）采用激光刻槽或机械刻槽。激光在硅片表面刻槽，然后化学镀铜，制作电极，如图 3-32 所示。其主要特点：减少栅线的遮光面积，提高其光电转换效率（2% 左右），批量生产这种电池的光电效率已达 17%，我国实验室光电效率为 19.55%；工艺相对简单、适于规模生产，大规模生产的 BCSC 电池其单位功率成本与常规丝网印刷电池相当。制造流程如下：

表面制绒→表面磷扩散和氧化→激光刻槽→化学清洗→槽壁磷重扩散→背表面铝金属化与烧结→顶电极、背电极同时进行无电镀（镍-铜-银）→边缘结隔绝。

（3）高效背表面反射器太阳能电池（BSR）

这种电池的背面和背面接触之间用真空蒸镀的方法沉积一层高反射率的金属表面（一般为铝）。背反射器就是将电池背面做成反射面，它能反射透过电池基体到达背表面的光，从而增加光的利用率，使太阳能电池的短路电流增加。电池的厚度越薄，背反射器的作用越明显。并且它还能把到达背面的波长大于光电池光谱响应截止波长（硅，约为 1150nm）的红光反射出去，从而降低光电池的吸收系数（普通硅电池太阳吸收系数 α_s 为 0.781 ± 0.020，而此电池为 0.741 ± 0.020）。因为这部分光不仅不能产生光生载流子，而且产生热效应，使电池温度升高，导致效率下降。目前 BSR 电池的效率约为 12.1%。

（4）高效背表面场和背表面反射器太阳能电池（BSFR）

BSFR 电池也称为漂移场太阳能电池，它是在 BSR 电池结构的基础上再做一层 p^+ 层。这种场有助于光生电子-空穴对的分离和少数载流子的收集。目前 BSFR 电池的效率约为 14.8%。

3.3.3.2 多晶硅薄膜太阳能电池

多晶硅薄膜是由许多大小不等和具有不同晶面取向的小晶粒构成，其特点是在长波段具有高光敏性，对可见光能有效吸收，又具有与晶体硅一样的光照稳定性，因此被认为是高效、低耗的理想光伏器件材料。

多晶硅薄膜可在600℃以下的低温沉积，随后用激光加热晶化或固相结晶等方法形成。电池衬底可采用玻璃甚至塑料类的柔性材料。也可以直接在高温下生长形成多晶硅薄膜，生长温度大于1000℃，硅的沉积速率约为5nm/min。生长温度高就需要选择耐高温衬底材料，目前通常采用低质量的硅、石墨或陶瓷材料。由于在高温下生长薄膜，获得的多晶硅薄膜具有较好的结晶性，晶粒尺寸较大。低温制备多晶硅薄膜电池，一般采用CVD方法。由低温沉积的薄膜，晶粒尺寸较小，获得的电池效率不高。要获得10%～15%的效率，晶粒尺寸须大于100nm。高温制备多晶硅薄膜电池，一般采用液相外延、区熔再结晶等方法。先在耐高温衬底材料上生长厚度为10～20nm的多晶硅薄膜，再利用晶体硅电池常规制备工艺进行p-n结及电极制备。耐高温衬底上制备的多晶硅薄膜电池效率已达16%，而且认为通过降低多层减反射膜中氧化层的厚度到100Å，并增加基体材料扩散长度，电池效率可达18%。

3.3.3.3 非晶硅太阳能电池

晶体硅太阳能电池通常的厚度为300μm左右，这是因为晶体硅是间接吸收半导体材料，光的吸收系数低，需要较厚的厚度才能充分吸收阳光。非晶硅亦称无定形硅或a-Si，是直接吸收半导体材料，光的吸收系数很高，仅几个微米就能完全吸收阳光，因此太阳能电池可以做得很薄，材料和制作成本较低。

无定形硅从微观原子排列来看，是一种"长程无序"而"短程有序"的连续无规则网络结构，其中包含有大量的悬挂键、空位等缺陷。在技术上有实用价值的是a-Si：H合金。在这种合金膜中，氢补偿了a-Si中的悬挂键，使缺陷态密度大大降低，掺杂成为可能。与单晶硅电池不同的是，非晶硅电池光生载流子只有漂移运动而无扩散运动，原因是非晶硅结构中的长程无序和无规网络引起的极强散射作用，使载流子的扩散长度很短。如果在光生载流子的产生处或附近没有电场存在，则光生载流子受扩散长度的限制，将会很快复合而不能吸收。为能有效地收集光生载流子，将电池设计成为p-i-n型，如氢基薄膜硅电池结构是处于TCO透明导电层和背电极之间的，薄膜电池的各层结构都是沉积在一块玻璃基底之上的，氢基薄膜电池包含两个pin连结体，总共六个沉积层。其中p层是入射光层（相当于负电极），n层相当于负电极，i层是本征吸收层，处在p和n产生的内建电场中。当入射光通过p^+层进入i层后，产生电子-空穴对，光生载流子一旦产生后就由内建电场分开，空穴漂移到p^+层，电子漂移到n层，形成光生电流和光生电压。正电极与透明导电层相连，负电极与背电极相连，这样两个pin/pin结构通过串联的方式，增加了电压。

一块玻璃基板上的电池通过激光蚀刻的方式串联在一起，以此来增加整块组件的电压。单件一体化工序避免了大量的操作和互连，这对于晶体硅电池来说是十分重要的。电压是从整个组件里输出，而电流则是从与前后两个电池连接的金属接点输出。

非晶硅薄膜电池可以用玻璃、不锈钢、特种塑料、陶瓷等为衬底。玻璃衬底的非晶硅电池，光从玻璃面入射，电池的电流从透明导电膜（TCO）和铝电极引出。不锈钢衬底的非晶硅电池与单晶硅电池类似，在透明导电膜上制备梳状银电极，电池的电流从银电极和不锈钢引出。双叠层的结构有两种：一种是两层结构使用相同的非晶硅材料；一种是上层使用非晶硅合金，下层使用非晶硅锗合金，以增加对长波光的吸收；上层使用宽能隙的非晶硅合金做本征层，以吸收蓝光光子；中间层用含锗约 15% 的中等带隙的非晶硅锗合金，以吸收红光。三叠层的结构与双叠层的结构类似。

非晶硅材料是由气相沉积法形成的。根据离解和沉积方法的不同，可分为辉光放电分解法（GD）、溅射法（Sp）、真空蒸发法、光化学气相沉积法（CVD）和热丝法（HW）等多种。其中等离子增强化学气相沉积法（PECVD）是已被普遍采用的方法。在 PECVD 沉积非晶硅的方法中，PECVD 的原料气一般采用 SiH_4 和 H_2，制备叠层电池时用 SiH_4 和 GeH_4，加入 B_2H_6 和 PH_5 可同时实现掺杂。SiH_4 和 GeH_4 在低温等离子体的作用下分解产生 a-Si 或 a-SiGe 薄膜。此法具有低温工艺和大面积薄膜的生产等特点，适合于大规模生产。

一般来说，pin 集成型以玻璃为衬底的非晶硅电池的制造工序为：清洗并烘干玻璃衬底→生长 TCO 膜→激光切割 TCO 膜→依次生长 pin 非晶硅膜→激光切割 a-Si 膜→蒸发溅射 Al 电极→激光切割 Al 电极（或掩膜蒸发 Al 电极）。

（1）非晶硅的优点

① 有较高的光学吸收系数，在 $0.315 \sim 0.75\mu m$ 的可见光波长范围内，其吸收系数比单晶硅高一个数量级，因此，很薄（$1\mu m$ 左右）的非晶硅就能吸收大部分的可见光，制备材料成本也低；

② 禁带宽度为 $1.5 \sim 2.0 eV$，比晶体硅的 $1.12 eV$ 大，与太阳光谱有更好的匹配；

③ 制备工艺和所需设备简单，沉积温度低（$300 \sim 400 ℃$），耗能少；

④ 可沉积在廉价的衬底上，如玻璃、不锈钢甚至耐温塑料等，可做成能弯曲的柔性电池。

由于非晶硅有上述优点，许多国家都很重视非晶硅太阳能电池的研究开发。

（2）非晶硅太阳能电池结构及性能

① 非晶硅太阳能电池结构　性能较好的非晶硅太阳能电池结构有 p-i-n 结构，如图 3-33 所示。

② 非晶硅太阳能电池的性能

a. 非晶硅太阳能电池的电性能　目前非晶硅太阳能电池的实验室光电转换效率达 15%，稳定效率为 13%。商品化非晶硅太阳能电池的光电效率一般为 6% ~7.5%。非晶硅太阳能电池的温度变化情况与晶体硅太阳能电池不同，温度升高，对其效率的影响比晶体硅太阳能电池要小。

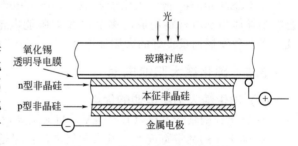

图 3-33　非晶硅太阳能电池结构

b. 光致衰减效应　非晶硅太阳能电池经光照后，会产生 10% ~30% 的电性能衰减，这种现象称为非晶硅太阳能电池的光致衰减效应，此效应限制了非晶硅太阳能电池作为功率发电器件的大规模应用。为减小这种光致衰减效应又开发了双结和三结的非晶硅叠层太阳能电池，目前实验室中光致衰减效应已减小至 10%。

非晶硅太阳能电池，由于价格比单晶硅太阳能电池便宜，在市场上已占有较大的份额。但性能不够稳定，尚没有广泛作为大功率电源，主要用于计算器、电子表、收音机等弱光和微功率器件。

3.3.3.4　化合物薄膜太阳能电池

目前太阳能电池（单晶硅、多晶硅电池）价格偏高，其中原因之一是电池材料贵且消耗大。因而，开发研制薄膜太阳能电池就成为降低太阳能电池价格的重要途径。

薄膜太阳能电池由沉积在玻璃、不锈钢、塑料、陶瓷衬底或薄膜上的几微米或几十微米厚的半导体膜构成。由于其半导体层很薄，可以大大节省太阳能电池材料，降低生产成本，是最有前景的新型太阳能电池。

晶体硅太阳能电池的基片厚度通常为 $300\mu m$ 以上。薄膜太阳能电池在适当的衬底上只需生长几个微米至几十个微米厚度的光伏材料即能满足对光的大部分吸收，实现光电转换的需要。这样，就可以减少价格昂贵的半导体材料，从而可以大大降低成本。薄膜化的活性层必须用基板来加强其机械性能，在基板上形成的半导体薄膜可以是多晶的，也可以是非晶的，不一定用单晶材料。因此，研究开发出不同材料的薄膜太阳能电池是降低价格的有效途径。

(1) 化合物多晶薄膜太阳能电池

除上面介绍过的 a-Si 太阳能电池和多晶 Si 薄膜太阳能电池外，目前已开发出化合物多晶薄膜太阳能电池，主要有：硫化镉/碲化镉（CdS/CdTe）、硫化镉/铜镓铟硒（CdS/CuGaInSe$_2$）.硫化镉/硫化亚铜（CdS/Cu$_2$S）等，其中相对较好的有 CdS/CdTe 电池和 CdS/CuGaInSe$_2$ 电池。

(2) 化合物薄膜太阳能电池的制备

研究各种化合物半导体薄膜太阳能电池的目的是找出一种廉价、高成品率的工艺方法，这是走向工业化生产的关键。由于所采用的材料性能的差异，成功的工艺方法也各异，下面仅介绍两种薄膜太阳能电池。

① CdS/CdTe 薄膜太阳能电池　CdS/CdTe 薄膜太阳能电池制造工艺完全不同于硅太阳能电池，不需要形成单晶，可以连续大面积生产，与晶体硅太阳能电池相比，虽然效率低，但价格比较便宜。这类电池目前存在性能不稳定问题，长期使用电性能严重衰退，技术上还有待于改进。

② CdS/CuInSe$_2$ 薄膜太阳能电池　CdS/CuInSe$_2$ 薄膜太阳能电池，是以铜铟硒三元化合物半导体为基本材料制成的多晶薄膜太阳能电池，性能稳定，光电转换效率较高，成本低，是一种发展前景良好的太阳能电池。

3.3.3.5　砷化镓太阳能电池

(1) 砷化镓太阳能电池的优点

① 砷化镓的禁带宽度（1.424eV）与太阳光谱匹配好，效率较高；

② 砷化镓的禁带宽度大，其太阳能电池可以适应高温下工作；

③ 砷化镓的吸收系数大，只要 $5\mu m$ 厚度就能吸收 90% 以上太阳光，太阳能电池可做得很薄；

④ 砷化镓太阳能电池耐辐射性能好，由于砷化镓是直接跃迁型半导体，少数载流子的寿命短，所以，由高能射线引起的衰减较小；

⑤ 在砷化镓多晶薄膜太阳能电池中，晶粒直径只需几个微米；

⑥ 在获得同样转换效率的情况下，砷化镓开路电压大，短路电流小，不容易受串联电阻影响，这种特征在大倍数聚光、流过大电流的情况下尤为优越。

(2) 砷化镓太阳能电池的缺点

① 砷化镓单晶晶片价格比较昂贵；

② 砷化镓密度为 $5.318g/cm^3$（298K），而硅的密度为 $2.329g/cm^3$（298K），这在空间应用中不利；

③ 砷化镓比较脆，易损坏。

由于砷化镓的光吸收系数很大，入射光的绝大多数在太阳能电池的表面层被吸收，因此，太阳能电池性能对表面的状态非常敏感。早期制作的砷化镓太阳能电池，常常由于表面的高复合速率严重影响电池对短波长光的响应，使电池效率低下。后期采用液相外延技术，在砷化镓表面生长一层光学透明的宽禁带镓铝砷（$Ga_{1-x}Al_xAs$）异质面窗口层，阻碍少数载流子流向表面发生复合，使效率明显提高。

(3) 砷化镓太阳能电池的结构

砷化镓异质面太阳能电池的结构如图 3-34 所示，目前单结砷化镓太阳能电池的转换效率已达 27%，GaP/GaAs 叠层太阳能电池的转换效率高达 30%（AM1.5，25℃，1000W/m^2）。由于 GaAs 太阳能电池具有较高的效率和良好的耐辐照特性，国际上已开始在部分卫星上试用，转换效率为 17%～18%（AM0）。

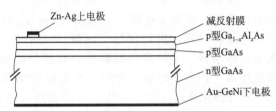

图 3-34 砷化镓异质面太阳能电池的结构

3.3.3.6 聚光太阳能电池

聚光太阳能电池是在高倍太阳光下工作的太阳能电池。通过聚光器，使大面积聚光器上接受的太阳光汇聚在一个较小的范围内，形成"焦斑"或"焦带"。位于焦斑或焦带处的太阳能电池得到较高的光能，使单体电池输出更多的电能，其潜力得到了发挥。只要有高倍聚光器，一只聚光电池输出的功率可相当于几十只甚至更多常规电池的输出功率之和。这样，用廉价的光学材料节省昂贵的半导体材料，可使发电成本降低。为了保证焦斑汇聚在聚光电池上，聚光器和聚光电池通常安装在太阳跟踪装置上。

聚光电池的种类很多，而且器件理论、制造和应用都与常规电池有很大不同。下面仅简单介绍平面结聚光硅太阳能电池。

一般说来，硅太阳能电池的输出功率基本上与光强成比例增加。一个直径为 3cm 的圆形常规电池，在一个太阳（系指光强为 1000W/m^2 的阳光，下同）下输出功率约为 70mW。同样面积的聚光电池，如在 100 个太阳辐照度（指光强为 100kW/m^2 的阳光）下工作，则可输出约 7W。聚光电池的短路电流基本上与光强成比例增加。处于高光强下工作的电池，开路电压也有提高。填充因子同样取决于电池的串联电阻，聚光电池的串联电阻与光强的大小及光的均匀性密切相关。聚光电池对其串联电阻的要求很高，一般要求特殊的密栅线设计和制造工艺，图 3-35 是一个聚光太阳能电池的电极示意图。高光强可以提高填充因子，但电池上各处光强不均匀也会降低填充因子。

在高光强下工作时，电池的温度会上升很多，此时必须使太阳能电池强制降温，并且由于需要对太阳进行跟踪，需要额外的动力、控制装置和严格的抗风措施。随着聚光比的提高，聚光光伏系统所接收到光线的角度范围就会变小，为了更加充分地利用太阳光，使太阳总是能够精确地垂直入射在聚光电池上，尤其是对于高倍聚光系统，必须配备跟踪装置。

太阳每天从东向西运动，高度角和方位角在不断改变，同时在一年中，太阳赤纬角还在 $-23.45°$～$+23.45°$ 之间来回变化。当然，太阳位置在东西方向的变化是主要的，在地平坐标系中，太阳的方位角每天差不多都要改变

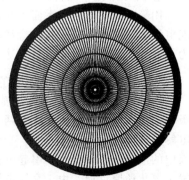

图 3-35 聚光太阳能电池的电极

180°，而太阳赤纬角在一年中的变化也只有46.90°。所以跟踪方法又有单轴跟踪和双轴跟踪之分，单轴跟踪只在东西方向跟踪太阳，双轴跟踪则除东西方向外，同时还在南北方向跟踪。显然，双轴跟踪的效果要比单轴跟踪好，当然双轴跟踪的结构比较复杂，价格也较高。太阳能自动跟踪聚焦式光伏系统的关键技术是精确跟踪太阳，其聚光比越大，跟踪精度要求就越高，聚光比为400时跟踪精度要求小于0.2°。在一般情况下，跟踪精度越高，跟踪装置的结构就越复杂，控制要求也越高，造价也就越贵，有的甚至要高于光伏系统中太阳能电池的造价。

点聚焦型聚光器一般要求双轴跟踪，线聚焦型聚光器仅需单轴跟踪，有些简单的低倍聚光系统也可不用跟踪装置。

跟踪装置主要包括机械结构和控制部分，有多种形式。例如，有的采取用以石英晶体为振荡源，驱动步进机构，每隔4min驱动一次，每次立轴旋转1°，每昼夜旋转360°的时钟运动方式，进行单轴、间歇式主动跟踪。比较普遍的是采用光敏差动控制方式，主要由传感器、方位角跟踪机构、高度角跟踪机构和自动控制装置等组成。当太阳光辐照度达到工作照度时自动开机，在太阳光线发生倾斜时，高灵敏探头将检测到的"光差变化"信号转换成电信号，并传给自动跟踪太阳控制器，自动跟踪控制器驱使电动机开始工作，通过机械减速及传动机构，使太阳能电池板旋转，直到正对太阳的位置时，光差变化为零，高灵敏探头给自动跟踪控制器发出停止信号，自动跟踪控制器停止输出高电平，使其主光轴始终与太阳光线相平行。当太阳西下且亮度低于工作照度时，自动跟踪系统停止工作。第二天早晨，太阳从东方升起，跟踪系统转向东方，再自东向西转动，实现自动跟踪太阳的目的。

3.3.3.7 光电化学太阳能电池

(1) 光电化学太阳能电池的特点

早在1839年就开始发现电化学体系的光效应，即将铂、金、铜、银卤化物作电极，浸入稀酸溶液中，当以光照射电极一侧时就产生电流。从20世纪70年代初开始，对这个领域的研究日渐增多。利用半导体-液体结制成的电池称为光电化学电池，这种电池有下列一些优点：

① 形成半导体-电解质界面很方便，制造方法简单，没有固体器件形成p-n结和栅线时的复杂工艺，从理论上讲，其转换效率可与p-n结或金属栅线接触相比较；

② 可以直接由光能转换成化学能，这就解决了能源储存问题；

③ 几种不同能级的半导体电极可结合在一个电池内使光可以透过溶液直达势垒区；

④ 可以不用单晶材料而用半导体多晶薄膜，或用粉末烧结法制成电极材料。

用简单方法制成大面积光电化学电池，为降低太阳能电池生产成本提供了新的途径，因而光电化学电池被认为是太阳能利用的一个崭新方法。

(2) 光电化学太阳能电池的结构与分类

① 光生化学电池 其结构如图3-36所示，电池由阳极、阴极和电解质溶液组成，两个电极（电子导体）浸在电解质溶液（离子导体）中，当受到外部光照时，光被溶液中的溶质分子所吸收，引起电荷分离，在光照电极附近发生氧化还原反应，由于金属电极和溶液分子之间的电子迁移速度差别很大而产生电流，这类电池称为光生化学电

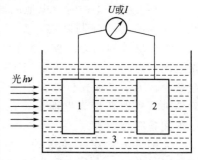

图3-36 光电化学太阳能电池的结构
1，2—电极；3—电解质溶液

池，也称光伽伐尼电池，目前所能达到的光电转换效率还很低。

② 半导体-电解质光电化学电池　照射光被半导体电极所吸收，在半导体电极-电解质界面进行电荷分离，若电极为 n 型半导体，则在界面发生氧化反应，这类电池称为半导体-电解质光电化学电池。由于在光电转换形式上它与一般太阳能电池有些类似，都是光子激发产生电子和空穴，也称为半导体-电解质太阳能电池或湿式太阳能电池。但它与 p-n 结太阳能电池不同，是利用半导体-电解质液体界面进行电荷分离而实现光电转换的，所以也称它为半导体-液体结太阳能电池。

3.4　太阳能电池组件的封装

3.4.1　太阳能电池组件设计

3.4.1.1　太阳能电池单体

前面叙述的太阳能电池，在太阳能电池的结构术语中，称它为太阳能电池**单体**或太阳能**电池片**，是将光能转换成电能的最小单元，尺寸一般为 $2\text{cm} \times 2\text{cm}$ 到 $15\text{cm} \times 15\text{cm}$ 不等。太阳能电池单体的工作电压为 $0.45 \sim 0.5\text{V}$（开路电压约 0.6V），典型值为 0.48V，工作电流为 $20 \sim 25\text{mA/cm}^2$，一般不直接作为电源使用，其原因在于：

① 单体电池是由单晶硅或多晶硅材料制成，薄（厚度约 0.2mm）而脆，不能经受较大的撞击。

② 太阳能电池的电极，尽管在材料和制造工艺上不断改进，使它能耐湿、耐腐蚀，但还不能长期裸露使用。大气中的水分和腐蚀性气体会缓慢地腐蚀电极（尤其是上电极和硅扩散层表面的接触面），逐渐使电极脱落，导致太阳能电池寿命终止。因此，在使用中必须将太阳能电池与大气隔绝。

③ 单体硅太阳能电池片无论面积大小（整片或切割成小片），其开路电压是 $0.5 \sim 0.6\text{V}$，工作电压 $0.45 \sim 0.5\text{V}$（典型值或峰值电压 0.48V）远不能满足一般用电设备的电压要求，这是由硅材料本身性质所决定的。电池片输出电流和发电功率与其面积大小成正比，面积越大，输出电流和发电功率越大。单体太阳能电池的面积受到硅材料尺寸的限制（电池片的尺寸一般为 $2\text{cm} \times 2\text{cm}$ 到 $15\text{cm} \times 15\text{cm}$ 不等），工作电流为 $20 \sim 25\text{mA/cm}^2$，所以输出功率很小。目前较大的单体太阳能电池尺寸为 $15\text{cm} \times 15\text{cm}$，峰值功率约为 3W，常见的太阳能电池尺寸为直径 10cm 的圆片和 $10\text{cm} \times 10\text{cm}$ 正方片，峰值功率约分别为 1W 和 1.4W。而常用电器需要 6V 以上工作电压和十几瓦以上的电功率，因此，单体太阳能电池是不能满足的。

3.4.1.2　太阳能电池组件设计

太阳能电池实际使用时要按负载要求，将若干单体电池按电性能分类进行串并联，经封装后组合成可以独立作为电源使用的最小单元，这个独立的最小单元称为太阳能电池**组件**。若干太阳能电池组件串并联构成太阳能电池**方阵**，以满足各种不同的用电需求。

离网型光伏发电系统的电压设计成与蓄电池的标称电压相对应或者是它的整数倍，而且与电器的电压等级一致如 220V、110V、48V、24V、36V、12V 等。交流光伏发电系统和并网型光伏发电系统，方阵电压等级 110V 或 220V。

一般带蓄电池的光伏发电系统阵列的输出电压为蓄电池组标称电压的 1.43 倍，如带 12V 蓄电池的光伏阵列的输出电压一般为 17V。对于不带蓄电池的光伏发电系统，计算阵列的输出电压时一般将其额定电压提高 10%，再选定组件的串联数。

太阳能电池的单体、组件和方阵，如图 3-37 所示。

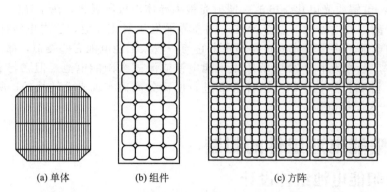

(a) 单体　　　　(b) 组件　　　　(c) 方阵

图 3-37　太阳能电池的单体、组件和方阵

（1）太阳能电池组件单体电池的连接方式

将单体电池连接起来构成电池组件，主要有串联连接、并联连接和串、并联混合连接方式，如图 3-38 所示。

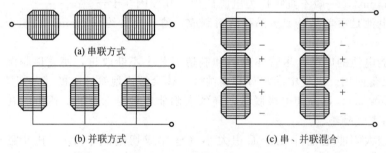

(a) 串联方式

(b) 并联方式　　　　　　　(c) 串、并联混合

图 3-38　太阳能电池的连接方式

如果每个单体电池的性能是一致的，多个单体电池的串联连接，可在不改变输出电流的情况下，使输出电压成比例地增加；并联连接方式，则可在不改变输出电压的情况下，使输出电流成比例地增加；而串、并联混合连接方式，则既可增加组件的输出电压，又可增加组件的输出电流。太阳能电池**标准组件**，一般用 9 串 4 列或 12 串 3 列共 36 片的单体电池串联而成，由于一片太阳能电池单体工作电压典型值为 0.48V，则太阳能电池标准组件额定输出电压约 17V，正好可以对 12V 的蓄电池进行有效充电。

制作太阳能电池组件时，根据标称的工作电压确定单片太阳能电池的串联数；根据标称的输出功率（或工作电流）来确定太阳能电池片的并联数。

（2）太阳能电池组件的板型设计

考虑到尽量节约封装材料，要尽量合理地排列太阳能电池，使其总面积尽量减小。在生产电池组件之前，就要对电池组件的外型尺寸、输出功率以及电池片的排列布局等进行设计，这种设计在业内就叫太阳能电池组件的**板型设计**。电池组件板型设计的过程是一个对电池组件的外型尺寸、输出功率、电池片排列布局等因素综合考虑的过程。设计者既要了解电池片的性能参数，还要了解电池组件的生产工艺过程和用户的使用需求，做到电池组件尺寸合理、电池片排布紧凑美观。

组件的板形设计一般从两个方向入手：一是根据现有电池片的功率和尺寸确定组件的功率和尺寸；二是根据组件尺寸和功率要求选择电池片的尺寸和功率。

电池组件不论功率大小，一般都是由 36 片、72 片、54 片和 60 片等几种串联形式组成。

常见的排布方法有 4 片×9 片、6 片×6 片、6 片×12 片、6 片×9 片和 6 片×10 片等。下面就以 36 片串联形式的电池组件为例介绍电池组件的板型设计方法。

例如，要生产一块 20W 的太阳能电池组件，现在手头有单片功率为 2.2～2.3W 的 125mm×125mm 单晶硅电池片，需要确定组件板型和尺寸。根据电池片情况，首先确定选用 2.3W 的电池片 9 片（组件功率为 2.3W×9＝20.7W，符合设计要求，设计时组件功率误差在±5% 以内可视为合格），并将其 4 等分切割成 36 小片，电池片排列可采用 4 片×9 片或 6 片×6 片的形式，如图 3-39 所示。图中电池片与电池片中的间隙根据板型大小取 2～3mm；根据板型大小上边距一般取 35～50mm，下边距一般取 20～35mm，左右边距一般取 10～20mm。这些尺寸都确定以后，就确定了玻璃的长、宽尺寸。假如上述板型都按最小间隙和边距尺寸选取，则 4×9 板型的玻璃尺寸长为 633.5mm，取整为 634mm，宽为 276mm；6×6 板型的玻璃尺寸长为 440mm，宽为 405mm。组件安装边框后，长宽尺寸一般要比玻璃尺寸大 4～5mm，因此一般所说的组件外形尺寸都是指加上边框后的尺寸。

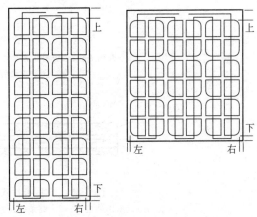

图 3-39　20W 组件板型设计排布图

板型设计时要尽量选取较小的边距尺寸，使玻璃、EVA、TPT 及铝型材等原材料得到节约，同时组件重量减轻。另外，当用户没有特殊要求时，组件外形应该尽量设计成准正方形，这是因为在同样面积的情况下，正方形的周长最短，做同样功率的电池组件，可少用边框铝型材。

当组件尺寸已经确定时，不同转换效率的电池片作出的电池组件的功率不同。例如，外形尺寸为 1200mm×550mm 的板型是用 36 片 125mm×125mm 电池片的常规板型，当用不同转换效率（功率）的电池片时，就可以分别作出 70W、75W、80W 或 85W 等不同功率的组件。除特殊要求外，生产厂家基本都是按照常规板型进行生产。常见太阳能电池组件输出峰值功率有 8W、10W、20W、36W、40W、50W、75W 和 160W 等。

3.4.2　太阳能电池组件的封装结构

晶体硅太阳能电池组件的封装结构，常见的有玻璃壳体式、底盒式、平板式、全胶密封式等多种，如图 3-40～图 3-43 所示。

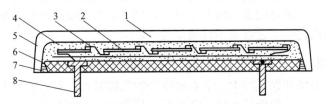

图 3-40　玻璃壳体式太阳能电池组件示意图

1—玻璃壳体；2—硅太阳能电池；3—互连条；4—黏结剂
5—衬底；6—下底板；7—边框胶；8—电极接线柱

实用的太阳能电池组件，一般还要装配上边框和接线盒等，如图 3-44 所示。

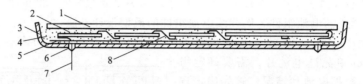

图 3-41　底盒式太阳能电池组件示意图

1—玻璃盖板；2—硅太阳能电池；3—盒式下底板；4—黏结剂

5—衬底；6—固定绝缘胶；7—电极引线；8—互连条

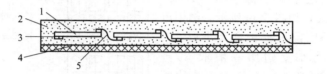

图 3-42　全胶密封式太阳能电池组件示意图

1—硅太阳能电池；2—黏结剂；3—电极引线；4—下底板；5—互连条

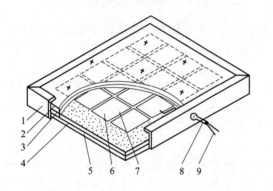

图 3-43　平板式太阳能电池组件示意图

1—边框；2—边框封装胶；3—上玻璃盖板；

4—黏结剂；5—下底板 6—硅太阳能电池；

7—互连条；8—引线护套；9—电极引线

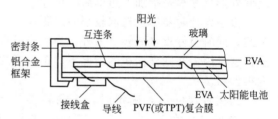

图 3-44　太阳能电池组件结构剖面图

3.4.3　太阳能电池组件封装材料*

真空层压封装太阳能电池，主要使用的材料有黏结剂、玻璃、Tedlar 或 Tedlar 复合薄膜（如 TPT 或 TPE 等）、连接条、铝框等。封装材料的特性对太阳能电池组件的性能、使用寿命有重要影响。合理地选用封装材料和采取正确的封装工艺能保证太阳能电池的高效利用，并延长使用寿命。优良的太阳能电池组件，除了要求太阳能电池本身效率要高外，优良的封装材料和合理的封装工艺也是不可缺少的。

3.4.3.1　黏结剂

黏结剂是固定电池和保证与上、下盖板密合的关键材料。对它的要求有：①在可见光范围内具有高透光性，并抗紫外线老化；②具有一定的弹性，可缓冲不同材料间的热胀冷缩；③具有良好的电绝缘性能和化学稳定性，不产生有害电池的气体和液体；④具有优良的气密性，能阻止外界湿气和其它有害气体对电池的侵蚀；⑤适合用于自动化的组件封装。主要有室温固化硅橡胶、聚氟乙烯（PVF）、聚乙烯醇缩丁醛（PVB）和乙烯聚醋酸乙烯酯（EVA）等。

（1）环氧树脂

环氧树脂是比较常见的黏结剂，产品形式也是多种多样，既可做成单组分或双组分，也可以做成粉末状树脂。如太阳能电池用的环氧树脂黏结剂是双组分液体，使用时现配现用。通过改变固化剂、促进剂等，环氧树脂的配方可以千变万化，从而具备各种不同的性能，以满足各种不同的要求。这是环氧树脂类封装材料的优势。

环氧树脂的黏结力比较强，耐老化性能相对差，容易老化而变黄，因而会严重影响太阳能电池的使用效果。此外，使用过程中还会由于老化导致材料脆化，这与环氧树脂的低韧性以及在老化过程中的结构变化有关。通过对环氧树脂进行各种改性可在一定程度上改善其耐老化性能。

封装材料要求具有较高的耐湿性和气密性。环氧树脂是高分子材料，一般高分子材料分子间距离为 50~200nm，大大超过水分子的体积。水的渗透降低电池的使用寿命。提高环氧树脂的疏水性是有效提高其耐湿性的一项措施。通过高温蒸煮试验可检测封装器件的耐湿可靠性。

用环氧树脂封装太阳能电池时，由于膨胀系数不同，会导致成型固化过程中产生内应力，造成强度下降、老化龟裂、封装开裂、空洞、剥离等各种缺陷。对环氧树脂封装材料而言，热膨胀系数的影响占主导地位。

环氧树脂封装太阳能电池组件工艺简单、材料成本低廉，在小型组件封装上使用较多，早期太阳能草坪灯大都采用这种组件。但由于环氧树脂抗热氧老化、紫外老化的性能相对较差，有被 EVA 层压封装取代的趋势。

（2）有机硅胶

有机硅产品是一类具有特殊结构的封装材料，兼具有无机材料和有机材料的许多特性，如耐高温、耐低温、耐老化、抗氧化、电绝缘、疏水性等。有机硅胶是弹性体，在外力作用下具有变形能力，外力去除后又恢复原来的形状。硅胶分为中性、酸性等，酸性硅胶因为会腐蚀硅片，所以一般使用中性硅胶。硅胶对玻璃陶瓷等无机非金属材料的黏结牢固，对金属黏结力也很强，所以在安装行业中大量使用。如用于安装铝合金玻璃门窗，还可防雨。利用有机硅胶的黏结性、附着力、透明，还可以用作表面封装、密封胶等。有机硅材料是一种透明材料，透光率可以达到 90% 以上，是一种应用广泛的膜材料。有机硅具有低温固化的特点，可方便表面镀膜等。

有机硅膜在热、空气、潮气等老化条件下，聚硅氧烷的侧基极易被氧化，从而发生大分子的侧链或有机自由基的耦合等副反应，使物理性能发生明显的变化，如 Si-O 键与空气中水反应使链断裂而老化。也可解释为由于氧气和水的作用，水解形成硅醇结构 $Si(OH)_2$，导致硅原子周围的化学环境发生变化。因此，封装太阳能电池组件用的硅胶需要加入适宜的添加剂来提高其老化性能。

（3）EVA 胶膜

标准的太阳能电池组件中一般要加入两层 EVA 胶膜，EVA 胶膜在电池片与玻璃、电池片与底板（TPT、PVF、TPE 等）之间起粘接作用。

① EVA 胶膜简介　EVA 是乙烯和醋酸乙烯酯的共聚物，EVA 树脂与聚乙烯（PE）相比，由于分子链上引入了乙酸乙烯单体（VA），从而降低了结晶度，提高了透明性、柔韧性、耐冲击性，并改善了其热密封性。未经改性的 EVA 透明、柔软，有热熔粘接性、熔融温度低（小于 80℃）、熔融流动性好等特性。这些特征符合太阳能电池封装的要求，但其耐热性差，易延伸而弹性低，内聚强度低，易产生热收缩而致使太阳能电池碎裂，使粘接脱层。此外，太阳能电池组件作为一种长期在户外使用的产品，EVA 胶膜是否能经受户外的

紫外光老化和热老化也是厂家和用户非常关心的问题。未改性的 EVA 如长时间受紫外光和热的影响,易龟裂、变色,易从玻璃、TPT 上脱落,从而大大地降低太阳能电池的效率,缩短其使用寿命,最终增加了太阳能电池的使用成本,不利于太阳能电池的推广和应用。因此,需要对 EVA 进行改性。

对 EVA 胶膜的改性主要从两方面进行:一方面,在 EVA 胶膜的制备过程中,通过实验设计和选择,添加适宜的、能使聚合物稳定化的添加剂,如紫外光吸收剂、紫外光稳定剂、热稳定剂等,从而显著有效地改善 EVA 胶膜的耐天候老化性能;另一方面,采用化学交联提高 EVA 胶膜的耐热性,并减小其热收缩性,即在 EVA 胶膜的配方中添加有机过氧化物交联剂,当 EVA 胶膜加热到一定温度时,交联剂分解产生自由基,引发大分子间的反应,形成三维网状结构,使 EVA 胶层交联固化。一般说来,当交联度(指 EVA 大分子经交联反应后达到不溶的凝胶固化的程度)大于 60% 时,EVA 胶膜就能承受大气的变化,不再出现太大的热收缩,从而满足太阳能电池封装的需要。

以 EVA 为原料,添加适宜的改性助剂等,经加热挤出成型而制得的 EVA 太阳能电池胶膜在常温时无黏性,便于裁切操作;使用时,要按加热固化条件对太阳能电池组件进行层压封装,冷却后即产生永久的黏合密封。

EVA 太阳能胶膜目前已在太阳能电池封装、电子电器元件封合、汽车装饰等方面获得了广泛的应用。它具有环保、耐紫外光老化等优点,可取代环氧树脂封装。

② EVA 太阳能电池胶膜主要性能指标　一般说来,用于太阳能电池封装的 EVA 胶膜必须满足以下主要性能指标:

a. 固化条件快速型,加热至 135℃,恒温 15～20min;慢速型,加热至 145℃,恒温 30～40min。

b. 厚度 0.3～0.8mm;宽度:1100mm,800mm,600mm 等多种规格。

c. 太阳能电池封装用的 EVA 胶膜固化后的性能要求透光率大于 90%;交联度大于 65%;剥离强度(N/cm):玻璃/胶膜大于 30;TPT/胶膜大于 15;耐温性:高温 80℃,低温 −40℃;尺寸稳定性较好;具有较好的耐紫外光老化性能。

3.4.3.2 玻璃-上盖板材料

玻璃是覆盖在电池正面的上盖板材料,构成组件的最外层,它既要透光率高,又要坚固、耐风霜雨雪、能经受砂砾冰雹的冲击,起到长期保护电池的作用。

目前在商品化生产中标准太阳能电池组件的上盖板材料通常采用低铁钢化玻璃,其特点是:透光率高、抗冲击能力强和使用寿命长。这种太阳能电池组件用的低铁钢化玻璃,一般厚度为 3.2mm,在晶体硅太阳能电池响应的波长范围内(320～1100nm)透光率达 90% 以上,对于波长大于 1200nm 的红外线有较高的反射率,同时能耐太阳紫外线的辐射。利用紫外-可见光光谱仪测得普通玻璃的光谱透过率(见图 3-45)与太阳能电池组件用的超白玻璃光谱透过率(见图 3-46)比较,普通玻璃在 700～1100nm 段透过率下降较快,明显低于超白玻璃的透过率。

普通玻璃体内含铁量过高及玻璃表面的光反射过大是降低太阳能利用率的主要原因。为此,玻璃制造商们对降低玻璃中的铁含量、研制新的防反射涂层或减反射表面材料以及如何增加玻璃强度和延长使用寿命这三方面十分重视。目前,先进的玻璃生产工艺技术已能方便地对 2～3mm 薄玻璃进行物理或化学钢化处理,不仅光透过率仍保持较高值,而且使玻璃的强度提高为普通平板玻璃的 3～4 倍。薄玻璃经过钢化处理后,在太阳能利用中“以薄代厚”并达到相对降低玻璃铁含量,提高光透过率及减轻太阳能电池组件的自重及成本,不仅切实可行，而且效果明显。

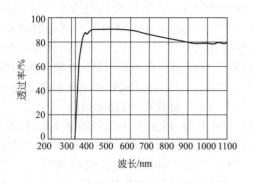

图 3-45　普通玻璃的光谱透过率

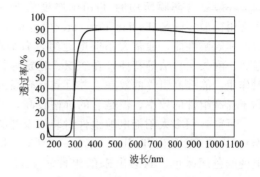

图 3-46　太阳能电池组件用超白玻璃光谱透过率

为了减少玻璃表面光反射率，在玻璃制造过程中通过物化处理方法，对玻璃表面进行一些减反射工艺处理，可制成"减反射玻璃"。其措施主要是在玻璃表面涂布一层薄膜层，可行之有效地减少玻璃的反射率。此薄膜层又称之为减反射涂层。这种在玻璃表面制备的减反射层，可采用真空沉积法、浸蚀法和高温烧结法等工艺得以实现。目前采用浸蚀法工艺为多。该工艺是指浸涂硅酸钠与化学处理相结合制备减反射玻璃，经济又简便，其工艺流程大致如下：

玻璃原片→洗涤→干燥→浸入硅酸钠溶液→提取玻璃→低温烘干（或自然风干）→二次化学处理→提取并烘干→检测（透光率、反射率及膜厚）→包装→出厂

该工艺方法可使玻璃透光率比原先提高 4%～5%；如 3mm 厚玻璃光透过率由原来 80% 提高到 85%，折射率较高的超白玻璃（含铁量较低），光透过率可从原来 86% 提高到 91%。这种涂层与玻璃能够牢固地结合，经测试表明其耐磨性非常好。

除玻璃外，还可采用透明 Tedlar，PMMA（俗称有机玻璃）板或 PC（聚碳酸酯）板作为太阳能电池组件的正面盖板材料。PMMA 板和 PC 板有透光性能好、材质轻的优点，但耐温性差，表面易刮伤，在太阳能电池组件应用上受到一定限制，目前主要用于室内用或便携式太阳能电池组件的封装。

3.4.3.3　背面材料

组件底板对电池既有保护作用又有支撑作用。对底板的一般要求为：具有良好的耐气候性能，能隔绝从背面进来的潮气和其它有害气体；在层压温度下不起任何变化；与黏结材料结合牢固。一般所用的底板材料为玻璃、铝合金、有机玻璃以及 PVF（或 TPT）复合膜等。目前生产上较多应用的是 PVF（或 TPT）复合膜。

太阳能电池组件背面材料，可有多种选择，主要取决于应用场所和用户需求。用于太阳能庭院灯和玩具的小型太阳能电池组件多用电路板、耐温塑料或玻璃钢板材，而大型太阳能电池组件多用玻璃或 Tedlar 复合材料。用玻璃可制成双面透光的太阳能电池组件，适用于光伏幕墙或透光光伏屋顶。透明 Tedlar 由于重量轻，可适用于建造太阳能车、船。用得最多的就是 Tedlar 复合薄膜，如 TPT（或 TPE）。Tedlar 严格来说应为 Tedlar PVT 薄膜，是一种具有高透光率的透明材料，也可根据需要制成蓝、黑等多种颜色。它是美国杜邦公司独家生产的产品，同样具有许多碳氟聚合物的性质：耐老化、耐腐蚀、不透气等，这些特点很符合封装太阳能电池。此外，它还具有优良的强度和防潮性能，可直接用作太阳能电池组件或太阳能集热器的封装材料。为了保证太阳能电池组件有更长的使用寿命，如 25 年甚至更长，一些专业厂家将 Tedlar 与聚酯、铝膜或铁膜等合成夹层结构（复合薄膜），即有以下形

式：Tedlar/Polyester/ Tedlar；Tedlar /aluminum/Tedlar；Tedlar/iron/ Tedlar。

一般复合薄膜所用的 Tedlar 厚度为 $38\mu m$，聚酯为 $75\mu m$，铝膜和铁膜为 $25\sim30\mu m$。通常用得最多的是 Tedlar/Polyester/Tedlar，简称 TPT。Tedlar 复合薄膜具有更好的防潮、抗湿和耐候性能，通常太阳能电池组件背面的白色覆盖物大都是 TPT。TPT 还具有高强、阻燃、耐久、自洁等特性，在纺织、建筑等行业都有广泛应用。白色的 TPT 对阳光可起反射作用，能提高组件的效率，并且具有较高的红外反射率，可以降低组件的工作温度，也有利于提高组件的效率。但是它的价格较高，约 10 美元 $/m^2$，而且它不容易黏合。

目前，很多太阳能电池组件封装厂家开始使用 TPE 代替 TPT 作为太阳能电池组件的背面材料。TPE 是由 Tedlar、聚酯、EVA 三层材料构成，与电池接触面（EVA 面）为接近电池颜色深蓝色，封装出来的组件较美观。由于少了一层 Tedlar，TPE 的耐候性能不及 TPT，但其价格便宜（约为 TPT 的一半），与 EVA 黏合性能好，在组件封装，尤其是小型组件封装上应用越来越多。

3.4.3.4 边框

平板式组件应有边框，以保护组件和便于组件与方阵支架的连接固定。边框与黏结剂构成对组件边缘的密封。边框材料主要有不锈钢、铝合金、橡胶以及塑料等。

太阳能电池组件工作寿命的长短，与封装材料和封装工艺有很大关系。封装材料的寿命是决定组件寿命的重要因素。

3.4.4 太阳能电池组件封装工艺

晶体硅太阳能电池组件制造的内容主要是将单片太阳能电池片进行串、并互连后严密封装，以保护电池片表面、电极和互连线等不受到腐蚀，另外封装也避免了电池片的碎裂，因此太阳能电池组件的生产过程，其实也就是太阳能电池片的封装过程，太阳能电池组件的生产线又叫组件封装线。封装是太阳能电池组件生产中的关键步骤，封装质量的好坏决定了太阳能电池组件的使用寿命。没有良好的封装工艺，再好的电池也生产不出好的电池组件。

太阳能电池组件制造、封装和测试设备主要有激光划片机、层压机、固化炉、电池片测试台、组件测试台、电阻率测试仪等。

较大型的太阳能电池组件专业厂家设备非常齐全，如清洗玻璃、平铺切割 EVA、太阳能电池焊接等都有专门的设备。

（1）工艺流程

太阳能电池组件封装工艺流程：

电池片测试分选→激光划片（整片使用时无此步骤）→电池片单焊（正面焊接）并自检验→电池片串焊（背面串接）并自检验→中检测试→叠层敷设（玻璃清洗、材料下料切割、敷设）→层压（层压前灯检、层压后削边、清洗）→终检测试→装边框（涂胶、装镶嵌角铝、装边框、撞角或螺丝固定、边框打孔或冲孔、擦洗余胶）→装接线盒、焊接引线→高压测试→清洗、贴标签→组件抽检测试→组件外观检验→包装入库

可将这一工艺流程概述为：组件的中间是通过金属导电带焊接在一起的单体电池，电池上下两侧均为 EVA 膜，最上面是低铁钢化白玻璃，背面是 PVF（或 TPT）复合膜。将各层材料按顺序叠好后，放入真空层压机内进行热压封装。最上层的玻璃为低铁钢化白玻璃，透光率高，而且经紫外线长期照射也不会变色。EVA 膜中加有抗紫外剂和固化剂，在热压处理过程中固化形成具有一定弹性的保护层，并保证电池与钢化玻璃紧密接触。PVF（或 TPT）复合膜具有良好的耐光、防潮、防腐蚀性能。经层压封装后，再于

四周加上密封条，装上经过阳极氧化的铝合金边框以及接线盒，即成为成品组件。最后，要对成品组件进行检验测试，测试内容主要包括开路电压、短路电流、填充因子以及最大输出功率等。

（2）工序简介

① 电池片测试分选：由于电池片制作条件的随机性，生产出来的电池性能参数不尽相同，为了有效地将性能一致或相近的电池片组合在一起，所以应根据其性能参数进行分类。电池片测试即通过测试电池片的输出电流、电压和功率等的大小对其进行分类，以提高电池的利用率，做出质量合格的电池组件。分选电池片的设备叫电池片分选仪，自动化生产时使用电池片自动分选设备。除了对电池片性能参数进行分选外，还要对电池片的外观进行分选，重点是色差和栅线尺寸等。

② 激光划片：就是用激光划片机将整片的电池片根据需要切割成组件所需要规格尺寸的电池片。例如在制作一些小功率组件时，就要将整片的电池片切割成四等分、六等分、九等分等。在电池片切割前，要事先设计好切割线路，编好切割程序，尽量利用边角料，以提高电池片的利用率。切痕深度一般要控制在电池片厚度的 $1/2 \sim 2/3$。

③ 电池片单焊（正面焊接）：将互连条焊接到电池片的正面（负极）的主栅线上。要求焊接平直、牢固，用手沿 45°左右方向轻提互连条不脱落。过高的焊接温度和过长的焊接时间会导致低的撕拉强度或碎裂电池。手工焊接时一般用恒温电烙铁，大规模生产时使用自动焊接机。焊带的长度约为电池片边长的 2 倍。多出的焊带在背面焊接时与后面的电池片的背面电极相连。

④ 电池片串焊（背面焊接）：背面焊接是将规定片数的电池片串接在一起形成一个电池串，然后用汇流条再将若干个电池串进行串联或并联焊接，最后汇合成电池组件并引出正负极引线。手工焊接时电池片的定位主要靠模具板，模具板上面有 9～12 个放置电池片的凹槽，槽的大小和电池的大小相对应，槽的位置已经设计好，不同规格的组件使用不同的模板，操作者使用电烙铁和焊锡丝将"前面电池"的正面电极（负极）焊接到"后面电池"的背面电极（正极）上。使用模具板保证了电池片间间距的一致。同时要求每串电池片间距均匀、颜色一致。

⑤ 中检测试：简称中测。是将串焊好的电池片放在组件测试仪上进行检测，看测试结果是否符合设计要求，通过中测可以发现电池片的虚焊及电池片本身的隐裂等。经过检测合格时可进行下一工序。标准测试条件（STC）：太阳光谱 AM1.5，辐照度 $1000\mathrm{W/m^2}$，组件温度 25℃。测试结果有以下一些参数：开路电压、短路电流、工作电压、工作电流、最大功率等。

⑥ 叠层敷设：是将背面串接好且经过检测合格后的组件串，与玻璃和裁制切割好的 EVA、TPT 背板按照一定的层次敷设好，准备层压。玻璃事先要进行清洗，EVA 和 TPT 要根据所需要的尺寸（一般是比玻璃尺寸大 10mm）提前下料裁制。敷设时要保证电池串与玻璃等材料的相对位置，调整好电池串间的距离和电池串与玻璃四周边缘的距离，为层压打好基础。敷设层次按"玻璃－EVA－电池片－EVA－TPT"层叠，如图 3-47 所示。

⑦ 组件层压：将敷设好的电池组件放入层压机内，通过抽真空将组件内的空气抽出，然后加

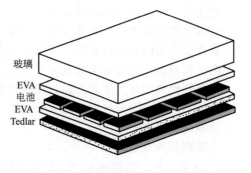

玻璃
EVA
电池
EVA
Tedlar

图 3-47　一个典型的叠层组件结构

热使 EVA 熔化并加压使熔化的 EVA 流动充满玻璃、电池片和 TPT 背板膜之间的间隙，同时排出中间的气泡，将电池片、玻璃和背板紧密黏合在一起，最后降温固化取出组件。层压工艺是组件生产的关键一步，层压温度和层压时间要根据 EVA 的性质决定。层压时 EVA 熔化后由于压力而向外延伸固化形成毛边，所以层压完毕应用快刀将其切除。要求层压好的组件内单片无碎裂、无裂纹、无明显移位，在组件的边缘和任何一部分电路之间未形成连续的气泡或脱层通道。

⑧ 终检测试：简称终测，是将层压出的电池组件放在组件测试仪上进行检测，通过测试结果看组件经过层压之后性能参数有无变化，或组件中是否发生开路或短路等故障等。同时还要进行外观检测，看电池片是否有移位、裂纹等情况，组件内是否有斑点、碎渣等。经过检测合格后可进入装边框工序。

⑨ 装边框：就是给玻璃组件装铝合金边框，增加组件的强度，进一步的密封电池组件，延长电池的使用寿命。边框和玻璃组件的缝隙用硅胶填充。各边框间用角铝镶嵌连接或螺栓固定连接。手工装边框一般用撞角机。自动装边框时用自动组框机。

⑩ 安装接线盒：接线盒一般都安装在组件背面的引出线处，用硅胶粘接。并将电池组件引出的汇流条正负极引线用焊锡与接线盒中相应的引线柱焊接。有些接线盒是将汇流条插入接线盒中的弹性插件卡子里连接的。安装接线盒要注意安装端正，接线盒与边框的距离统一。旁路二极管也直接安装在接线盒中。

⑪ 高压测试：高压测试是指在组件边框和电极引线间施加一定的电压，测试组件的耐压性和绝缘强度，以保证组件在恶劣的自然条件（雷击等）下不被损坏。测试方法是将组件引出线短路后接到高压测试仪的正极，将组件暴露的金属部分接到高压测试仪的负极，以不大于 500V/s 的速率加压，直到达到 1000V 加上 2 倍的被测组件开路电压，维持 1min，如果开路电压小于 50V，则所加电压为 500V。

⑫ 清洗、贴标签：用 95% 的乙醇将组件的玻璃表面、铝边框和 TPT 背板表面的 EVA 胶痕、污物、残留的硅胶等清洗干净。然后在背板接线盒下方贴上组件出厂标签。

⑬ 组件抽检测试及外观检验：组件抽查测试的目的是对电池组件按照质量管理的要求进行对产品抽查检验，以保证组件 100% 合格。在抽查和包装入库的同时，还要对每一块电池组件进行一次外观检验，其主要内容为：

检查标签的内容与实际板形是否相符；

电池片外观色差是否明显；

电池片片与片之间、行与行之间间距是否一致，横、竖间距是否成 90°；

焊带表面是否做到平整、光亮、无堆积、无毛刺；

电池板内部有无细碎杂物；

电池片有无缺角或裂纹；

电池片行或列与外框边缘是否平行，电池片与边框间距是否相等；

接线盒位置是否统一或有无因密封胶未干造成移位或脱落；

接线盒内引线焊接是否牢固、圆滑或有无毛刺；

电池板输出正负极与接线盒标示是否相符；

铝材外框角度及尺寸是否正确造成边框接缝过大；

铝边框四角是否未打磨造成有毛刺；

外观清洗是否干净；

包装箱是否规范。

⑭ 包装入库：将清洗干净、检测合格的电池组件贴标牌、按规定数量装入纸箱。纸箱两侧要各垫一层材质较硬的纸板，组件与组件之间也要用塑料泡沫或薄纸板隔开。

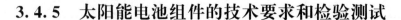

3.4.5　太阳能电池组件的技术要求和检验测试

3.4.5.1　太阳能电池组件的技术要求

合格的太阳能电池组件应该达到一定的技术要求，相关部门也制定了电池组件的国家标准和行业标准。下面是层压封装型硅太阳能电池组件的一些基本技术要求。

① 光伏组件在规定工作环境下，使用寿命应大于 20 年（使用 20 年后，效率大于原来效率的 80%）。

② 组件的电池上表面颜色应均匀一致，无机械损伤，焊点及互连条表面无氧化斑。

③ 组件的每片电池与互连条应排列整齐，组件的框架应整洁无腐蚀斑点。

④ 组件的封装层中不允许气泡或脱层在某一片电池与组件边缘形成一个通路，气泡或脱层的几何尺寸和个数应符合相应的产品详细规范规定。

⑤ 组件的功率面积比大于 $65W/m^2$，功率质量比大于 $4.5W/kg$，填充因子 FF 大于 0.65。

⑥ 组件在正常条件下的绝缘电阻不得低于 $200M\Omega$。

⑦ 组件 EVA 的交联度应大于 65%，EVA 与玻璃的剥离强度大于 $30N/cm$，EVA 与组件背板材料的剥离强度大于 $15N/cm$。

⑧ 每块组件都要有包括如下内容的标签：

a. 产品名称与型号；

b. 主要性能参数：包括短路电流 I_{sc}，开路电压 U_{oc}，峰值工作电流 I_m，峰值工作电压 U_m，峰值功率 P_m 以及 I-U 曲线图、组件重量、测试条件、使用注意事项等；

c. 制造厂名、生产日期及品牌商标等。

3.4.5.2　太阳能电池组件的检验测试

太阳能电池组件的各项性能测试，一般都是按照 GB/T 9535—1998《地面用晶体硅光伏组件设计鉴定和定型》中的要求和方法进行。下面是电池组件的一些基本性能指标与检测方法。

（1）电性能测试

太阳能电池组件的电性能与硅太阳能电池片（单体）的主要性能参数类似，测试标准条件相同（光谱 AM1.5，光强辐照度 $1000W/m^2$，环境温度 25℃）。主要测试项目：短路电流、开路电压、峰值电流、峰值电压、峰值功率、填充因子、转换效率等。这些性能参数的概念与前面所定义的硅太阳能电池的主要性能参数相同，只是在具体的数值上有所区别。如 36 片电池片串联的组件开路电压为 21V 左右，峰值电压为 17～17.5V；太阳能电池片开路电压是 0.5～0.6V，典型工作峰值电压 0.48V。

太阳能电池组件的电性能随辐照度和温度变化。组件表面温度升高，输出功率下降，呈现负的温度特性。晴天受到辐射的组件表面的温度比外界气温高 20～40℃，所以此时组件的输出功率比标准状态的输出功率低。另外，由于季节和温度的变化输出功率也在变化。如果辐射照度相同，冬季比夏季输出功率大。辐射特性和温度特性如图 3-48 和图 3-49 所示。

由图 3-48 和图 3-49 可见，组件温度不变、辐照度变化时，短路电流（I_{sc}）与辐照度成正比；与之伴随最大输出功率（P_m）与辐照度也大致成正比。

当辐照度不变、组件温度上升时，开路电压（U_{oc}）和最大输出功率（P_m）也下降。

（2）电绝缘性能测试

以 1kV 摇表的直流电压通过组件边框与组件引出线，测量绝缘电阻，绝缘电阻要求大

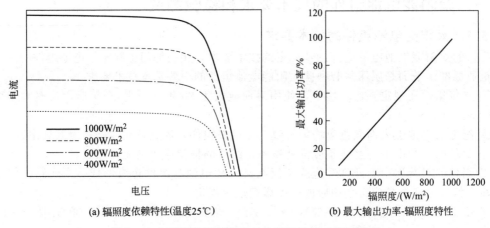

图 3-48　辐照度依赖特性和最大输出功率-辐照度特性

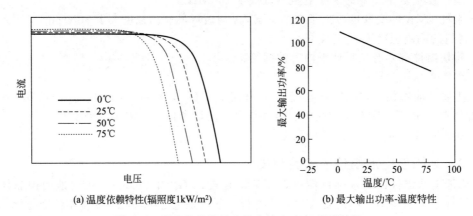

图 3-49　温度依赖特性和最大输出功率-温度特性

于 2000MΩ，以确保在应用过程中组件边框无漏电现象发生。

（3）热循环实验

将组件放置于有自动温度控制、内部空气循环的气候室内，使组件在 -40～85℃之间循环规定次数，并在极端温度下保持规定时间，监测实验过程中可能产生的短路和断路、外观缺陷、电性能衰减率、绝缘电阻等，以确定组件由于温度重复变化引起的热应变能力。

（4）湿热-湿冷实验

将组件放置于有自动温度控制、内部空气循环的气候室内，使组件在一定温度和湿度条件下往复循环，保持一定恢复时间，监测实验过程中可能产生的短路和断路、外观缺陷、电性能衰减率、绝缘电阻等，以确定组件承受高温高湿和低温低湿的能力。

（5）机械载荷实验

在组件表面逐渐加载，监测实验过程中可能产生的短路和断路、外观缺陷、电性能衰减率、绝缘电阻等，以确定组件承受风雪、冰雹等静态载荷的能力。

（6）冰雹实验

以钢球代替冰雹从不同角度以一定动量撞击组件，检测组件产生的外观缺陷、电性能衰减率，以确定组件抗冰雹撞击的能力。

（7）老化实验

老化实验用于检测太阳能电池组件暴露在高湿和高紫外线辐照场地时具有有效抗衰减能力。将组件样品放在 65℃、光谱约 6.5 的紫外太阳光下辐照，最后检测光电特性，看其下降损失。值得一提的是，在曝晒老化实验中，电性能下降是不规则的。

3.5 太阳能电池方阵的设计

太阳能电池方阵也称光伏阵列（Solar Array 或 PV Array）。

3.5.1 太阳能电池方阵的组成

太阳能电池方阵是为了满足高电压、大功率的发电要求，由若干个太阳能电池组件通过串、并联连接，并通过一定的机械方式固定组合在一起的。除太阳能电池组件的串、并联组合外，太阳能电池方阵还需要防反充（防逆流）二极管、旁路二极管、电缆等对电池组件进行电气连接，并配备专用的、带避雷器的直流接线箱。有时为了防止鸟粪等沾污太阳能电池方阵表面而产生"热斑效应"，还要在方阵顶端安装驱鸟器。另外电池组件方阵要固定在支架上，支架要有足够的强度和刚度，整个支架要牢固地安装在支架基础上。

3.5.1.1 太阳能电池组件的串、并联组合

太阳能电池方阵的连接有串联、并联和串、并联混合连接几种方式，如图 3-50 所示。当每个单体电池组件性能一致时，多个电池组件的并联连接，可在不改变输出电压的情况下，使方阵的输出电流成比例地增加；而串联连接时，则可在不改变输出电流的情况下，使方阵输出电压成比例地增加；组件串、并联混合连接时，既可增加方阵的输出电压，又可增加方阵的输出电流。但是，组成方阵的所有电池组件性能参数不可能完全一致，所有的连接电缆、插头插座接触电阻也不相同，于是会造成各串联电池组件的工作电流受限于其中电流最小的组件；而各并联电池组件的输出电压又会被其中电压最低的电池组件钳制。因此方阵组合会产生组合连接损失，使方阵的总效率总是低于所有单个组件的效率之和。组合连接损失的大小取决于电池组件性能参数的离散性，因此除了在电池组件的生产工艺过程中，尽量提高电池组件性能参数的一致性外，还可以对电池组件进行测试、筛选、组合，即把特性相近的电池组件组合在一起。例如，串联组合的各组件工作电流要尽量相近，并联组合每串与每串的总工作电压也要考虑搭配得尽量相近，最大限度地减少组合连接损失。因此，方阵组合连接要遵循下列几条原则：

① 串联时需要工作电流相同的组件，并为每个组件并接旁路二极管；

② 并联时需要工作电压相同的组件，并在每一条并联支路中串联防反充（防逆流）二极管；

③ 尽量考虑组件连接线路最短，并用较粗的导线；

④ 严格防止个别性能变坏的电池组件混入电池方阵。

3.5.1.2 太阳能电池组件的热斑效应

在太阳能电池方阵中，如发生有阴影（例如树叶、鸟类、鸟粪等）落在某单体电池或一组电池上，或当组件中的某单体电池被损坏，但组件（或方阵）的其余部分仍处于阳光暴晒之下正常工作，这时未被遮挡的那部分太阳能电池（或组件）就要对局部被遮挡或已损坏的太阳能电池（或组件）提供负载所需的功率，使该部分太阳能电池如同一个工作于反向偏置下的二极管，其电阻和压降很大，从而消耗功率而导致发热。由于出现高温，称之为"热

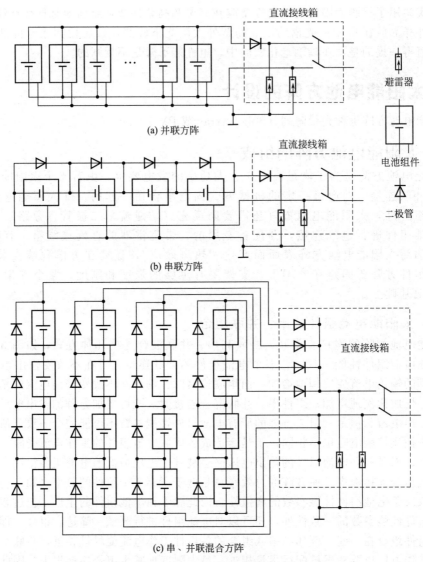

图 3-50 太阳能电池方阵基本电路示意图

斑"。

对于高电压大功率方阵，阴影电池上的电压降所产生的热效应甚至能造成封装材料损伤、焊点脱焊、电池破裂或在电池上产生"热斑"，从而引起组件和方阵失效。电池裂纹或不匹配、内部连接失效、局部被遮光或弄脏均会引起这种效应。

(1) 串联热斑效应

在一定的条件下，一串联支路中被遮蔽的太阳能电池组件将被当作负载消耗其它被光照的太阳能电池组件所产生的部分能量或所有能量，被遮挡的太阳能电池组件此时将会发热，这就是"热斑效应"。

图 3-51 所示为太阳能电池组件的串联回路，假定其中一块被部分遮挡，调节负载电阻 R，可使太阳能组件的工作状态由开路到短路。

图 3-52 所示为串联回路受遮挡电池组件的"热斑效应"分析。受遮挡电池组件定义为 2

号，用 $I\text{-}U$ 曲线 2 表示；其余电池组件合起来定义为 1 号，用 $I\text{-}U$ 曲线 1 表示；两者的串联方阵为电池组（G）；用 $I\text{-}U$ 曲线 G 表示。

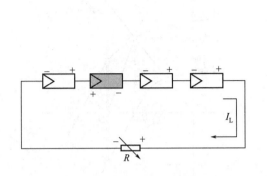

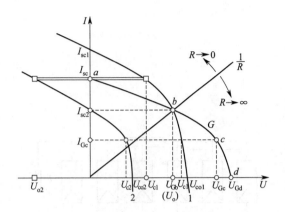

图 3-51　串联"热斑效应"形成示意图　　　　图 3-52　串联"热斑效应"分析曲线图

可以从 a、b、c、d 四种工作状态进行分析。

① 调整太阳能电池组的输出阻抗，使其工作在开路（d 点），此时工作电流为 0，开路电压 U_{Gd} 等于电池组件 1 和电池组件 2 的开路电压之和。

② 当调整阻抗使电池组件工作在 c 点，电池组件 1 和电池组件 2 都有正的功率输出。

③ 当电池组件工作在 b 点，此时电池组件 1 仍然工作在正功率输出，而受遮挡的电池组件 2 已经工作在短路状态，没有功率输出，但也还没有成为功率的接收体，还没有成为电池组件 1 的负载而消耗功率。

④ 当电池组工作在短路状态（a 点），此时电池组件 1 仍然有正的功率输出，而电池组件 2 上的电压已经反向，电池组件 2 成为电池组件 1 的负载，不考虑回路中串联电阻的话，此时电池组件 1 的功率全部加到了电池组件 2 上，如果这种状态持续时间很长或电池组件 1 的功率很大，就会在被遮挡的电池组件 2 上造成热斑损伤。

⑤ 应当注意到，并不是仅在电池组处于短路状态才会发生"热斑效应"，从 b 点到 a 点的工作区间，电池组件 2 都处于接收功率的状态，这在实际工作中会经常发生，如旁路型控制器在蓄电池充满时将通过旁路开关将太阳能电池组件短路，此时就很容易形成热斑。

（2）并联热斑效应

多组并联的太阳能电池组件也有可能形成热斑，图 3-53 表示了太阳能电池组件的并联回路，假定其中一块被部分遮挡，调节负载电阻 R，可使这组太阳能电池组件的工作状态由开路到短路。

图 3-54 为并联回路受遮挡电池组件的"热斑效应"分析原理图，受遮挡电池组件定义为 2 号，用 $I\text{-}U$ 曲线 2 表示；其余电池组件合起来定义为 1 号，用 $I\text{-}U$ 曲线 1 表示；两者的并联方阵为电池组（G），用 $I\text{-}U$ 曲线 G 表示。

同样，可以从 a、b、c、d 四种工作状态进行分析。

① 调整太阳能电池组的输出阻抗，使其工作在短路（a 点），此时电池阻件的工作电压为 0，组件短路电流 I_{sc} 等于电池组件 1 和电池组件 2 的短路电流之和。

② 当调整阻抗使电池组工作在 b 点，电池组 1 和电池组件 2 都有正的功率输出。

③ 当电池组件工作在 c 点，此时电池组件 1 仍然工作在正功率输出，而受遮挡的组件 2 已经工作在开路状态，没有功率输出，但也没有成为功率的接受体，还没有成为电池组件 1

的负载而消耗功率。

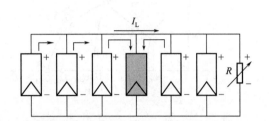

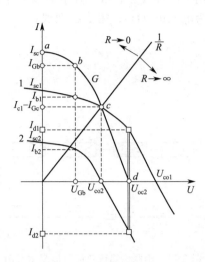

图 3-53 并联电池组件热斑形成示意图　　　　　图 3-54 并联回路"热斑效应"分析曲线图

④ 当电池组工作在开路状态（d 点），此时电池组件 1 仍然有正的功率输出，而电池组件 2 上的电流已经反向，电池组件 2 成为电池组件 1 的负载，不考虑回路中其它旁路电流的话，此时电池组件 1 的功率全部加到了电池组件 2 上，如果这种状态持续时间很长或电池组件 1 的功率很大，也会在被遮挡的电池组件 2 上造成热斑损伤。

⑤ 应当注意到，从 c 点到 d 点的工作区间，电池组件 2 都处于接收功率的状态。并联电池组处于开路或接近开路状态在实际工作中也有可能，对于脉宽调制控制器，要求只有一个输入端，当系统功率较大，太阳能电池组件会采用多组并联，在蓄电接近充满时，脉冲宽度变窄，开关晶体管处于临近截止状态，太阳能电池组件的工作点向开路方向移动，如果没有在各并联支路上加装阻断二极管，发生热斑效应的概率就会很大。

（3）热斑效应的危害和防护

热斑效应会严重地破坏太阳能电池组件，甚至可能会使焊点熔化、封装材料破坏，乃至使整个组件失效。产生热斑效应的原因除了以上情况外，还有个别质量不好的电池片混入电池组件、电极焊片虚焊、电池片隐裂或破损、电池片性能变坏等因素，需要引起注意。

为防止太阳能电池组件由于热斑效应而被破坏，对于串联回路，需要在太阳能电池组件的正负极间并联一个旁路二极管 D_b，以避免串联回路中光照组件所产生的能量被遮蔽的组件所消耗；对于并联支路，需要串联一个二极管 D_s，以避免并联回路中光照组件所产生的能量被遮蔽的组件所吸收，串联二极管在独立光伏发电系统中可同时起到防止蓄电池在夜间反充电的功能。防护电路如图 3-55 和图 3-50 所示。

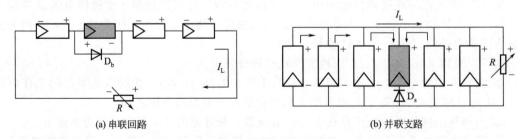

(a) 串联回路　　　　　　　　　　　　　　(b) 并联支路

图 3-55 太阳能电池组件"热斑效应"的防护

3.5.1.3 防反充（防逆流）和旁路二极管

在太阳能电池方阵中，二极管是很重要的器件，常用的二极管基本都是硅整流二极管，在选用时要注意规格参数留有余量，防止击穿损坏。一般反向峰值击穿电压和最大工作电流都要取最大运行工作电压和工作电流的2倍以上。二极管在太阳能光伏发电系统中主要分为两类。

（1）防反充（防逆流）二极管

防反充二极管的作用之一是防止太阳能电池组件或方阵在不发电时，蓄电池的电流反过来向组件或方阵倒送，不仅消耗能量，而且会使组件或方阵发热甚至损坏；作用之二是在电池方阵中，防止方阵各支路之间的电流倒送。这是因为并联各支路的输出电压不可能绝对相等，各支路电压总有高低之差，或者某一支路因为故障、阴影遮蔽等使该支路的输出电压降低，高电压支路的电流就会流向低电压支路，甚至会使方阵总体输出电压降低。在各支路中串联接入防反充二极管 D_s 就可避免这一现象的发生。

在独立光伏发电系统中，有些光伏控制器的电路中已经接入了防反充二极管，即控制器带有防反充功能时，组件输出就不需要再接二极管了。

防反充二极管存在有正向导通压降，串联在电路中会有一定的功率消耗，一般使用的硅整流二极管管压降为0.7V左右，大功率管可达1～2V。肖特基二极管虽然管压降较低，为0.2～0.3V，但其耐压和功率都较小，适合小功率场合应用。

（2）旁路二极管

当有较多的太阳能电池组件串联组成电池方阵或电池方阵的一个支路时，需要在每块电池板的正负极输出端反向并联1个（或2～3个）二极管 D_b，这个并联在组件两端的二极管就叫旁路二极管。

旁路二极管的作用是防止方阵串中的某个组件或组件中的某一部分被阴影遮挡或出现故障停止发电时，在该组件旁路二极管两端会形成正向偏压使二极管导通，组件串工作电流绕过故障组件，经二极管旁路流过，不影响其它正常组件的发电，同时也保护被旁路组件受到较高的正向偏压或由于"热斑效应"发热而损坏。

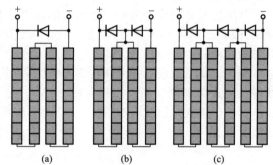

旁路二极管一般都直接安装在组件接线盒内，根据组件功率大小和电池片串的多

图3-56　旁路二极管接法示意图

少，安装1～3个二极管，如图3-56所示。其中图3-56(a) 采用一个旁路二极管，当该组件被遮挡或有故障时，组件将被全部旁路；图3-56(b) 和图3-56(c) 分别采用2个和3个二极管将电池组件分段旁路，则当该组件的某一部分有故障时，可以做到只旁路组件的一半或1/3，其余部分仍然可以继续正常工作。

旁路二极管也不是任何场合都需要的，当组件单独使用或并联使用时，是不需要接二极管的。对于组件串联数量不多且工作环境较好的场合，也可以考虑不用旁路二极管。

3.5.1.4 太阳能电池方阵的电路

太阳能电池方阵的基本电路由太阳能电池组件串、旁路二极管、防反充二极管和带避雷器的直流接线箱等构成，常见电路形式有并联方阵电路、串联方阵电路和串、并联混合方阵电路，如图 3-50 所示。

3.5.2　太阳能电池方阵组合的计算

太阳能电池方阵是根据负载需要将若干个组件通过串联和并联进行组合连接，得到规定的输出电流和电压，为负载提供电力的。方阵的输出功率与组件串并联的数量有关，串联是为了获得所需要的工作电压，并联是为了获得所需要的工作电流。

一般独立光伏系统电压往往被设计成与蓄电池的标称电压相对应或者是它的整数倍，而且与用电器的电压等级一致，如 220V、110V、48V、36V、24V、12V 等。交流光伏发电系统和并网光伏发电系统，方阵的电压等级往往为 110V 或 220V。对电压等级更高的光伏发电系统，则采用多个方阵进行串并联，组合成与电网等级相同的电压等级，如组合成 600V、10kV 等，再通过逆变器后与电网连接。

方阵所需要串联的组件数量主要由系统工作电压或逆变器的额定电压来确定，同时要考虑蓄电池的浮充电压、线路损耗以及温度变化等因素。一般带蓄电池的光伏发电系统方阵的输出电压为蓄电池组标称电压的 1.43 倍。对于不带蓄电池的光伏发电系统，在计算方阵的输出电压时一般将其额定电压提高 10%，再选定组件的串联数。

例如，一个组件的最大输出功率为 108W，最大工作电压为 36.2V，设选用逆变器为交流三相，额定电压 380V，逆变器采取三相桥式接法，则直流输入电压 U_P（即太阳能电池方阵的输出电压）应为

$$U_P = U_{ab}/0.817 = 380/0.817 \approx 465V$$

式中，U_{ab} 为三相电压型逆变电路输出电压有效值。

再来考虑电压富余量，太阳能电池方阵的输出电压应增大到 $465V \times 1.1 = 512V$，则计算出组件的串联数为 $512V/36.2V \approx 14$ 块。

然后再从系统输出功率来计算太阳能电池组件的总数。现假设负载要求功率是 30kW，则组件总数为 $30000W/108W \approx 277$ 块，从而计算出模块并联数为 $277/14 \approx 19.8$，可选取并联数为 20 块。

结论：该系统应选择上述功率的组件 14 串联 20 并联，组件总数为 $14 \times 20 = 280$ 块，系统输出最大功率为 $108W \times 280 \approx 30.2kW$。

为便于选用太阳能电池组件，列出 JMD 系列硅太阳能电池组件的技术参数，如表 3-3、表 3-4 所示。

表 3-3　JMD 系列单晶硅太阳能电池板技术参数

型　号	最大峰值功率 P_m/W	最大峰值功率电压 U_m/V	最大峰值功率电流 I_m/A	开路电压 U_{oc}/V	短路电流 I_{sc}/A	最大系统电压/V	工作温度/℃	尺寸/mm
JMD010-12M	10	17.5	0.58	21.5	0.63	600	−40～60	352×290×25
JMD020-12M	20	17.5	1.16	21.5	1.27	700	−40～60	591×295×28
JMD030-12M	30	17.5	1.71	21.5	1.97	700	−40～60	434×545×28
JMD040-12M	40	17.5	2.33	21.5	2.56	700	−40～60	561×545×28
JMD050-12M	50	17.5	2.91	21.5	3.2	700	−40～60	688×545×28
JMD060-12M	60	17.5	3.2	21.5	3.52	700	−40～60	816×545×28
JMD070-12M	70	17.5	4	21.5	4.4	700	−40～60	753×670×28
JMD075-12M	75	17.5	4.36	21.5	4.79	700	−40～60	753×670×28
JMD080-12M	80	17.5	4.66	21.5	5.12	700	−40～60	1195×545×30
JMD085-12M	85	17.5	4.95	21.5	5.44	700	−40～60	1195×545×30
JMD090-12M	90	17.5	5.14	21.5	5.65	700	−40～60	1195×545×30
JMD0140-12M	140	17.5	8	21.5	8.8	1000	−40～60	1450×670×35

表 3-4　JMD 系列多晶硅太阳能电池板技术参数

型　号	最大峰值功率 P_m /W	最大峰值功率电压 U_m/V	最大峰值功率电流 I_m/A	开路电压 U_{oc}/V	短路电流 I_{sc}/A	最大系统电压/V	工作温度 /℃	尺寸 /mm
JMD010-12P	10	17.5	0.58	21.5	0.63	600	-40～60	352×290×25
JMD020-12P	20	17.5	1.16	21.5	1.27	700	−40～60	591×295×28
JMD030-12P	30	17.5	1.71	21.5	1.97	700	−40～60	434×545×28
JMD040-12P	40	17.5	2.33	21.5	2.56	700	−40～60	561×545×28
JMD050-12P	50	17.5	2.91	21.5	3.2	700	−40～60	688×545×28
JMD060-12P	60	17.5	3.2	21.5	3.52	700	−40～60	816×545×28
JMD070-12P	70	17.5	4	21.5	4.4	700	−40～60	753×670×28
JMD075-12P	75	17.5	4.36	21.5	4.79	700	−40～60	753×670×28
JMD080-12P	80	17.5	4.66	21.5	5.12	700	−40～60	1195×545×30
JMD085-12P	85	17.5	4.95	21.5	5.44	700	−40～60	1195×545×30
JMD0140-12P	140	17.5	8	21.5	8.8	1000	−40～60	1450×670×35

思考题与习题

3-1 半导体与金属和绝缘体的主要区别是什么？

3-2 简要说明半导体的能级和能带的意义，室温下，Si 的禁带宽度是多少？

3-3 什么是 n 型半导体、p 型半导体？

3-4 p-n 结是如何形成的？p-n 结的基本特性是什么？

3-5 简要说明硅太阳能电池的结构和原理，硅太阳能电池片（单体）的基本特性有哪些？为什么它不能直接作为电源使用？

3-6 太阳能电池材料硅具有哪些优异性能？硅太阳能电池材料分成哪几类？

3-7 什么叫做多晶硅和单晶硅？多晶硅与单晶硅的差异主要表现在哪些方面？

3-8 硅提纯的方法有哪几种？国内外现有的多晶硅厂商绝大部分采用什么方法生产太阳能级多晶硅？

3-9 什么叫做非晶硅？为什么说非晶硅是很有发展前景的太阳能电池材料？

3-10 为了保证硅切片的质量和成品率，对切片工艺技术有一些什么要求？

3-11 生产单晶硅太阳能电池主要采用什么方法？简述硅太阳能电池片的生产工艺流程。

3-12 组成太阳能电池组件的结构有哪些，它们在太阳能电池组件中分别起什么作用？

3-13 简述太阳能电池组件封装的生产工艺流程。为什么要将 36 片电池串接在一起形成一个标准组件串？

3-14 太阳能电池组件的串联、并联和串、并联的目的是什么？

3-15 什么是光伏发电系统的"热斑效应"？产生的原因主要有哪些？如何克服热斑效应？并分析太阳能电池组件和方阵中旁路二极管和防反充二极管的作用。

3-16 太阳能电池的特性参数主要有哪些？测试这些特性参数的标准条件是什么？

3-17 光子的能量为 $h\nu$（h 为普朗克常数 6.626×10^{-34} J·s，ν 为光波频率），试求 650nm 波长红光的光子能量。

3-18 已知硅的禁带宽度为 1.12eV，1200nm 波长的红外线被硅吸收后能否激发出电子而产生光伏效应？

3-19 某太阳电池组件的开路电压为 33.2V，电压温度系数为 −0.34%/℃，当组件温度为 50℃，此太阳电池的开路电压是多少？

3-20 某一面积为 $100cm^2$ 的太阳能电池片，在标准测试条件下，测得其最大功率为

1.5W，求该电池片的转换效率。

3-21 有片多晶硅太阳电池尺寸为 156mm×156mm，$U_{oc}=625$mV，$I_{sc}=8.2$A，FF = 79.5%，则该电池的转换效率是多少？

3-22 某规格的光伏组件由转换效率为 18.2% 的单晶硅太阳电池组成，电池有效面积为 14858cm^2，实际测得的功率为 175W。求光伏组件封装功率损失了多少？光伏组件的转换效率为多少？

3-23 一 300cm^2 单晶硅太阳电池，在标准测试条件下，测得其开路电压为 0.64V，短路电流为 8.90A，最大功率为 4.66W，请求出太阳电池的能量转换效率和填充因子。

3-24 某太阳电池组件的短路电流是 6.5A，在太阳辐照度为 800W/m^2 条件下工作时，此太阳电池的短路电流是多少？

3-25 客户要求光伏系统的输出功率为 180W，给 12V 蓄电池充电。用 125mm×125mm 的电池片封装成组件，每片电池的最佳工作电压为 0.48V，最佳工作电流为 5.45A，封装和连接线路的损耗为 10%。试问：

(1) 需要几块组件？如何连接？每块组件由多少电池片组成？

(2) 画出简易电气连接图，并标出正、负极。

3-26 要生产一块 75W 的太阳能电池组件为 12V 蓄电池充电（光伏电池组件峰值电压需 17~18V），现有单片最大功率点电压 0.49V、最大功率点电流 8.56A、156mm× 156mm 单晶硅电池片，确定组件的电池片数量及其板型和组件尺寸。

3-27 某地建设一座移动通信基站的太阳能光伏发电系统，该系统采用直流负载，负载工作电压 48V，用电量为每天 150A·h，该地区最低光照辐射是 1 月份，其倾斜面峰值日照时数是 3.5h，选定 125W 的太阳能电池组件，其主要参数：峰值功率 125W，峰值工作电压 34.2V，峰值工作电流 3.65A，计算太阳能电池组件使用数量及太阳能电池方阵的组合设计。（设电池组件损耗系数为 0.9，蓄电池的充电效率为 0.9）

3-28 与电池 p-n 结形成紧密欧姆接触的导电材料是什么？什么是上电极和下电极？

3-29 在晴朗的夏天，太阳能电池方阵的方位为什么要稍微向西偏？

3-30 太阳能电池方阵平面与水平面的夹角叫什么角？在选择铺设方阵的地方时为什么应尽量避开阴影？如果实在无法避开，也应采取什么方式来解决，可使阴影对发电量的影响降到最低程度？

第 **4** 章

光伏蓄电池

4.1　光伏蓄电池概述

　　在光伏发电系统、风力发电系统和光伏-风力混合发电系统（简称风光互补发电系统）中，蓄电池是重要的组成部件。由于太阳能光伏发电受春夏秋冬、阴晴雨雪、白昼黑夜等气候条件和地球纬度、海拔高度等地理条件等的影响，太阳光伏电能具有相当大的随机性和不稳定性，因此需要配置储能装置——蓄电池，将太阳能电池方阵在有日照时发出的电能进行储存和调节，在日照不足发电很少或需要维修光伏发电系统时，蓄电池也能够向负载提供相对稳定的电能。蓄电池的投资占光伏发电系统总投资的 20%～25%，如此高的投资比例使得蓄电池使用寿命的长短对光伏发电系统度电成本影响很大。蓄电池效率的高低不仅影响到度电成本，还影响到太阳能电池方阵额定容量的大小，从而影响到总投资。蓄电池又是光伏发电系统中最薄弱的环节，使用寿命较短，蓄电池的损坏往往导致光伏发电系统不能运行。因此，如何选择和使用维护好蓄电池，是光伏发电系统设计和运行管理中至关重要的问题。

4.1.1　蓄电池简介

　　化学电池是将化学能转换为电能的装置，分为原电池和蓄电池两大类。

　　原电池的活性物质只能利用一次，放完电后废弃，又称一次电池。蓄电池放电后可以用与放电电流相反的电流进行充电，重新获得复原而再次使用，又称二次电池，其能量转换过程是可逆的。

　　铅酸蓄电池是用铅和二氧化铅作为负极和正极的活性物质，以稀硫酸水溶液作为电解液的电池。铅酸蓄电池具有化学能和电能转换效率较高、充放电循环次数多、端电压高（2V）、容量大（高达 3000A·h）等特点，具备防酸、隔爆、消氢、耐腐蚀性能，成本较低，在蓄电池生产和使用中目前保持着领先地位。

　　碱性蓄电池以电解液的性质而得名。此类蓄电池的电解液采用了苛性钾或苛性钠的水溶液。碱性蓄电池按其极板材料，可分为镉镍蓄电池、铁镍蓄电池等。镉镍蓄电池是以镉和铁的混合物作为负极活性物质，以氧化镍为正极活性物质。铁镍蓄电池的正极活性物质与镉镍蓄电池的正极基本相同，只是负极以铁金属作为活性物质。

　　碱性蓄电池与铅酸蓄电池相比具有体积小，低温性能好，可深放电，耐过充和过放电，使用寿命长，维护简单等优点。碱性蓄电池的主要缺点是内阻大，电动势较低，初始成本较高。

　　光伏发电系统配套使用的蓄电池主要是铅酸蓄电池和碱性蓄电池（例如镉镍蓄电池）。碱性蓄电池由于价格高（约为铅酸蓄电池的 2 倍），内阻大，应用受到限制。而传统开口式铅酸蓄电池的比能量低、质量和体积大、不密封性、自放电率高、需要定期进行加水和测量酸密度等缺点，则促使了阀控密封式铅酸蓄电池（VRLA）的广泛使用。

阀控密封式铅酸蓄电池指装有能自动开启和关闭的单向排气阀（内有防酸雾垫）的密封铅酸蓄电池。该电池采用吸收电解液的多孔超细玻璃纤维隔板和使用氧气循环技术，其正极析出的氧可在负极上被还原而消失，实现了"免维护"。

阀控密封式铅酸蓄电池由于全密封和电解液注入极板和隔板中（没有游离的电解液），因此，具有使用时不加水、不溢酸、酸雾极少、运输方便、不需要专门的通风装置、可以任意方位使用和积木式安装、寿命较长、价格低廉的优点。其主要缺点是：必须严格控制充电制度：电压一般 2.30～2.40V/单体（格），保持良好的通风，搁置寿命仅两年。

阀控密封式铅酸蓄电池，近年来有代替传统开口蓄电池用于光伏发电系统的趋势，而阀控密封式胶体蓄电池由于使用性能优越更是一个新的亮点。

4.1.2 铅酸蓄电池的基本概念

（1）单体蓄电池
单体蓄电池指蓄电池的最小单元（格）。

（2）蓄电池组
蓄电池组由单体蓄电池串联和并联组成，以满足存储大容量电能的需要。其作用是储存太阳能电池方阵发出的电能并随时向负载供电。

（3）电池充电
电池充电是外电路给蓄电池供电，使电池内发生化学反应，从而将电能转化成化学能而储藏起来的操作。

（4）过充电与浮充电
过充电是对完全充满电的蓄电池或蓄电池组继续充电。

浮充电是蓄电池充满电后，改用小电流给蓄电池继续充电，也称为涓流充电。

（5）热失控
热失控是指蓄电池在恒压充电时充电电流和电池温度发生一种积累性的增强作用并逐步损坏蓄电池现象。VRLA 蓄电池过充时正极产生的大量氧气在负极复合，复合反应产生的热使蓄电池温度进一步升高。温度升高又使电池内阻下降，导致浮充电流增大。这样，增大的浮充电流使蓄电池温度升高，升高的温度又使浮充电流增大，如此反复形成恶性循环——热失控。

（6）电池放电
放电是在规定的条件下，蓄电池向外电路输出电能的过程。

（7）活性物质
在电池放电时发生化学反应从而产生电能的物质，或者说是正极和负极储存电能的物质统称为活性物质。

（8）板极硫化
在使用铅酸蓄电池时要特别注意的是：电池放电后要及时充电，如果长时期处于半放电或充电不足，甚至过充电或者长时间充电和放电都会形成 $PbSO_4$ 晶体。这种大块晶体很难溶解，无法恢复到原来的状态，导致板极硫化以后充电就困难了。

(9) 容量

容量是在规定的放电条件下蓄电池输出的电荷。其单位常用安时（A·h）表示。

① 能量和比能量

a. 能量　蓄电池的能量是指在一定放电制下，蓄电池所能给出的能量，通常用 W 表示，其单位为瓦时（W·h）。蓄电池的能量分为理论能量和实际能量，理论能量可以用理论容量和电动势的乘积表示。而蓄电池的实际能量为一定放电条件下的实际容量与平均工作电压的乘积。

b. 比能量　蓄电池的比能量是单位体积或单位重量（质量）的蓄电池所给出的能量，分别称为体积比能量（W·h/L）和重量比能量（W·h/kg）。

② 功率和比功率

a. 功率　蓄电池的功率是指蓄电池在一定放电制下，在单位时间内所给出的能量的大小，通常用 P 表示，单位为瓦（W）。蓄电池的功率分为理论功率和实际功率，理论功率为一定放电条件下的放电电流与蓄电池电动势的乘积。而蓄电池的实际功率为一定放电条件下的放电电流与平均工作电压的乘积。

b. 比功率　蓄电池的比功率是指单位体积或单位质量的蓄电池输出功率，分别称为体积比功率（W/L）和质量比功率（W/kg）。比功率是蓄电池的重要的技术性能指标，蓄电池的比功率大，表示它承受大电流放电的能力强。

蓄电池容量不是固定不变的常数，它与充电的程度、放电电流大小、放电时间长短、电解液密度、环境温度、蓄电池效率及新旧程度等有关。通常在使用过程中，蓄电池的放电率和电解液温度是影响容量的最主要因素。电解液温度高时，容量增大；电解液温度低时，容量减小。电解液浓度高时，容量增大，电解液浓度低时，容量减小。

(10) 相对密度

相对密度是指电解液与水的密度的比值，用来检验电解液的强度。相对密度与温度变化有关。25℃时，满充的电池电解液相对密度值为 1.265。密封式电池，相对密度值无法测量。纯酸溶液的密度为 $1.835g/cm^3$，完全放电后降至 $1.120g/cm^3$。电解液注入水后，只有待水完全融合电解液后才能准确测量密度。融入过程大约需要数小时或者数天，但是可以通过充电来缩短时间。每个电池的电解液密度均不相同，即使同一个电池在不同的季节，电解液密度也不一样。大部分铅酸电池的密度在 $1.1\sim1.3g/cm^3$ 范围内，满充之后一般为 $1.23\sim1.3g/cm^3$。常用液态密度计来测量电解液的相对密度值。

高温或者低温中的电池，相对密度也会受影响。这种情况一般会在电池上标明。电池效率受放电电流的影响，因此应避免大放电电流输出导致的效率下降，以及影响电池的使用寿命。

(11) 运行温度

电池运行一段时间，就感到烫手，由此可知，铅酸电池具有很强的发热性。温度对电池性能影响很大。当运行温度超过 25℃，每升高 10℃，铅酸电池的使用寿命就减少 50%。所以电池的最高运行温度应比外界低，对于温度变化超过 ±5℃ 的情况下最好带温度补偿充电措施，电池温度传感器应安装在阳极上，且与外界绝缘。

4.2　铅酸蓄电池的结构和工作原理

4.2.1　铅酸蓄电池的结构

铅酸蓄电池由正、负极板，隔板，壳体，电解质和接线柱头等组成，其中正极板的活性物质是二氧化铅（PbO_2），负极板的活性物质是灰色海绵状铅（Pb），电解液是稀硫酸（H_2SO_4）。铅酸蓄电池的基本结构如图 4-1 所示。

（1）极板

极板由板栅和活性物质组成。板栅是极板的骨架，用于支撑活性物质，传导电流。充满电的电池正极的有效物质为二氧化铅，负极有效物质为海绵状铅。负极板都采用涂膏式，正极板一般有涂膏式（平板式）和管式。管式正极板一般用于传统富液电池和胶体电池。在同一个电池内，同极性的极板片数超过两片者，用金属条连接起来称为"极板组"或"极板群"。至于极板组内的极板片数的多少，随其容量的大小或端电压的高低而定。

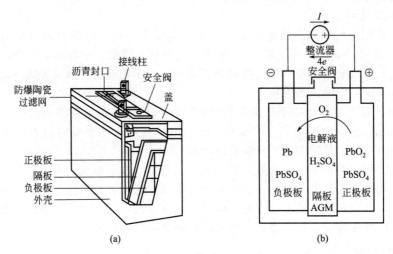

图 4-1　铅酸蓄电池的基本结构和工作原理示意图

（2）隔板

在电池两极板组间插入的隔离物，防止正、负极板相互接触而发生短路和活性物质脱落。隔板的厚度、孔率、孔径、抗拉强度和电阻等直接影响隔板的性能。隔板在硫酸中的稳定性能直接影响蓄电池的寿命。隔板的弹性可延缓正极活性物质的脱落。阀控密封式铅酸蓄电池使用的隔板分为 AGM（超细玻璃纤维）隔板和 PVC-SiO_2 隔板。AGM 隔板用于贫液电池中，主要起防止正负极板短路、吸附硫酸电解液和为气体复合提供通道的作用。PVC-SiO_2 隔板主要用于胶体蓄电池中，具有高孔率、低电阻、无杂质、质量轻和理化性能稳定等特点。目前主要有筋条式隔板和波纹式隔板等类型。此外，还有其它如 PP 和 PE 隔板等。

（3）容器

容器用于盛装电解液和支撑极板，通常有硬橡胶容器和塑料容器等。

（4）电解质

含有可移动离子，具有离子导电性的液体或固体物质叫做电解质。铅酸蓄电池一律采用硫酸电解质，一般为稀硫酸，由蒸馏水和纯硫酸按一定比例配置而成，是化学反应产生的必需条件。对于胶体蓄电池，还需要添加胶体，以便与硫酸形成胶体电解质。硫酸电解质在铅酸蓄电池中的作用是：参加电化学反应；溶液正、负离子的传导体；极板温升的热扩散体。

4.2.2　铅酸蓄电池的工作原理

铅酸蓄电池由两组极板插入稀硫酸溶液中构成。电极在完成充电后，正极板为二氧化铅，负极板为海绵状铅。放电后，在两极板上都产生细小而松软的硫酸铅，充电后又恢复为原来物质。

铅酸蓄电池在充电和放电过程中的可逆反应理论比较复杂，目前公认的是"**双硫酸化理论**"。该理论的含义为铅酸蓄电池在放电时，两电极的有效物质和硫酸发生作用，均转化为硫酸化合物——硫酸铅；当充电时，又恢复为原来的铅和二氧化铅，如图 4-1（b）所示。

（1）铅酸蓄电池电动势的产生

铅酸蓄电池充电后，正极板的 PbO_2 在硫酸溶液中水分子的作用下，少量与水生成可离解的不稳定物质——氢氧化铅$[Pb(OH)_4]$，氢氧根离子在溶液中，铅离子（Pb^{4+}）留在正极板上，因此正极板上缺少电子。同时负极板的 Pb 与电解液中的 H_2SO_4 发生反应，变成铅离子（Pb^{2+}），铅离子转移到电解液中，负极板上留下多余的两个电子（$2e$）。可见，在未接通外电路时（电池开路），由于化学作用，正极板上缺少电子，负极板上多余电子，两极板间就产生了一定的电位差，这就是电池的电动势。铅酸蓄电池单体（格）的电动势为 2.0V。

（2）铅酸蓄电池放电过程的电化学反应

铅酸蓄电池放电（接通外电路负载）时，在蓄电池的电动势作用下，负极板上的电子经负载进入正极板形成电流 I，同时在电池内部进行化学反应。负极板上每个铅原子放出 $2e$ 后，生成的 Pb^{2+} 与电解液中的硫酸根离子（SO_4^{2-}）反应，在极板上生成难溶的硫酸铅（$PbSO_4$）。正极板的 Pb^{4+} 得到来自负极的 $2e$ 后，变成 Pb^{2+}，与电解液中的 SO_4^{2-} 反应，在正极板上也生成难溶的 $PbSO_4$。正极板水解出的氧离子（O^{2-}）与电解液中的氢离子（H^+）反应，生成稳定物质水。电解液中存在的 SO_4^{2-} 和 H^+ 在电场的作用下分别移向电池的正、负极，在电池内部产生电流——放电电流，形成回路，使蓄电池向外持续放电。放电时，H_2SO_4 浓度不断下降，正、负极上的 $PbSO_4$ 增加，电池内阻增大（硫酸铅不导电），电池电动势降低。放电过程的化学反应式如下：

$$\underset{\text{正极活性物质}}{PbO_2} + \underset{\text{电解液}}{2H_2SO_4} + \underset{\text{负极活性物质}}{Pb} \longrightarrow \underset{\text{正极生成物}}{PbSO_4} + \underset{\text{电解液生成物}}{2H_2O} + \underset{\text{负极生成物}}{PbSO_4}$$

（3）铅酸蓄电池充电过程的电化学反应

在放电后，必须及时充电，才能维持蓄电池的正常工作。充电时，要外接一个直流电源，在光伏发电系统中，应将太阳能电池方阵的输出端正、负极分别与蓄电池的正、负极相连，使正、负极板在放电后生成的物质恢复成原来的活性物质，并把外界的电能转变为化学能储存起来。

正极板上，在外电源的作用下，$PbSO_4$ 被离解为 Pb^{2+} 和 SO_4^{2-}，由于外电源不断从正极吸取电子，正极板附近游离的 Pb^{2+} 不断放出 $2e$ 来补充，变成 Pb^{4+}，并与水继续反应，最终在正极板上生成 PbO_2。负极板上，在外电源的作用下，$PbSO_4$ 也被离解为 Pb^{2+} 和 SO_4^{2-}，由于负极不断从外电源获得电子，因此负极板附近游离的 Pb^{2+} 被中和为 Pb，并以绒状铅附着在负极板上。

电解液中，正极不断产生游离的 H^+ 和 SO_4^{2-}，负极不断产生 SO_4^{2-}，在电场的作用下，H^+ 向负极移动，SO_4^{2-} 向正极移动，形成电流——充电电流，形成回路。充电后期，在外电源的作用下，溶液中还会发生水的电解反应。充电过程的化学反应式如下：

$$\underset{\text{正极物质}}{PbSO_4} + \underset{\text{电解液}}{2H_2O} + \underset{\text{负极物质}}{PbSO_4} \longrightarrow \underset{\text{正极生成物}}{PbO_2} + \underset{\text{电解液生成物}}{2H_2SO_4} + \underset{\text{负极生成物}}{Pb}$$

蓄电池的充、放电过程实际上是一个可逆化学反应过程，总的化学反应过程可用下列方程式表示：

$$（正极）\quad（电解液）\quad（负极）\xrightarrow[\text{充电}]{\text{放电}}（正极）\quad（电解液）\quad（负极）$$
$$PbO_2 + 2H_2SO_4 + Pb \rightleftharpoons PbSO_4 + 2H_2O + PbSO_4$$

铅酸蓄电池在充、放电过程伴随着的副反应为

$$2H_2O \longrightarrow 2H_2\uparrow + O_2\uparrow$$
$$2Pb + O_2 \longrightarrow 2PbO$$
$$PbO + H_2SO_4 \longrightarrow PbSO_4 + H_2O$$

该反应使电池中水分逐渐损失，需不断补充纯水才能保持正常使用。对于普通 AGM 玻璃纤维隔板的电池，其隔板内有一定的孔率，在正、负极之间预留气体通道。同时选用特殊合金铸造板栅提高负极的析氢过电位，以抑制氢气的析出；而正极产生的氧气顺着通道扩散到负极，使氧气重新复合成水，保证正极析出的氧扩散到铅负极，完成反应，从而实现正极析出的氧再化合成水。对于采用胶体电解质系列的 GEL 电池，选用 PVC-SiO$_2$ 隔板，氧循环的建立是由于电池内的凝胶以 SiO$_2$ 质点作为骨架构成的三维多孔网络结构，它将电池所需的电解液保藏在里面；灌注胶体后，在电场力的作用下发生凝胶，初期结构并不稳定，骨架要进一步收缩，而使凝胶出现裂缝，这些裂缝存在于整个正、负极板之间，为氧到达负极还原建立通道。两类电池的整个氧循环机理是一样的，只是氧气到达负极的通道方式不同而已。但 GEL 电池氧气循环只有在凝胶出现裂纹之后才建立起来，所以氧气复合效率是逐渐上升的，从而使电池起到密封的效果。

4.2.3　铅酸蓄电池的分类和命名

4.2.3.1　铅酸蓄电池的分类

（1）按照电解液数量和电池槽结构分类

分为传统开口式铅酸蓄电池和阀控密封式铅酸蓄电池（Valve-Regulated Lead Acid Battery，VRLA）。前者为开口半密封式结构，电解液处于富液状态，使用过程中需要加水调节酸密度；后者为全密封式结构，电解液为贫液状态，使用过程中不需要进行加水或加酸维护。光伏发电系统主要采用这种 VRLA 蓄电池。

按隔板的不同，VRLA 蓄电池又可分为 AGM 电池和 GEL 电池。AGM 电池主要采用 AGM（玻璃纤维）隔板，电解液被吸附在隔板孔隙内；GEL 电池主要采用 PVC-SiO$_2$ 隔板，电解质为已经凝胶的胶体电解质。这两类电池各有优缺点。从发展速度来看，AGM 技术发展较快，目前市场上基本以 AGM 电池为主导。GEL 电池最近几年有逐步上升的势头，主要是因为前几年 AGM 电池的使用寿命出现较多问题，而 GEL 电池的高循环寿命等优点开始被用户所认可和接受。两类电池的结构和性能的比较如表 4-1 和表 4-2 所列。

表 4-1　AGM 电池与 GEL 电池结构比较

内部结构	GEL 电池	AGM 电池
电解液固定方式	电解质由气相二氧化硅和多种添加剂以胶体形式固定，注入时为液态，可充满电池内所有空间，充、放电后凝胶	电解液吸附在多孔的玻璃纤维板内，而且必须是不饱和状态，隔板内 93% 左右的空间充满电解液
电解液量	准富液设计，电解液容量比 AGM 电池量多	相对于富液电池和 GEL 电池的储量少，贫液设计
电解液密度	密度为 1.24g/cm^3，对极板腐蚀轻	密度为 1.28～1.31g/cm^3，对电极的腐蚀大
正极板结构	制成管式或涂膏式极板	制成涂膏式极板
隔板	PVC-SiO$_2$ 隔板	普通 AGM 隔板

表4-2 AGM电池与GEL电池性能比较

性能特点	GEL电池	AGM电池
浮充性能	由于电解质的量富余,其散热性好,没有热失控事故发生,浮充寿命长	散热性差,热失控现象时有发生
循环性能	100%DOD循环寿命600次以上	100%DOD循环寿命150次左右
自放电	自放电率为2%/月,电池在常温下可储存2年	自放电率为(2~3)%/月,存放期超过6个月需补充充电
气体复合效率	初期复合效率较低,但循环数次后可以达到95%以上	气体复合效率高达99%
电解液分层现象	无硫酸浓度分层现象,电池可以竖直和水平放置	有电解液分层现象,高型电池只能水平放置

(2) 按照电池的用途分类

分为循环使用电池和浮充使用电池。浮充电池主要是后备电池。循环和启动使用的电池有铁路电池、汽车电池、太阳能电池、电动车电池、牵引电池等类型。

(3) 按照电池的使用环境分类

分为移动型电池和固定型电池。固定型电池主要用于后备电源,广泛用于邮电、电站和医院等,最大要求是安全可靠,因其使用固定在一地方,重量不是关键问题。移动型电池主要有内燃机车用电池、铁路客车用电池、摩托车用电池、电动汽车及牵引车用电池等。

4.2.3.2 蓄电池的命名方法、型号组成及其代表意义

蓄电池名称由单体蓄电池格数、型号、额定容量、电池功能或形状等组成(见图4-2)。当单体蓄电池格数为1时(2V)省略,6V、12V分别为3和6。各公司的产品型号有不同的解释,但产品型号中的基本含义相同。表4-3为常用字母的含义。

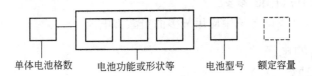

单体电池格数　　电池功能或形状等　　电池型号　　额定容量

图4-2 蓄电池名称的组成

例如:GFM-500,1个单体,电压2V,G为固定型,F为阀控式,M为密封,500为10小时率的额定容量;6-GFMJ-100,6为6个单体,电压12V,G为固定型,F为阀控式,M为密封,J为胶体,100为10小时率的额定容量。

广泛应用于太阳能、风能发电系统以及太阳能路灯、广告箱等领域的蓄电池型号、规格如表4-4、表4-5所示,供选用参考。

表4-3 蓄电池常用字母的含义

代号	拼音	汉字	全称	备注
G	Gu	固	固定型	
F	Fa	阀	阀控式	
M	Mi	密	密封	
J	Jiao	胶	胶体	
D	Dong	动	动力型	DC系列电池用
N	Nei	内	内燃机车用	
T	Tie	铁	铁路客车用	
D	Dian	电	电力机车用	TS系列电池用

表 4-4   12V 系列免维护铅酸蓄电池

电池型号	额定电压/V	额定容量/(A·h)	最大外形尺寸/mm				参考重量/kg
			长	宽	高	总高	
6-GFM-40	12	40	198	166	170	170	12.5
6-GFM-55	12	55	229	138	208	213	16
6-GFM-65	12	65	331	175	175	178	21.5
6-GFM-75	12	75	259	169	220	230	24
6-GFM-90	12	90	331	175	225	227	29
6-GFM-100	12	100	331	174	225	243	32
6-GFM-120	12	120	407	173	208	213	37
6-GFM-150	12	150	483	170	241	241	43
6-GFM-200	12	200	522	240	219	244	62

表 4-5   12V 系列胶体蓄电池

电池型号	标准电压/V	20HR 容量/(A·h)	最大外形尺寸/mm				参考重量/kg
			长	宽	高	总高	
6-GFMJ-40	12	40	198	166	170	170	13.5
6-GFMJ-55	12	55	230	140	215	225	17
6-GFMJ-65	12	65	350	167	178	185	22.8
6-GFMJ-75	12	75	260	170	215	230	25
6-GFMJ-85	12	85	331	175	216	240	29.5
6-GFMJ-100	12	100	331	175	216	240	33.5
6-GFMJ-120	12	120	405	175	218	235	37.1
6-GFMJ-150	12	150	480	170	215	241	46.8
6-GFMJ-200	12	200	525	240	215	245	64

4.2.4　蓄电池的性能参数

本节主要讨论光伏发电系统中应用最多的铅酸蓄电池。

4.2.4.1　蓄电池的电压

(1) 蓄电池电动势 (E)

蓄电池的电动势在数值上等于蓄电池达到稳定时的开路电压，它是由蓄电池电极的活性物质与电解质的电化学特性决定的。

铅酸蓄电池的电动势与硫酸密度的关系如图 4-3 所示。由图可知，硫酸密度增加（在硫酸密度为 $1.05\sim1.300\,g/cm^3$ 范围时），蓄电池电动势的值也相应增加，呈线性关系。温度对铅酸蓄电池的电动势影响不大。

蓄电池的电动势可以从下面近似公式得出

$$E=0.85+d \tag{4-1}$$

式中，0.85 为 VRLA 蓄电池的电动势常数；d 为电解液的密度，单位采用 g/cm^3。

(2) 开路电压 (U_k)

蓄电池的开路电压是蓄电池在开路状态（无电流状态）下的端电压。

$$U_k=E_z-E_f \tag{4-2}$$

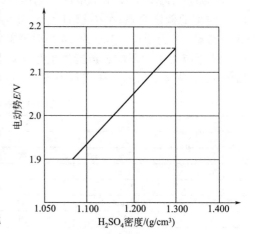

图 4-3　蓄电池电动势与硫酸密度的关系

式中，E_z 为蓄电池正极电位；E_f 为蓄电池负极电位。

蓄电池达到稳定时的开路电压在数值上等于蓄电池的电动势，也可由 $U_k = E = 0.85 + d$ 近似得出。

(3) 工作电压（U）

蓄电池的工作电压是指蓄电池接通负荷后在放电过程中显示的端电压，又称负荷（载）电压或放电电压。工作电压的大小是变化的，既与电池的放电电流有关，又与电池的内阻有关。

$$U = U_k - I(R_0 + R_j) \qquad (4-3)$$

式中，I 为蓄电池放电电流；R_0 为蓄电池的欧姆电阻；R_j 为蓄电池的极化电阻。

(4) 充电电压

蓄电池的充电电压是指蓄电池在充电时，外电源加在蓄电池两端的电压。

(5) 初始电压

蓄电池的初始电压是蓄电池在放电初始时的工作电压。

(6) 浮充电压

蓄电池的浮充电压为充电器对蓄电池进行浮充电时设定的电压值。蓄电池要求充电器应有精确而稳定的浮充电压值。浮充电压值高意味着蓄电池储存能量大，质量差的蓄电池浮充电压值一般较小；人为地提高浮充电压值对蓄电池是有害无益的。

铅酸蓄电池的单体（格）电压为 2V/格，实际电压随充、放电情况而有变化，充电结束时电压为 2.5～2.7V/格，以后缓慢降到 2.05V/格左右的稳定状态；放电时，电压缓慢下降，低到 1.7V/格时，便不能再继续放电，否则会损坏蓄电池的极板。200A·h 以上的铅酸蓄电池每只为一单体，电压为 2V。200A·h 以下的铅酸蓄电池每只一般为 6 个单体（格）串联，电压为 12V。镉镍蓄电池的单体电压为 1.2V/格。蓄电池组的电压由串联的蓄电池单体只数确定，有 24V、48V、60V、110V 等。

蓄电池的充电电压不能过高，当充电电压超过气化电压时，电池内部的电解液会分解出氢气和氧气而产生气化现象，使得电解液逐渐减少，这不但不利于化学反应的进行，而且可能使电池内的极板暴露在空气中而氧化，以至影响到电池的寿命、容量及充、放电能力。电池在放电时电压也不能过低，电池放的电越多，其电压就越低，当电池的电压达到终止电压时，如继续放电，将使电池的寿命大幅度减少。

VRLA 蓄电池在 25℃时的浮充电压 U＝开路电压＋极化电压＝U_k＋(0.10～0.18)。例如，美国圣帝公司的蓄电池电解液密度为 1.240g/cm^3，所以它的浮充电压为 2.19V；日本 YUASA 公司的蓄电池的浮充电压为 2.23V。

铅酸蓄电池端电压与放电时间关系曲线如图 4-4 所示，充电时间与电压及电流关系曲线如图 4-5 所示。

(7) 蓄电池的放电终止电压

蓄电池的放电终止电压是指蓄电池放电时电压下降到不宜再放电（至少能再反复充电使用）时的最低工作电压。放电终止电压并非固定不变，其随着放电率不同而变化。放电率大，电压下降较快，放电终止电压较低；放电率小，电压下降较慢，放电终止电压较高，但放电深度增加。对于铅酸蓄电池，后备电源系列电池 10 小时率和 3 小时率放电的终止电压为 1.80V/单体（相对于单体 2V 的蓄电池），1 小时率终止电压为 1.75V/单体。由于铅酸电池本身的特性，即使放电的终止电压继续降低，电池也不会放出太多的容量，但终止电压过低对电池的损伤极大，尤其当放电达到 0V 又不能及时充电将大大缩短电池的寿命。对于光

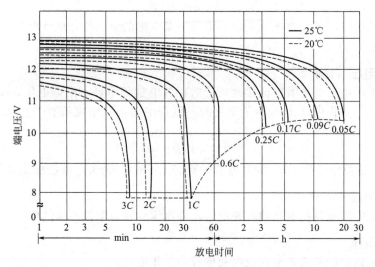

图 4-4   铅酸蓄电池端电压与放电时间关系曲线

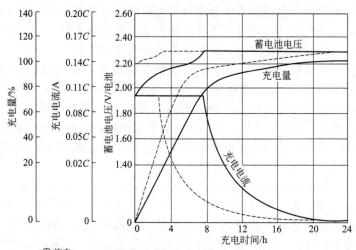

① 放电：——100%(0.05CA×20h)；---50%(0.05CA×10h)。
② 充电：蓄电池电压13.65V(2.275V/电池)；充电电流0.1CA。
③ 温度25℃。

图 4-5   铅酸蓄电池充电时间与电压及电流关系曲线

伏发电系统用的蓄电池，针对不同型号和用途，放电终止电压的设计也不一样。终止电压视放电率和需要而定。通常，小于 10 小时率的小电流放电，终止电压取值稍高；大于 10 小时率的大电流放电，终止电压取值稍低。放电率对终止电压的影响如图 4-6 所示。

4.2.4.2   蓄电池内阻

蓄电池内阻不是常数，在充、放电过程中随时间不断变化，因为活性物质的组成、电解液浓度和温度都在不断变化。铅酸蓄电池内阻很小，在小电流放电时可以忽略，但在大电流放电时，电压降可达数百毫伏，必须引起重视。

蓄电池内阻有欧姆内阻和极化内阻两部分，欧姆内阻主要由电极材料、隔膜、电解液、接线柱等构成，也与电池尺寸、结构及装配有关。极化内阻是由电化学极化和浓差极化引起的，是电池放电或充电过程中两电极进行化学反应时极化产生的内阻。极化内阻除与电池制造工艺、电极结构及活性物质的活性有关外，还与电池工作电流大小和温度等因素有关。电

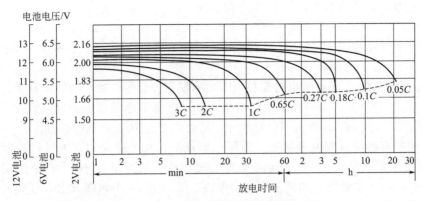

图 4-6　放电率对终止电压的影响

池内阻严重影响电池工作电压、工作电流和输出能量，因而内阻愈小的电池性能愈好。

4.2.4.3　蓄电池的容量

蓄电池的容量是蓄电池储存电能的能力。处于完全充电状态的铅酸蓄电池在一定的放电电流和一定的电解液温度下，单格电池的电压降到规定的终止电压时所能提供的电量称为电池容量，以符号 C 表示，通常可采用两种表示方法：安时容量（A·h），瓦时容量（W·h）。当蓄电池以恒定电流放电时，安时容量＝放电电流×放电时间，瓦时容量＝安时容量×平均放电电压。目前铅酸蓄电池产品容量可从 1 安时到几千甚至上万安时。

蓄电池的容量可分为理论容量、实际容量和额定容量。

理论容量是把蓄电池活性物质的质量按法拉第定律计算而得到的最高理论值。

法拉第电解定律*：电解过程中，通过的电量相同，所析出或溶解出的不同物质的物质的量相同。也可以表述为：电解 1mol 的物质，所需用的电量都是 1 个"法拉第"（F），等于 96500C 或者 26.8A·h，即

$$1F=26.8A·h=96500C$$

其中，$1C=6.25×10^{18}$ 电子电量（e）；$1e=1.6021892×10^{-18}C$；$1mol=6.023×10^{23}$。

实际容量是指蓄电池在一定放电条件下所能输出的电量，它等于放电电流与放电时间的乘积。

实际容量小于理论容量，实际容量与理论容量之比叫做活性物质的利用率。

额定容量（标称容量）是按照国家或有关部门颁布的标准，在电池设计时要求电池在一定的放电条件下（一般规定在 25℃ 环境下以 10 小时率电流放电至终止电压）应该放出的最低限度的电量值。额定容量常用来标定 10 小时率蓄电池的型号。

为了比较不同系列的蓄电池，常用比容量的概念，即单位体积或单位质量蓄电池所能给出的能量，分别称为体积比容量和重量比容量，其单位分别为 A·h/L 或 A·h/kg。

蓄电池标称容量不仅取决于蓄电池本身，还与使用条件有关。

（1）蓄电池容量与放电率的关系

同一个电池放电率不同时，给出的容量也不同。放电率有小时率（时间率）和电流率（倍率）两种不同的表示方法。

① 小时率（时间率）：是以一定的电流放完额定容量所需的时间，或以一定电流放电至规定终止电压所经历的时间。标识为 20h、10h、5h、3h、1h、0.5h 等

例如，某个 12V 的蓄电池，如果用 2A 放电，5h 降到 10.5V（终止电压），则容量为

$$C_5=2A×5h=10A·h$$

同样是这个电池，如果用 $1.2A$ 放电，$10h$ 降到 $10.5V$，则容量为

$$C_{10}=1.2A\times10h=12A\cdot h$$

前者称 5 小时放电率，容量用 C_5 表示；后者称 10 小时放电率，容量用 C_{10} 表示，C 的下脚标就是小时率。

② 电流率（倍率）：是指放电电流相当于电池额定容量的倍数。例如，容量为 $100A\cdot h$ 的蓄电池，以 $100A\cdot h/10h=10A$ 电流放电，$10h$ 将全部电量放完，则电流率为 $0.1C_{10}$；若以 $100A$ 电流放电，则 $1h$ 将全部电量放完，则电流率为 $1C_{10}$，依此类推。

蓄电池的额定容量按放电率标定。国际标准规定，对于启动型蓄电池，其额定容量以 20 小时率标定，表示为 C_{20}；对于固定型蓄电池，其额定容量以 10 小时率标定，表示为 C_{10}。上述的 $100A\cdot h$ 电池，如果是启动型电池，表示其 20 小时率放电，可放出 $100A\cdot h$ 的容量。如果不是 20 小时率放电，则放出的容量就不是 $100A\cdot h$。如果是固定型电池，表示其 10 小时率放电，可放出 $100A\cdot h$ 的容量。如果不是 10 小时率放电，则放出的容量就不是 $100A\cdot h$。放电电流越大，蓄电池容量越小，放电率对蓄电池容量的影响见表 4-6。

表 4-6   放电率对蓄电池容量的影响

电池型号	额定电压/V	各小时率容量/(A·h)				
		10.8V/20h	10.8V/10h	10.5V/5h	10.5V/3h	10.02V/1h
DJM1240	12	43.4	40	36	32.7	25.6
DJM1250	12	54	50	45	41.1	32
DJM1265	12	70.5	65	58.5	53.3	41.6
DJM1270	12	76	70	63	58.2	45.5
DJM1290	12	98	90	80	73.8	57.6
DJM12100	12	108	100	90	83.1	65
DJM12150	12	162	150	135	123	97.5
DJM12200	12	216	200	180	165	130

根据使用条件的不同，汽车蓄电池多用 20 小时率容量，固定型或摩托车蓄电池用 10 小时率容量，牵引型和电动车蓄电池用 5 小时率容量，光伏应用一般采用 20 小时率容量。

（2）蓄电池容量与温度的关系

铅酸蓄电池电解液的温度对蓄电池的容量有一定影响，温度高时，电解液的黏度下降，电阻减小，扩散速度增大，电池的化学反应加强，这些都会使容量增大。但是温度升高时，蓄电池的自放电会增加，电解液的消耗量也会增多。

蓄电池在低温下容量迅速下降，通用型蓄电池在温度降到 5℃时，容量会降到 70% 左右。低于 $-15℃$ 时，容量将下降到不足 60%，且在 $-10℃$ 以下充电反应非常缓慢，可能造成放电后难以恢复。放完电后若不能及时充电，在温度低于 $-30℃$ 时有冻坏的危险。

4.2.4.4   蓄电池的放电深度与荷电态

蓄电池放电深度（depth of discharge，DOD）是指从蓄电池使用过程中放出的有效容量占该电池额定容量的比值，通常以百分数表示。17%～25% 为浅循环放电；30%～50% 为中等循环放电；60%～80% 为深循环放电。

深度放电会造成蓄电池内部极板表面硫酸盐化，导致蓄电池的内阻增大，严重时会使个别电池出现"反极"现象和永久性损坏。因此，过大的放电深度会严重影响电池的使用寿命，非迫不得已，不要让电池处于深度放电状态。光伏发电系统中，DOD 一般为 30%～80%。

蓄电池的荷电态（state of charger，SOC），定义为

$$\mathrm{SOC}=\frac{C_\mathrm{r}}{C_\mathrm{t}}\times100\%\qquad(4\text{-}4)$$

式中，C_r、C_t 分别为某时刻蓄电池的剩余电量和总电量。荷电态与放电深度的关系为

$$\mathrm{SOC}=1-\mathrm{DOD}\qquad(4\text{-}5)$$

4.2.4.5　蓄电池的使用寿命

在独立光伏发电系统中，通常蓄电池是使用寿命最短的部件。

根据蓄电池用途和使用方法不同，对于寿命的评价方法也不相同。对于铅酸蓄电池，可分为充放电循环寿命、使用寿命和恒流过充电寿命三种评价方法。在可再生能源领域使用的蓄电池，主要考虑前面两种。

蓄电池经历一次充电和放电，称为一次循环。在一定的放电条件下，电池使用至某一容量规定值之前，电池所能承受的循环次数，称为循环寿命。蓄电池的使用寿命（浮充寿命）是指蓄电池在规定的浮充电压和环境温度下，蓄电池寿命终止时浮充运行的总时间，以蓄电池的工作年限来衡量。恒流过充电寿命是指采用一定的充电电流对蓄电池进行连续过充电，一直到蓄电池寿命终止时所能承受的过充电时间。蓄电池寿命终止条件一般设定在容量低于10小时率额定容量的80%。根据有关规定，固定型（开口式）铅酸蓄电池的充、放电循环寿命应不低于1000次，使用寿命（浮充电）应不低于10年。

实际上蓄电池的使用寿命与蓄电池本身质量及工作条件、使用和维护情况等因素有很大关系。如果电池以100%DOD（放电深度）放电，循环寿命一般为100~200次。即电池进行100%容量放电，放电到终止电压为1.8V/单体，循环100~200次后，容量低于额定容量的80%时，电池寿命终止。如果电池以30%DOD放电，循环寿命一般为1000~1200次。放电深度对蓄电池的循环使用寿命影响很大，放电浅，循环寿命长；放电深，循环寿命短。放电深度对蓄电池循环使用寿命的影响如图4-7所示。

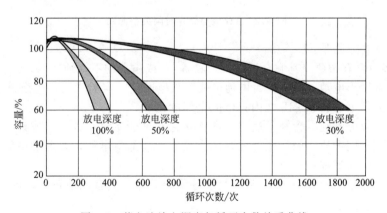

图4-7　蓄电池放电深度与循环次数关系曲线

4.2.4.6　蓄电池的效率

在离网光伏发电系统中，常用蓄电池作为储能装置，充电时将光伏方阵发出的电能转变成化学能储存起来；放电时再把化学能转变成电能，供给负载使用。

实际使用的蓄电池不可能是完全理想的储能器，在工作过程中必然有一定的能量损耗，通常用能量效率和充电效率来表示。

（1）能量效率（也称瓦时效率）

在规定的条件下，蓄电池放电时输出的能量与充电时输入的能量之比，即

$$\eta_{\text{W}} = \frac{W_{\text{放}}}{W_{\text{充}}} \times 100\% \tag{4-6}$$

影响能量效率的主要因素是蓄电池的内阻。

(2) 充电效率（也称安时效率或库仑效率）

在规定的条件下，蓄电池放电时输出的电量与充电时输入的电量之比。影响充电效率的主要因素是蓄电池内部的各种负反应，如自放电。

对于一般的离网光伏发电系统，平均充电效率大约为 $80\% \sim 85\%$，在冬天可增加到 $90\% \sim 95\%$。

4.2.4.7　蓄电池的自放电

在蓄电池不使用时，随着放置时间的延长，储电量会自动减少，这种现象称为自放电。自放电与储存时间关系曲线如图 4-8 所示。

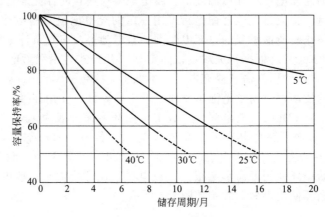

图 4-8　自放电与储存时间关系曲线

自放电的主要原因是：

① 电解液中含有杂质（其它金属如铜、铁等），或添加的不是纯净水，这些杂质与蓄电池极板形成局部微小电池，从而使蓄电池形成自放电回路。实验表明，电解液中如含有 1% 的铁，蓄电池充足电后会在 $24h$ 之内将电能全部放完。

蓄电池极板成分不纯，含锑量过高或含有其它有害杂质时，也会形成许多微小蓄电池。杂质与极板间或不同杂质之间产生电位差，变成一个局部蓄电池，并通过电解液构成回路，产生局部电流，从而形成自放电。

② 蓄电池电极间污垢较多，如泥土及水等均为导体，使蓄电池正、负电极间形成放电回路而自行放电。

③ 蓄电池负极板的自溶和正极板二氧化铅的自动还原。负极板的海绵状铅在蓄电池搁置过程中会以铅离子形式溶入电解液中，形成硫酸铅，而且铅与电解液总是含有一定的杂质，会引起氢的析出，从而加速铅的自溶，加快蓄电池自放电。

$$PbO_2 + Pb + 2H_2SO_4 \Longrightarrow 2PbSO_4 + 2H_2O$$

$$PbO_2 + 2Ag + 2H_2SO_4 \Longrightarrow PbSO_4 + Ag_2SO_4 + 2H_2O$$

$$5PbO_2 + 2Sb + 6H_2SO_4 \Longrightarrow (SbO_2)_2SO_4 + 5PbSO_4 + 6H_2O$$

$$PbO_2 + H_2 + H_2SO_4 \Longrightarrow PbSO_4 + 2H_2O$$

$$Pb + H_2SO_4 \Longrightarrow PbSO_4 + H_2$$

$$Pb + \frac{1}{2}O_2 + H_2SO_4 =\!=\!= H_2O + PbSO_4$$

④ 电池长期放置不用，硫酸下沉，下部密度较上部大，极板上、下部发生电位差及温度的变化都可能引起自放电。

4.2.4.8　蓄电池的串联和并联

将多只蓄电池的正极接负极依次连接称为串联，组成的蓄电池组的电压为串联的蓄电池电压之和，容量不变。例如 55 只 $2V/250A \cdot h$ 的铅酸蓄电池串联，组成的串联蓄电池组的电压为 110V，容量仍为 $250A \cdot h$。将多只蓄电池的正极和负极分别连接起来称为并联，组成的蓄电池组的电压不变，容量为并联的蓄电池容量之和。例如 10 只 $2V/250A \cdot h$ 铅酸蓄电池并联，组成的蓄电池组的电压仍为 2V，容量却为 $2500A \cdot h$。蓄电池组也可以并联，例如两组 $110V/250A \cdot h$ 的蓄电池组并联，组成的蓄电池组的电压为 110V，容量却为 $500A \cdot h$。蓄电池进行串、并联时应尽可能保证每只蓄电池的性能一致。

4.3　VRLA 蓄电池的充、放电特性

4.3.1　VRLA 蓄电池的充电特性

VRLA 蓄电池是阀控式密封铅酸蓄电池（valve regulated lead acid battery）。由于 VRLA 蓄电池具有价格低廉、电压稳定、无污染等优点，近年来，广泛应用于通信、电力和交通领域。但同时不少用户反映，本来应工作 10～15 年的 VRLA 蓄电池，大都在 3～5 年内损坏，有的甚至使用不到 1 年便失效了，造成了极大的经济损失。通过对损坏的 VRLA 蓄电池的统计分析得知，因充、放电控制不合理而造成的 VRLA 蓄电池寿命终止的比例较高。如 VRLA 蓄电池早期容量损失、不可逆硫酸盐化、热失控、电解液干涸等都与充、放电控制不合理有关。为了延长 VRLA 蓄电池的使用寿命，对 VRLA 蓄电池进行合理的充、放电控制是使 VRLA 蓄电池达到其设计寿命的基础。

4.3.1.1　VRLA 蓄电池的充电技术

VRLA 蓄电池生产厂提供的蓄电池保证使用寿命的技术指标是在环境温度为 25℃下给出的。由于单体 VRLA 蓄电池电压具有温度每上升 1℃下降约 4mV 的特性，那么一个由 6 个单体 VRLA 蓄电池串联组成的 12V 蓄电池组，25℃的浮充电压为 13.5V；当环境温度降为 0℃时，浮充电压应为 14.1V；当环境温度升至 40℃，浮充电压应为 13.14V。同时 VRLA 蓄电池还有一个特性，当环境温度一定时，充电电压比要求的电压高 100mV，充电电流将增大数倍，因此，将导致 VRLA 蓄电池的热失控和过充损坏。当充电电压比要求电压低 100mV 时，又将使 VRLA 蓄电池充电不足，也会导致 VRLA 蓄电池损坏。另外，VRLA 蓄电池的容量也和温度有关，大约是温度每降低 1℃，容量将下降 1%，所以要求 VRLA 蓄电池在使用过程中，在夏季 VRLA 蓄电池放出额定容量的 50% 后、冬季放出 25% 后就应及时充电。

显然，日常使用中的 VRLA 蓄电池不可能长期处在 25℃的环境中，而目前普遍使用的晶闸管整流型、变压器降压整流型以及开关稳压电源型的 VRLA 蓄电池充电器，以恒压或恒流方式对 VRLA 蓄电池进行的充电，无法满足 VRLA 蓄电池补充充电所要求的技术条件。纵观过去所采用的这些对 VRLA 蓄电池充电的方法，以及根据这些方法开发的 VRLA 蓄电池充电器，不难看出，其充电技术是不够完善的，用这些产品给 VRLA 蓄电池充电，势必直接影响 VRLA 蓄电池的使用寿命，同时这些充电器还存在着工作电压适应范围窄、体积大、效率低、可靠性差等问题。

4.3.1.2　自然平衡充电器

　　VRLA 蓄电池的自然平衡充电原理简图如图 4-9 所示。在图 4-9 中，有两个电源 E_A、E_B，当电源 E_A 与电源 E_B 处在同一环境温度下，正极和正极相连接，负极与负极相连接，在它们所形成的闭合电路中，存在着如下的关系：如果 E_A 高于 E_B，E_A 将向 E_B 提供 E_A — $E_B=\Delta E$ 的电压，同时将按 ΔE 的大小，提供 Δi 电流由电源 E_A 流向电源 E_B；当 E_B 吸收 E_A 提供的 Δi 电流，使 E_B 上升到完全等于 E_A 时（在 VRLA 蓄电池中表现为 VRLA 蓄电池端电压的上升和电荷存储量的增加），电源 E_A 将停止向电源 E_B 提供电流，也就是 $E_A=E_B$，$\Delta E=0$，$\Delta i=0$。

图 4-9　自然平衡充电原理图

　　在上面描述中，把 E_B 换成被充电的 VRLA 蓄电池，将 E_A 精心设计成在不同环境温度下能按 VRLA 蓄电池充电平衡需要自动调节输出电压和电流的电源，在完全理想化的情况下，电源 E_A 能根据 VRLA 蓄电池在任一环境温度下可接受的电流，对 VRLA 蓄电池进行充电，VRLA 蓄电池充足电后，$\Delta E=0$，$\Delta i=0$，E_A 电源将不再消耗功率，此后，E_A 只随环境温度的变化，对被充电的 VRLA 蓄电池提供跟踪平衡补偿，由于 VRLA 蓄电池充电的整个过程完全是自动完成的，所以称之为自然平衡法。

　　采用自然平衡法给 VRLA 蓄电池充电，在 VRLA 蓄电池充足电后，E_A 与被充电的 VRLA 蓄电池（E_B）之间的电压差 $\Delta E=0$，自然也就 $\Delta i=0$。由于 E_A 无功率供给 VRLA 蓄电池（E_B），所以 VRLA 蓄电池电解液不可能产生沸腾，也不可能使 VRLA 蓄电池内电解液中的水分解，更不可能使 VRLA 蓄电池内的压力和温度升高而产生安全隐患。因此，该方法提供给 VRLA 蓄电池的是既不会使 VRLA 蓄电池过充电，也不会使 VRLA 蓄电池充电不足，而是更方便、更安全、更可靠的充电。

　　从上面的分析中不难看出，该方法特别适于间歇性放电使用的 VRLA 蓄电池日常维护充电，有利于提高 VRLA 蓄电池日常使用中的可靠性及提高 VRLA 蓄电池的使用寿命。

4.3.1.3　蓄电池的充电方法

　　按蓄电池两端电压、电流的控制方式的不同，常见的蓄电池的充电方法有以下几种：

(1) 恒压充电法

　　在充电过程中，充电电压保持不变。这样在刚开始充电时，能以较大的电流对蓄电池充电，随着充电时间的增加，电流逐渐减少。然而充电电流太大会使电池寿命减少，而且容易造成电池温度上升，因此需要额外加入限流电路及温度补偿电路。

(2) 恒流充电法

　　在充电过程中，充电电流保持不变。这样可以避免恒压充电法因电流太大而产生的问题。其缺点是恒流充电可能造成充电电压过高而影响蓄电池的寿命。而且恒流充电不能像恒压充电法那样使电池保持在浮充状态，因此无法将蓄电池完全充足电。

(3) 二阶段充电法

　　二阶段充电法结合了恒流充电法和恒压充电法的优点，先以恒定电流对蓄电池充电，等蓄电池电压达到气化电压后，再以恒定电压充电，使蓄电池保持在浮充状态。二阶段充电法与恒压充电法和恒流充电法相比，在蓄电池寿命和充电时间上已有很大改善。然而在恒压充电阶段，由于充电电流很小，因此必须消耗很长的充电时间，这是其不足之处。

(4) 三阶段充电法

三阶段充电法是对二阶段充电法的进一步改进，与二阶段充电法类似，第一阶段是以恒定电流充电，第三阶段是以恒定电压充电，但在第一阶段与第三阶段之间加入了称为"充电吸收"的第二阶段。在第二阶段中，充电电压维持在气化电压以下，但充电电流缓慢下降，这样可以大幅度缩短恒压充电的时间。

比较以上 4 种充电方法，三阶段充电法在蓄电池寿命及快速充电等方面都优于其它方法。

4.3.1.4　VRLA 蓄电池的充电方式

VRLA 蓄电池的充电方式有初充电、浮充电、均衡充电和循环充电等多种方式。对充电方式主要是浮充充电和均衡充电两种方式的 VRLA 蓄电池，为了延长 VRLA 蓄电池的使用寿命，必须了解不同充电方式的充电特点和充电要求，严格按要求对 VRLA 蓄电池进行充电。

(1) 初充电

对于新启用的蓄电池，需进行初始充电，VRLA 蓄电池的初充电有以下几种方式。

① 串联充电。采用高压、小电流充电器，一般来讲，充电器的输出电压为 300～450V，输出电流 5～30A，电流可控制，每个 VRLA 蓄电池充入的电量可控制，可放电检测 VRLA 蓄电池容量，剔除故障 VRLA 蓄电池，现生产厂家普遍采用这种方法。

② 并联充电。充电器为低电压、大电流，每个 VRLA 蓄电池的电流与蓄电池的充电状态和内阻有关。不能计算每个 VRLA 蓄电池充入的电量。并联充电需控制充电电压，几乎无生产厂家采用这种充电方式。

③ 串联并联混合充电。一般采用先串联后并联的方式进行，充电器的输出电压常为 150V，电流 30～100A，单个 VRLA 蓄电池无电压、电流控制，可分组放电检查，现有不少厂家采用这种方式。

④ 单体 VRLA 蓄电池充电。可准确地进行充电，能控制电流、电压，能将每个 VRLA 蓄电池进行分级、挑选，普遍在测试上使用。

⑤ 模块控制单体 VRLA 蓄电池充电。每个模块可充 64 只蓄电池，每台充电器可充 700 多只 VRLA 蓄电池，在一个模块中 1 台或多台出现故障不影响其它 VRLA 蓄电池充电，可进行恒压、恒流控制，保证 VRLA 蓄电池不会过充，还能检查容量和进行 VRLA 蓄电池分级，这将是今后的发展方向。

(2) 浮充电

浮充电是蓄电池在充满电后，用小电流继续充电。蓄电池浮充电电流一般不是人为设定的，而是在电压设定为浮充电压后（如以 12V 电池为例，浮充电压在 13.2～13.8V 范围内），电池因已充足电，能够接受的电流就很小了，就自动形成了浮充电流。

浮充电的目的有三个：

① 保持电池的电压处于浮充电压范围，此时电池的板栅（就是极板的导电骨架）腐蚀处于最慢的状态，可延长电池寿命；

② 补充电池自放电造成的容量损失，保持电量充足；

③ 抑制活性物质重结晶造成硫酸盐化（维持蓄电池的内氧循环）。

电池的浮充时间是没有限制的，只要电压处于浮充电压范围内，铅酸蓄电池是不怕浮充的，比如通信系统使用的长寿命电池，质保期都在 8 年以上，整个寿命期内除了市电故障被停用及常规维护外，始终处于浮充状态。

直流电源系统和 VRLA 蓄电池组采用并联冗余供电方式，即 VRLA 蓄电池组为电源，又可吸收直流电源的浮充电流。浮充电流的选择除维持 VRLA 蓄电池的自放电以外，还应维持 VRLA 蓄电池内的氧循环。不过浮充电流的数值除与 VRLA 蓄电池的本身特征有关外，主要受运行时的浮充电压所决定。

VRLA 蓄电池的浮充电压与其使用寿命之间也有密切的关系，总趋势是：在同一温度下工作，浮充电压越高，使用寿命越短。例如，某型号的 GFM 系列蓄电池产品，在环境温度为 25℃、浮充电压为 2.23V/单体时，其设计浮充寿命是 23 年；同样温度下，浮充电压提高为 2.30V/单体时，其设计浮充寿命降为 14 年，降低了 40%。

不同厂家的产品，推荐的浮充电压值可能不同；就是同一厂家的不同系列产品，推荐的浮充电压值也可能不同。例如某公司的 XM 系列和 GM 系列蓄电池，前者推荐的浮充电压为 2.275V/单体，后者推荐的浮充电压为 2.23V/单体（均为标准温度下）。

这就说明，VRLA 蓄电池的浮充电压值要参考厂家对产品推荐的数值来确定，同时要选用稳压性能良好的充电设备，使浮充电压稳定在 VRLA 蓄电池长寿命区工作。充电设备的稳压性能变差了要及时处理，否则，将影响 VRLA 蓄电池的使用寿命。

蓄电池的浮充电流因蓄电池的结构和性能的不同其作用也不尽相同。

普通铅酸蓄电池的浮充电流作用为：补充普通铅酸蓄电池自放电的损失；向日常性负载提供电流。

VRLA 蓄电池的浮充电流的作用为：补充 VRLA 蓄电池自放电的损失；向日常性负载提供电流；浮充电流应足以维持 VRLA 蓄电池的内氧循环。

为了使浮充电运行的 VRLA 蓄电池既不欠充电，也不过充电，VRLA 蓄电池投入运行之前，必须为其设置浮充状态下的充电电压和充电电流。在环境温度为 25℃ 时，标准型 VRLA 蓄电池的浮充电压应设置在 2.25V/格，允许变化范围为 2.23~2.27V/格。实际运行时，还需要根据环境温度的变化来调整浮充电压，通常的调节系数为 $-4mV/℃$。就是说，当环境温度是 35℃ 时，每一单体的浮充电压应降低 40mV，若供电电压是 48V（24 个单体），则总的浮充电压应降低 960mV。此时，若不对浮充电压进行调整，必将引起 VRLA 蓄电池过充电和过热，恶性循环的结果是 VRLA 蓄电池的使用寿命降低甚至损坏。

但绝不是说有了浮充电压的调节系数，VRLA 蓄电池就可在任意环境温度下使用。要知道，温度低时，由于浮充电压增大，同样会引起浮充电流增大、板栅腐蚀加速、寿命提前终止等一系列的问题；而温度过高时，浮充电压减小，也会产生 VRLA 蓄电池欠充电等一系列问题。

当 VRLA 蓄电池浮充时，若电压和电流设置较低，析气和板栅腐蚀均不严重，大多数浮充均将每单体蓄电池浮充电压设置为 2.20~2.27V。对 VRLA 蓄电池组来说，浮充时各单体 VRLA 蓄电池的电压是不相同的，饱和度高的 VRLA 蓄电池处于较高电压并析出气体，饱和度低的 VRLA 蓄电池由于氧化合的去氧化作用而处于较低电压，这些 VRLA 蓄电池不能被完全充电。浮充一段时间后，各单体 VRLA 蓄电池的电压将逐渐均衡，但 VRLA 蓄电池的放电结果可能不尽如人意。

假若提高浮充电压的设定值，将缩短 VRLA 蓄电池寿命，若蓄电池处于高温环境下，还可能发生热失控。为了使 VRLA 蓄电池有较长的浮充使用寿命，在 VRLA 蓄电池使用过程中，要充分结合 VRLA 蓄电池制造的原材料及结构特点和环境温度等各方面的情况，制定 VRLA 蓄电池的合理使用条件，尤其是浮充电压的设定。

(3) 均衡充电

所谓均衡充电是把每个 VRLA 蓄电池单元并联起来，用统一的充电电压进行的一种恒压方式充电。均衡充电的目的：确保蓄电池组中所有单体电池的电压、比重达到均衡一致。如果 VRLA 蓄电池组在浮充过程中存在落后的 VRLA 蓄电池（单体电压低于 2.20V，相对于 2V 蓄电池），或浮充 3 个月后，应对 VRLA 蓄电池进行一次均衡充电，在均衡充电过程中，其单体 VRLA 蓄电池电压控制在 2.35V，充 6～8h（注意，一次均衡充电时间不宜太长），然后调回到浮充电压值，再观察落后的 VRLA 蓄电池的电压变化，如电压仍未到位，相隔 2 周后再均衡充电一次。一般情况下，新的 VRLA 蓄电池组经过 6 个月浮充、均充后，其电压会趋于一致。均衡充电电流一般选 0.3C 或略小于 0.3C。额定电压为 12V 的 VRLA 蓄电池，均衡充电电压一般选 14.5V。

在按规定对 VRLA 蓄电池进行均衡充电时，除了充电电压重要以外，均衡充电时间的设置也很重要。为了延长 VRLA 蓄电池的使用寿命，必须根据均衡充电的电压和电流精确地设置均衡充电时间。均衡充电过程中，当充电电流连续 3h 不变时，必须立即转入浮充电状态，否则，将会严重过充电而影响 VRLA 蓄电池的使用寿命。

（4）循环充电

在循环应用领域，VRLA 蓄电池都采用薄极板设计来提高比能量和大电流性能。对于薄极板的 VRLA 蓄电池最好的充电方法是采用脉冲和电流递减充电方式。脉冲充电方式可在短时间内提高充电电流，缩短蓄电池充满电时间，并具有很小的过充电；电流递减充电方式具有同样的优点。蓄电池实现大电流快速充电的关键是蓄电池活性物质的复合效率，蓄电池的极板薄、表面积大、极板间距小、充电效率高。当蓄电池老化时，活性物质的复合效率下降。

4.3.1.5 充电限流

VRLA 蓄电池放电后，初期充电电流过大，产生的热量可能会将板栅竖筋、汇流条、端子等熔断，正极板活性物质 PbO_2 颗粒之间的结合松弛、软化、脱落，严重时会引发热失控，使 VRLA 蓄电池变形、开裂而失效，所以需要对充电电流值加以限定。充电限流设定方式有：

① 关机限流，需要限流时关掉若干充电器；
② 有级设定，限制充电器的输出电流可以在额定电流的 1/3 挡或 2/3 挡选择；
③ 局部无级设定，可在充电器额定电流的 50%～100% 段选择限流点；
④ 无级设定，可在充电器额定电流的 0%～100% 段选择限流点。
几种限流设定方式其技术先进性次序为：④优于③优于②优于①。

4.3.1.6 充电操作

VRLA 蓄电池组放电后，应立即转入充电，开始时控制充电电流以不大于 0.2C 为宜（如 200A·h VRLA 蓄电池的充电电流应不大于 0.2×200＝40A）。当电流变小时，可慢慢提高 VRLA 蓄电池组充电电压，达到均充电压值，再充 6h，然后再调回浮充电压值。VRLA 蓄电池的初充电电流大小的设定一般按说明书规定值或按额定容量 1/10 的电流来进行。使用中正常充电时，最好采用分级定流充电方式，即在充电初期用较大电流，充电一定时间后，改用较小电流，到充电后期改用更小电流。这种充电方法的充电效率较高，它所需充电时间较短，充电效果也好，对延长蓄电池寿命有利。

充电电流的设定值一般为 0.1C，当充电电流超过 0.3C 时可认为是过流充电。采用普通的快速充电器充电会使 VRLA 蓄电池处于"瞬时过流充电"和"瞬时过压充电"状态，造成 VRLA 蓄电池可供使用电量下降甚至损坏 VRLA 蓄电池。过流充电会导致 VRLA 蓄电池极板弯曲、活性物质脱落，造成 VRLA 蓄电池供电容量下降，严重时会损坏 VRLA 蓄电池。

4.3.2　VRLA 蓄电池的放电特性

（1）放电试验

VRLA 蓄电池在出厂之前，都会进行容量试验，依据 YD/T799—2010 标准，进行容量试验有下列步骤：

① 先将被试验 VRLA 蓄电池完全充电。

② 将被试验 VRLA 蓄电池静置 1～24h，使蓄电池表面温度达到 25 ±5℃。

③ VRLA 蓄电池采用 $0.1C_{10}$ 电流连续对负载恒流放电，在放电过程中定期测试 VRLA 蓄电池端电压；VRLA 蓄电池端电压达到 1.80V 时放电终止。最后累积放电量达到 100% 即为合格。

对于 VRLA 蓄电池来说，放电终止的依据是 VRLA 蓄电池的端电压，即单体 VRLA 蓄电池的终止电压约为 1.80V。但是 VRLA 蓄电池的端电压是与 VRLA 蓄电池正、负极的三种极化密切相关的，终止放电电压设置在 1.80V 是针对 $0.1C_{10}$ 左右的放电速率而定的。由于极化的存在，随着放电速率的减小，伴随着放电电流的减小，放电终止电压也应该越来越高，否则极有可能导致 VRLA 蓄电池的过放电。

（2）放电使用

VRLA 蓄电池放电时需要注意的是 VRLA 蓄电池的放电速率和放电终止电压，尤其是不同环境温度下的放电速率和放电终止电压的设定。由于不同的环境温度会极大地影响 VRLA 蓄电池中电解液的结冰点和活性物质的活性，为保证化学反应的充分进行，VRLA 蓄电池的最低温度最好控制在 25℃ 左右。

VRLA 蓄电池放电时终止电压的设定是为了防止在放电过程中 VRLA 蓄电池组内出现各单体 VRLA 蓄电池的电压和容量不平衡现象。通常，过放电越严重，下次充电时，落后的 VRLA 蓄电池越不容易恢复，这将严重影响 VRLA 蓄电池组的寿命。通常 VRLA 蓄电池的放电速率为 $0.02C_{10}$、$0.1C_{10}$、$0.2C_{10}$ 或 $0.3C_{10}$。为了防止过放电，不仅要尽可能地避免放电速率过小，而且还必须根据放电速率，同时结合环境温度，精确地设定放电的终止电压。一般情况下，如果放电速率为 $0.01～0.025C$，终止电压可设定为 2.00V；放电速率为 $0.05～0.25C$ 时，可设定为 1.80V。由于浓差极化的存在，随着放电速率的增大，伴随着放电电流的增大，放电终止电压也应该越来越低。

（3）放电要求

① 放电电流　VRLA 蓄电池实际放出的容量与放电电流有关。放电电流越大，VRLA 蓄电池的效率越低。例如，12V/24A·h 的蓄电池当放电电流为 $0.4C$ 时，放电至终止电压的时间是 110min，实际输出容量 17.6A·h，效率为 73.3%；当放电电流为 $7C$ 时，放电至终止电压的时间仅为 20s，实际输出容量 0.93A·h，效率为 3.9%。所以使用中应避免大电流放电，以提高 VRLA 蓄电池的效率。

② 放电深度　放电深度对 VRLA 蓄电池使用寿命的影响也很大。设计考虑的重点就是深循环使用、浅循环使用还是浮充使用。使用时若把浅循环使用的电池用于深循环使用时，则铅酸蓄电池会很快失效。因为正极活性物质二氧化铅本身的互相结合不牢，放电时生成硫酸铅，充电时又恢复为二氧化铅，硫酸铅的摩尔体积比氧化铅大，则放电时活性物质体积膨胀。若 1mol 氧化铅转化为 1mol 硫酸铅，体积增加 95%。这样反复收缩和膨胀，就使二氧化铅颗粒之间的相互结合逐渐松弛，易于脱落。若 1mol 二氧化铅的活性物质只有 20% 放电，则收缩、膨胀的程度就大大降低，结合力破坏变缓慢，使用寿命延长。因此，VRLA

蓄电池放电深度越深，其循环寿命越短。

此外，蓄电池放电深度增加，$PbSO_4$ 溶解度降低，造成极板硫化腐蚀，使用寿命变短。蓄电池放电深度与使用寿命关系如图 4-10 所示。

在使用 VRLA 蓄电池时，既要避免重载过流放电，又要避免长时间轻载造成 VRLA 蓄电池深度放电，更要避免 VRLA 蓄电池短路放电，否则，会严重损坏 VRLA 蓄电池的再充电能力和 VRLA 蓄电池的蓄电能力，缩短使用寿命。在 VRLA 蓄电池的实际应用中，不是首先追求放出容量的百分之多少，而是要关注发现和处理落后的 VRLA 蓄电池，经对落后的 VRLA 蓄电池处理后再做核对性放电实验。这样可防止事故，以免放电中落后的 VRLA 蓄电池恶化为反极 VRLA 蓄电池。

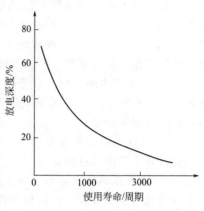

图 4-10　放电深度与使用寿命的关系

③ 放电操作　放电是为了检查 VRLA 蓄电池容量是否正常，一般采用 10 小时率放电，有条件的可用假负载放电；从应用方便考虑，也可直接用负载进行放电。考虑到安全性，放电深度控制在 30%～50% 为宜，当然，有条件的可放电更深一些，更容易暴露 VRLA 蓄电池潜在的问题。并每小时检测一次单体 VRLA 蓄电池电压，通过计算 VRLA 蓄电池放出的容量，对照表 4-7 电压值，判断 VRLA 蓄电池是否正常。

表 4-7　VRLA 蓄电池放出不同容量的标准电压值（10 小时率）

放出容量/%	10	20	30	40	50	60	70	80	90	100
支持时间/h	1	2	3	4	5	6	7	8	9	10
单体 VRLA 蓄电池电压/V	2.05	2.04	2.03	2.01	1.99	1.97	1.95	1.93	1.88	1.80

VRLA 蓄电池放出容量的计算为电流（A）×时间（h）。在相应放出容量下，测出的单体 VRLA 蓄电池电压值应等于或大于相应电压值，即 VRLA 蓄电池容量为正常；反之，VRLA 蓄电池容量不足。

浅循环放电有利于延长蓄电池寿命。当负载运行规律和天气变化规律都可以预测，或者蓄电池深放电以后可得到备用电源充电，这样的光伏发电系统采用蓄电池深循环运行是值得的。因为蓄电池的容量利用率很高，系统需要的蓄电池数量较少，相应可减少购买蓄电池的费用。

蓄电池浅循环放电运行，有两个明显的优点：蓄电池一般有较长的循环寿命；蓄电池经常保有较多的备用安时容量，使光伏发电系统的供电保证率更高。

根据测算和实际运行经验，较为适中的放电深度是 50%，国外有关资料称 50% 的放电深度为"最佳储能-成本系数"。

4.4　VRLA 蓄电池的使用与维护

VRLA 蓄电池运行的质量主要由三个方面决定：产品质量；安装质量；运行维护质量。这三个方面对于 VRLA 蓄电池的运行都是十分重要的。

产品质量与 VRLA 蓄电池生产过程中的各个环节，即从制造铅粉到封装入库的每道工序都有关联。因此，要对板栅的厚度、重量，铅膏的配方，隔板的透气性，安全阀的设计，电解液的灌装方式及对电解液注入量的控制、合成的方式，壳体材料及壳盖与极桩、壳盖与壳体间的密封等诸方面、诸环节进行严格把关。

安装、维护质量是确保 VRLA 蓄电池正常运行的重要方面。如果维护质量较高，就能使 VRLA 蓄电池发挥最大的效能和延长使用寿命。因此 VRLA 蓄电池维护人员要在充分理解 VRLA 蓄电池的工作原理和特性、并掌握产品说明书所提出的各项要求的前提下从事安装、维护工作，并在安装、维护工作中弄清以下几方面的关系和问题。

① VRLA 蓄电池在浮充状态时也是长期运行状态，其目的就是要保持 VRLA 蓄电池经常处于充分充满状态，但又不能过充电。VRLA 蓄电池在正常运行状态下，安全阀不应开启，不应有酸雾析出。

② VRLA 蓄电池的板栅合金、电解液的密度与普通铅酸蓄电池均不同，所以其浮充电压一般较普通铅酸蓄电池高。

③ VRLA 蓄电池在运行中为了使电解液上下比较均匀地吸附在隔膜中，在安装时应根据极板的几何形状放置，长极板的宜卧放，短极板的宜立放。

④ AGM-VRLA 蓄电池采用吸液率很高的超细玻璃纤维做隔板，为缩短氧离子从正极板到负极板的距离，均采用紧密装配，所以 VRLA 蓄电池在运行过程中释放出的热量不易散失，在安装布放和运行时应充分考虑 VRLA 蓄电池的散热问题。为使 VRLA 蓄电池经常处于充满状态和延长 VRLA 蓄电池的使用寿命，充电设备应能根据环境温度的变化实时调节 VRLA 蓄电池的浮充电压。

⑤ VRLA 蓄电池基本上是不可维修的，但也可在必要时打开安全阀补充蒸馏水。

⑥ 超过 1000A·h 的大容量 VRLA 蓄电池一般是采用几个单体 VRLA 蓄电池并联组成的，有的是内并联，有的是外并联，从运行和维护的角度出发，宜采用外并联方式。

用户购入 VRLA 蓄电池后必须对它进行验收、储存或安装，然后作日常的维护、测试，对于 VRLA 蓄电池必须定期做容量测试，这一切工作都以 IEEE1188 文件、GB 50172—2012《电气装置安装工程 蓄电池施工及验收规范》及 YD/T 799—2010《通信用阀控式密封铅酸蓄电池》为依据进行验收、储存、安装、维护与测试。为此需根据用户自身状况选择最佳维护方案，选择高性能和功能全的充电设备，以确保 VRLA 蓄电池系统运行正常。

4.4.1　VRLA 蓄电池的安装

（1）验收

① VRLA 蓄电池到货后应及时进行外观检查，因外观缺损往往会影响产品的内在质量。

② 根据 VRLA 蓄电池的出厂时间，确定是否需要进行充电，并做端电压检查和容量测试、内阻测试。如果 VRLA 蓄电池到货后就只是外观检查一下，不根据 VRLA 蓄电池的出厂时间进行充电便储存，常温下储存时间超过 6 个月（温度＞33℃为 3 个月），它的技术性能指标肯定降低，甚至不能使用。

（2）安装

VRLA 蓄电池安装工作的质量，直接影响蓄电池系统运行的可靠性。VRLA 蓄电池在搬运时，勿提拉极柱，以免损伤蓄电池。安装 VRLA 蓄电池间连接器前，必须使单体排列整齐，以免极柱受力使密封处发生泄漏，而导致蓄电池连接器发生腐蚀。安装时不能使用任何润滑剂或接触其它化学物品，以免侵蚀壳体，造成外壳破裂和电解液泄漏。

VRLA 蓄电池的安装技术条件如下所述。

① VRLA 蓄电池安装前应彻底检查 VRLA 蓄电池的外壳，确保没有物理损坏。对于有湿润状的可疑点，可用万用表一端连接 VRLA 蓄电池端柱，另一端接湿润处，如果电压为 0V，说明外壳未破损，如果电压大于 0V，说明该处存在酸液，要进一步仔细检查。

② VRLA 蓄电池应尽可能安装在清洁、阴凉、通风、干燥的地方，并避免受到阳光直射，远离加热器或其它辐射热源。在具体安装中应当根据 VRLA 蓄电池的极板结构合理选择安装方式，不可倾斜。VRLA 蓄电池间应有通风措施，以免因 VRLA 蓄电池损坏产生可燃气体引起爆炸及燃烧。因 VRLA 蓄电池在充、放电时都会产生热量，所以蓄电池与蓄电池的间距一般应大于 50mm，以使蓄电池散热良好。同时 VRLA 蓄电池间连线应符合放电电流的要求，对于并联的 VRLA 蓄电池组连线，其阻抗应相等，VRLA 蓄电池和充电装置及负载间的连接线不能过细或过长，以免电流传导过程在线路上产生过大的电压降和由于电能损耗而产生热量，给安全运行埋下隐患。

③ VRLA 蓄电池在安装前，应验证 VRLA 蓄电池生产与安装使用之间的时间间隔；逐只测量 VRLA 蓄电池的开路电压。新 VRLA 蓄电池一般要在 3 个月以内投入使用。如搁置时间较长，开路电压将会很低，此时该 VRLA 蓄电池不能直接投入使用，应先对其进行充电后再使用。

安装后应测量 VRLA 蓄电池组电压，采用数字表直流挡测量 VRLA 蓄电池组电压，U_D 应大于等于 $N \times 12V$（U_D 为蓄电池组端电压，N 为串联的蓄电池只数，相对于 12V 的 VRLA 蓄电池）。如 U_D 小于 $N \times 12V$，应逐只检查 VRLA 蓄电池。如 VRLA 蓄电池组为两组 VRLA 蓄电池串联后再并联连接，在连接前应分别测量两组蓄电池端电压，即 U_{D1} 大于等于 $N \times 12V$，U_{D2} 大于等于 $N \times 12V$（N 为并联支路串联的蓄电池数）。两组 VRLA 蓄电池的端电压误差应在允许范围内。

④ VRLA 蓄电池组不能采用新老结合的组合方式，而应全部采用新 VRLA 蓄电池或全部采用原为同一组的旧 VRLA 蓄电池，以免新老蓄电池工作状态之间不平衡，影响所有蓄电池的使用寿命及效能。对于不同容量的 VRLA 蓄电池，绝对不可以在同一组中串联使用。否则在作大电流放电或充电时将有安全隐患存在。

⑤ VRLA 蓄电池安装前要清刷蓄电池端柱，去除端柱表面的氧化层。VRLA 蓄电池的端柱在空气中会形成一层氧化膜，因此在安装前需要用铜丝刷清刷端柱连接面，以降低接触电阻。

⑥ 串联连接的回路组中应设有断路器以便维护。并联组最好每组有一个断路器，便于日后维护更替操作。

⑦ 要使 VRLA 蓄电池与充电装置和负载之间各组 VRLA 蓄电池正极与正极、负极与负极的连接线的长短尽量一致，使在大电流放电时保持 VRLA 蓄电池组间的运行平衡。

⑧ 要使 VRLA 蓄电池组的正、负极汇流板与单体 VRLA 蓄电池汇流条间的连接牢固可靠。

新安装的 VRLA 蓄电池组，应进行核对性放电实验，以后每隔 2～3 年进行一次核对性放电实验，运行了 6 年的 VRLA 蓄电池，每年做一次核对性放电实验。若经过 3 次核对性放电，VRLA 蓄电池组容量均达不到额定容量的 80% 以上，可认为此组 VRLA 蓄电池寿命终止，应予以更换。

(3) 安装后检测

安装后的检测项目包括安装质量、容量实验、内阻测试及相关的技术资料等多个方面。这些方面均会直接影响 VRLA 蓄电池日后的运行和维护工作。

检测时，首先需全面熟悉被测 VRLA 蓄电池的原理、结构、各特性参数技术指标等。用户可根据现有的设备及技术条件，选择最适合的 VRLA 蓄电池测试仪器进行检查、测试和比较。主要的检测项目：

① 容量测试。使被测 VRLA 蓄电池对负载在规定的时间内放电，以确定其容量（A·

h)，这是最理想的方法，新安装的系统必须将容量测试作为验收测试的一部分。

② 负载测试。用实际在线负载来测试 VRLA 蓄电池系统。通过测试的结果，可以计算出一个客观准确的蓄电池容量及大电流放电特性。建议在测试时，尽可能接近或满足放电电流和时间的要求。

③ 测量内部欧姆电阻。内阻是反应 VRLA 蓄电池状态的最佳标志，测量内阻的方法虽然没有负载测试那样绝对，但通过测量内阻至少能检测出 80%～90% 有问题的蓄电池。

4.4.2　VRLA 蓄电池的正确使用

(1) 太阳能光伏发电用 VRLA 蓄电池的使用特点

目前 VRLA 蓄电池广泛应用于我国大部分光伏发电系统。这些光伏发电系统，按其运行方式可分为两种类型。一种是户用系统，其蓄电池的充、放电主要以一天或者几天为一个循环周期，并且以充、放电制方式运行，供电负载相对固定。对于这种系统，蓄电池的合理运行主要以设置过充电、过放电保护电路为主，核心问题是蓄电池过充、过放电压的选择。另一种是光伏电站，其蓄电池的充、放电主要以季节或年为循环周期，基本上以循环方式运行，供电负载复杂多变且有优先级之分。对于这种系统，蓄电池的合理运行不仅需要设置过充电、过放电保护电路，而且更需要依据负载的优先级合理分配蓄电池的剩余容量。它的特点是持续放电电流较大，寿命只有 1～2 年左右。

太阳能光伏发电系统蓄电池的使用模式、充电模式、失效模式和环境情况与一般的应用差别较大。它放电电流较小，根据系统设计裕量不同，一般以 25h 率放电，放电深度为 20%～50%。用于太阳能和风能发电系统中的 VRLA 蓄电池，其充电模式相对于一般 VRLA 蓄电池也有不同。

为了能够高效地接受从发电系统中产生的电能，蓄电池通常处于不完全充电状态 (POSC)，大多时候保持放电状态；另外，充电还受气候的影响，有时以过放电静置。在太阳能光伏发电系统中，蓄电池充电由太阳能电池直接提供，其充电电流和充电电压随着太阳辐照度的变化而变化，有时充电电压偏低，有时充电电压过高，由于 VRLA 蓄电池对充电方法特别敏感，易造成电池早期失效。

根据日本、美国等对太阳能光伏发电系统中使用的 VRLA 蓄电池的调查，发现由于 VRLA 蓄电池通常处于不完全充电状态，因此极易引起正、负极板的硫酸盐化，从而导致蓄电池的容量损失；另外，若系统中充电电压不能根据温度变化自动调节，则易造成高温条件下蓄电池过充，而低温情况下蓄电池充电不足，结果使蓄电池寿命提前终止。特别在我国西部边远地区使用，交通极不方便，使用人员维护素质较低，将人为地影响太阳能光伏发电系统的运行质量。

(2) 太阳能光伏发电用 VRLA 蓄电池的主要技术要求

太阳能光伏发电系统由太阳能电池方阵在有太阳时对蓄电池组充电，无太阳时蓄电池组向负载供电。根据我国独立型太阳能光伏发电系统的使用特点，蓄电池除满足标准的要求外，还应满足以下技术性能要求。

① 循环寿命要长　太阳能光伏发电系统中，太阳能电池组件寿命可达到 25 年以上，控制器、逆变器寿命应达到 10 年以上，要求蓄电池组寿命应达到 5 年以上。所以储能用蓄电池应是适用于循环应用的长寿命电池。一般太阳能光伏发电系统设计蓄电池循环深度为 50%，在此循环深度下，循环寿命应达到 1000 次以上，目前用于通信浮充用的 VRLA 蓄电池显然达不到要求，必须进行技术改进与创新。

② 良好的低温放电性能　我国太阳能光伏发电系统大部分在西部地区使用，环境条件恶劣，室外气温的变化范围为 −35～+55℃，蓄电池的工作环境温度为 −10～+40℃，湿度

为 90%，最高海拔高度为 5000m。因此要特别注意蓄电池的气阀压力范围和高低温放电性能。在 -10℃时按 10h 率放电，要求放出实际容量 80% 以上。

③ 良好的容量恢复性能　太阳能光伏发电系统中蓄电池放电深度不稳定，当连续阴雨时容易造成电池过放电，如果过放电后容量得不到及时恢复，将影响到系统使用的可靠性。所以蓄电池的一项重要指标是过放电后的容量恢复性能。要求蓄电池 100% 放电到 0V，搁置 120h 后，充电可恢复到实际容量的 95% 以上。

④ 良好的均衡性　太阳能光伏发电系统用蓄电池处于循环使用，系统中电池数量较多，因此对整组电池容量的均衡性要求较高。系统中如果出现落后电池，它在放电时可能会处于过放电，而在充电时又充电不足，如此反复，落后电池将会提前失效，从而影响整组电池的安全性。参照相关标准，配组的储能蓄电池容量偏差要求小于 5%，以提高整组蓄电池的循环寿命。

⑤ 良好的安全性能　对蓄电池还应有防爆、阻燃、抗震的要求，其自放电应小于 4%/28d，恒流过充电寿命应符合 YD/T 799—2002 标准的要求。

(3) VRLA 蓄电池的使用

VRLA 蓄电池在运行中不析出气体的条件是：VRLA 蓄电池在存放期间内应无气体析出；充电电压在 2.35V/单体（25℃）以下应无气体析出；放电期间内应无气体析出。但当充电电压超过 2.35V/单体时就有可能使气体析出。因为此时 VRLA 蓄电池体内短时间产生大量气体来不及被负极吸收，压力超过某个值时，便开始通过安全阀排气，排出的气体虽然经过滤酸垫滤掉了酸雾，但毕竟使 VRLA 蓄电池内的水分损失了，所以对 VRLA 蓄电池充电电压的要求是非常严格的，必须严格遵守。

资料表明，国外厂家生产的 VRLA 蓄电池大部分采用了浮充电无均衡充电的制度。有的厂家认为，当 VRLA 蓄电池放电后，用浮充电压不能给 VRLA 蓄电池充足电，必须进行补充电，另外长期浮充电的 VRLA 蓄电池也不同程度地需要进行补充电。这里的补充电实际上就是均衡充电。VRLA 蓄电池无论在浮充或均充状态，其电压均应随环境温度作适当调整；根据浮充（均充）电压选择原则与各种因素对浮充（均充）电压的影响，不同厂家的具体规定不一样，国外一般选择稍高的浮充（均充）电压，国内则选择稍低的浮充（均充）电压。

选择特定的浮充电压主要是为了达到 VRLA 蓄电池的设计使用寿命。如果浮充电压过高，VRLA 蓄电池的浮充电流随之增大，引起板栅腐蚀的速度加快，VRLA 蓄电池的使用寿命将会缩短；浮充电压过低，VRLA 蓄电池不能维持在满充状态，引起硫酸铅结晶、容量减少，也会降低 VRLA 蓄电池的使用寿命；同样，合适的均充电压和均充频率是保证 VRLA 蓄电池长寿命的基础。对 VRLA 蓄电池平时不建议均充，因为频繁均充可能造成 VRLA 蓄电池失水，出现早期失效。

VRLA 蓄电池均衡充电的方法有以下两种可供选择：

① 将充电电压调到 2.33V/单体（25℃），充电 30h；

② 将充电电压调到 2.35V/单体（25℃），充电 20h。

以上两种方法，应优先选择第一种方法。在上面的方法中，25℃这个环境温度参数非常重要，VRLA 蓄电池使用寿命与它有很大关系，在使用维护中要严格遵守。理论上，VRLA 蓄电池的使用环境温度为 -40～50℃，最佳使用温度为 15～25℃，因此，具体充电时间应尽量安排在春秋季节，这时天气较凉爽，对 VRLA 蓄电池均衡充电有利。有条件的用户可以为 VRLA 蓄电池安装空调，以便使室内温度保持在 25℃，这样就不用考虑季节变化的因素。

除了对均衡充电电压要严格把握外，对浮充电压也应合理选择。因为浮充电压是 VR-LA 蓄电池长期使用的充电电压，是影响 VRLA 蓄电池寿命至关重要的因素。一般情况下，全浮充电压定为 2.23～2.25V/单体（25℃）比较合适。如果不按此浮充电压范围工作，而是采用 2.35V/单体（25℃），则连续充电 4 个月，VRLA 蓄电池就会出现热失控；或者采用 2.30V/单体（25℃），连续充电 6～8 个月 VRLA 蓄电池也会出现热失控；要是采用 2.28V/单体（25℃），则连续 12～18 个月就会出现严重的容量下降，进而导致热失控。热失控的直接后果是 VRLA 蓄电池的外壳鼓包、漏气，VRLA 蓄电池失去放电功能，最后只有报废。

从 VRLA 蓄电池水的分解速度来看，充电电压越低越好，但从保证 VRLA 蓄电池的容量来看，充电电压又不能太低。因此，在全浮充状态下，VRLA 蓄电池的浮充电压的最佳选择是 2.23V/单体（25℃）。

在 VRLA 蓄电池的使用维护中，不仅要重点关注 VRLA 蓄电池的均衡、浮充电压指标，而且还要控制好 VRLA 蓄电池组浮充时各 VRLA 蓄电池端电压压差的均匀一致性（指最大差值），它是影响 VRLA 蓄电池使用寿命的关键性指标。由于无法测试 VRLA 蓄电池电解液的比重，因此，均匀一致性也是检查 VRLA 蓄电池使用状态的主要手段之一。VR-LA 蓄电池组中各 VRLA 蓄电池端电压压差过大，容易产生落后 VRLA 蓄电池。在日常维护中，一旦发现浮充时全组各 VRLA 蓄电池端电压异常，均匀一致性偏差超过 0.05V/单体，则应对整组 VRLA 蓄电池进行均衡充电。若均衡充电后端电压最低的 VRLA 蓄电池仍然偏低，应单独对偏低蓄电池进行补充电。对经过反复处理端电压仍不能恢复正常以及个别端电压特别偏高的蓄电池，应予以更换。随着生产工艺的改进和独特工艺的应用，国产 VRLA 蓄电池可以保证蓄电池端电压具有良好的均匀一致性，即保证蓄电池端电压压差在 0.03V/单体之内，这将极大地提高 VRLA 蓄电池的使用寿命。

但是在 VRLA 蓄电池电源系统中，直到现在还存在着单独增加或减少 VRLA 蓄电池组中某几个单体 VRLA 蓄电池负荷的现象，这将人为地造成单体 VRLA 蓄电池间容量的不平衡和充电的不均匀一致性。一个明显的例子就是为了延长 VRLA 蓄电池的放电时间，采取加尾 VRLA 蓄电池的工作方式，这种工作方式下的尾 VRLA 蓄电池一般在浮充时不能和整组 VRLA 蓄电池一起进行，在放电时，又是在整组 VRLA 蓄电池放电一段时间后才能参与一起放电，这样，一方面使整组蓄电池的一致性偏差较严重，另一方面造成蓄电池组的过放电，结果是严重缩短了蓄电池组的使用寿命。因此，加尾蓄电池的工作方式不可取。

有的用户从方便、经济的角度出发，从整组 VRLA 蓄电池中抽出一部分蓄电池作其它电源用。例如，从 48V 大容量电源中抽出 24V 或 12V 小容量电源，看起来节约了投资，但这样使得被抽出部分的蓄电池比其余蓄电池负荷加重，久而久之，容量就会减少，蓄电池充电电压就会偏低，均匀一致性会偏差严重，最后导致整组蓄电池的寿命缩短。这样做不仅不会节约投资，相反会被迫增加投资。因此在使用 VRLA 蓄电池时要尽量避免这些人为因素的影响。

为了维护、使用好 VRLA 蓄电池，在正常使用情况下，要经常巡视、检查、测试蓄电池，认真做好蓄电池的运行记录。完整的运行记录包括浮充记录、放电记录、均衡充电记录、蓄电池出现的问题记录以及采取措施的记录等，每月要逐只记录蓄电池的浮充电压，均衡充电时应记录均衡充电的总电压、充电时间、环境温度等数据，以便随时掌握蓄电池的运行情况。在巡查中一旦发现蓄电池有物理性损伤（如外壳鼓包、壳盖裂纹等）就要立即处理或更换新的 VRLA 蓄电池。

要使 VRLA 蓄电池有较长的使用寿命，应使用性能良好、具有自动控制和监测功能的充电装置。当负载在正常范围内变化时，充电设备应达到±2% 的稳压精度才能满足 VRLA

蓄电池说明书中所规定的技术要求。浮充使用的 VRLA 蓄电池非工作期间不要停止浮充。

VRLA 蓄电池放电后应及时充电，在充电时必须严格遵循蓄电池的充电制度和充电方式，条件允许应采用微机控制的高频开关电源型充电装置，以便实时对蓄电池进行智能管理。

VRLA 蓄电池运行期间，每半年应检查一次连接导线，查看螺栓是否松动或腐蚀污染，松动的螺栓必须及时拧紧，腐蚀污染的接头应及时清洁处理。VLRA 蓄电池组在充、放电过程中，若连接条发热或压降大于 10mV，应及时用砂纸等对连接条接触部位进行打磨处理，以降低接触电阻。

(4) VRLA 蓄电池搁置与放电

尽量避免 VRLA 蓄电池长期闲置不用或使 VRLA 蓄电池长期处于浮充状态而不放电。由于 VRLA 蓄电池长期不用，蓄电池长时间自放电而能量得不到补充或蓄电池过度放电都会使 VRLA 蓄电池"硫酸盐化"，因而使其内阻增大、放电性能变坏。为了保证 VRLA 蓄电池总是处于良好的工作状态，对长期搁置不用的 VRLA 蓄电池必须每隔一定时间充电一次，以达到激活蓄电池的目的，尽可能恢复蓄电池原有的容量。对闲置 10 天以上的 VRLA 蓄电池，在使用前应对蓄电池进行 $10\sim12h$ 的浮充电，在对其端电压检查满足相关技术条件后方可投入运行。

在实际应用中，随着 VRLA 蓄电池使用时间的延长，总有部分蓄电池的充、放电性能减弱，进入恶化状态，因此应定期对每个蓄电池作充、放电测量，检查蓄电池的蓄电能力和充、放电特性，对不合格的蓄电池，坚决给予更换，否则将影响其它蓄电池的性能和使用寿命。

VRLA 蓄电池进行大容量放电后应及时再充电，其间隔时间不应超过 24h。当系统转入 VRLA 蓄电池供电状态下，蓄电池放电电流不宜过小，否则会造成蓄电池使用寿命的快速缩短和蓄电池内阻反常增大。对此，在 VRLA 蓄电池选型时就必须充分注意，不能为追求蓄电池运行的高可靠性，片面地认为蓄电池的容量越大可靠性就越高。若 VRLA 蓄电池长期处于轻载运行，增加了蓄电池失效的可能性。因为 VRLA 蓄电池的放电电流过小，容易造成深度放电。

4.4.3 VRLA 蓄电池的维护

4.4.3.1 维护工作的重要性

从 VRLA 蓄电池的工作环境、系统构成、电源系统的故障统计等诸多方面分析看，VRLA 蓄电池的维护工作是保证 VRLA 蓄电池安全可靠运行的重要环节。据统计，VRLA 蓄电池供电系统的故障有 50% 以上是因蓄电池组故障或因蓄电池维护不当造成的。

造成 VRLA 蓄电池的使用寿命达不到设计要求的主要原因有：

① VRLA 蓄电池使用环境温度变化大（$-15\sim45℃$），环境温度升高，充电装置未能有效地进行温度补偿（降低浮充电压），将加速蓄电池板栅的腐蚀和增加蓄电池中水分损失，使蓄电池寿命大大缩短。温度每升高 10℃，VRLA 蓄电池使用寿命将减半。

② 大部分 VRLA 蓄电池放电终止电压设置不准，甚至于许多电源设备没有 VRLA 蓄电池过放电切换装置，造成 VRLA 蓄电池组的深度放电，体积增大、外壳变形甚至破裂。

③ VRLA 蓄电池组放电后没有及时进行充电，造成蓄电池极板硫化，使活性物质不能还原，最终导致蓄电池容量严重下降。

④ 系统采用的 VRLA 蓄电池的质量和性能的一致性较差，使蓄电池供电系统的整体质量和性能难以保证。

⑤ 充电设备的性能不佳或功能不全。如仅采用恒压充电方式，充电初期，VRLA 蓄电池接受电荷能力强，充电电流过大，正极板上的活性物质 $PbSO_4$ 还原成 PbO_2、负极板还原为 Pb 时体积变化过于剧烈，收缩太快且不均匀，导致 VRLA 蓄电池正极板弯曲膨胀、变形损坏。

⑥ 浮充、均充点设置不合理，造成 VRLA 蓄电池欠充或过充。过充会导致 VRLA 蓄电池析气、失水和变形。

4.4.3.2　VRLA 蓄电池的技术维护

VRLA 蓄电池特性的变化是一个渐进和积累的过程，为了保证蓄电池性能良好、确保蓄电池的使用寿命，应对 VRLA 蓄电池进行日常维护和定期检查。

（1）日常维护

① 在 VRLA 蓄电池日常维护工作中，要做到日常管理周到、细致和规范，保证蓄电池及充电装置处于良好的运行状况，保证直流母线上的电压和蓄电池处于正常运行范围；尽可能地使 VRLA 蓄电池运行在最佳运行温度范围内。这就是 VRLA 蓄电池维护的目的，也是 VRLA 蓄电池运行规程中包括的内容。

② VRLA 蓄电池的日常维护中需经常检查的项目有：

a. 检测蓄电池的端电压；

b. 检测蓄电池的工作温度；

c. 检查蓄电池连接处有无松动、腐蚀现象，检测连接条的压降；

d. 检查蓄电池外观是否完好、有无外壳变形和渗漏；

e. 检查极柱、安全阀周围是否有酸雾析出，保持蓄电池本身清洁。

安装好的 VRLA 蓄电池极柱应涂上中性凡士林，防止极柱腐蚀。定期清洁，以防蓄电池绝缘性降低。

③ 平时每组 VRLA 蓄电池至少应选择几只 VRLA 蓄电池作标示，作为了解蓄电池组工作情况的参考，对标示 VRLA 蓄电池应定期测量并做好记录。

④ 当在 VRLA 蓄电池组中发现有电压反极性、压降大、压差大和酸雾泄漏现象的蓄电池时，应及时采取相应的方法恢复或修复，对不能恢复或修复的要更换，对寿命已过期的蓄电池组要及时更换。

（2）定期检查

① 月度检查和维护项目：保持蓄电池清洁卫生，测量和记录蓄电池的环境温度；逐个检查蓄电池的清洁度、端子的损伤痕迹、外壳及壳盖的损坏或过热痕迹；检查壳盖、极柱、安全阀周围是否有渗液和酸雾析出；检测蓄电池外壳和极柱温度、单体和蓄电池组的浮充电压、蓄电池组的浮充电流。

② 每半年检查 VRLA 蓄电池组中各蓄电池的端电压和内阻，若单个蓄电池的端电压低于其最低临界电压或蓄电池内阻大于 80m Ω 时，应及时更换或进行均衡充电。同时应检查蓄电池连线牢固程度，主要防止由于蓄电池充、放电过程中的温度变化导致连线处松动或接触电阻过大。

③ 每年以实际负荷做一次核对性放电，放出额定容量的 30%～40%，并作均充；每 3 年做一次容量试验，放电深度为 $80\%/C_{10}$，若该组 VRLA 蓄电池实放容量低于额定容量的 80%，则认为该蓄电池组寿命终止。

（3）"三防、一及时"

① 防高温。在没有空调的使用环境，要设置换气通道并安装防尘和防雨罩。安装在机

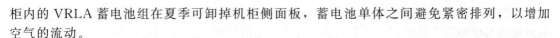

柜内的 VRLA 蓄电池组在夏季可卸掉机柜侧面板，蓄电池单体之间避免紧密排列，以增加空气的流动。

② 防过充电。VRLA 蓄电池在 25℃时的浮充电压 U ＝开路电压＋极化电压＝U_k＋（0.10～0.18），蓄电池生产厂通常在蓄电池使用手册中给出浮充电压值，要按照使用说明要求来设定。

均、浮充电限流点可以按 $I_充$ ＝（0.1～0.125）C_{10} 进行设定，最大充电电流不能大于 10 小时率充电电流的 1.5 倍，并要根据环境温度的变化对浮充电压进行补偿。

③ 防过放电。VRLA 蓄电池组的放电时限≥10h，为了避免蓄电池的深度放电而造成蓄电池活性物质的不能还原和蓄电池壳体破裂，因此设定欠压报警门限电压为 1.9V/单体。

④ 及时充电。在 VRLA 蓄电池放电后必须尽快进行充电，在充电过程中充电电流 2～3h 不变化可认为充电完毕，充入的电量应是放出容量的 1.2 倍左右（放出容量可由放电时间和放电电流进行估算），充电未结束或充电过程中不要停止充电。禁止 VRLA 蓄电池组在深放电后长时间不充电（特殊情况下不得超过 24h），否则将会严重降低 VRLA 蓄电池的容量和寿命。

（4）核对性容量试验

由于无法测量 VRLA 蓄电池的电解液密度，因此要准确地了解容量，最有效的方法就是每年进行一次核对性容量试验。因落后蓄电池也只有在放电状态下才能被正确判定，放电时一组蓄电池中电压降低最快的一只就是落后蓄电池，在不脱离负载的情况下，可以对一只最差的蓄电池进行放电，它的容量就代表该组蓄电池的有效容量。

（5）容量恢复试验

为保证 VRLA 蓄电池有足够的容量，每年要进行一次容量恢复试验，让蓄电池内的活性物质活化，以恢复蓄电池的容量。其主要方法是将 VRLA 蓄电池组脱离充电装置，在蓄电池组两端加上可调负载，使蓄电池组的放电电流为额定容量的 0.1 倍，每半小时记录一次蓄电池电压，直到蓄电池电压下降到 1.8V/只（对于 2V/只的单体 VRLA 蓄电池）或 10.8V/只（对于 12V/只的单体 VRLA 蓄电池）后停止放电，并记录时间。静置 2h 后，再用同样大小的电流对蓄电池进行恒流充电，使蓄电池电压上升到 2.35V/只或 14.1V/只，保持该电压对蓄电池进行 8h 的均衡充电后，将恒压充电电压改为 2.25V/只或 13.5V/只，进行浮充充电。

（6）治疗性充、放电维护操作

如果在半年内，VRLA 蓄电池组从未放过电，应对蓄电池组进行一次治疗性充、放电维护操作。

根据治疗性充、放电过程，从放电容量和蓄电池电压值判断每只蓄电池的"健康情况"，因为在不同放电容量过程中，每只蓄电池的电压变化就代表了该蓄电池的"健康"状况，如有不合格蓄电池，应采取补救措施。

VRLA 蓄电池端电压的测量不能在浮充状态下进行，应在放电状态下进行。端电压是反映 VRLA 蓄电池工作状况的一个重要参数。浮充状态下进行蓄电池端电压测量，由于外加电压的存在，测量出的蓄电池端电压易造成假象，即使有些蓄电池反极性或断路也能测量出正常数值（实际上是外加电压在该蓄电池两端造成的电压差）。所以定期在放电状态下进行 VRLA 蓄电池端电压测量，可以判断蓄电池的工作状况。

铅酸蓄电池是一项非常成熟的技术，广泛应用于国民经济和人们日常生活的各个方面。没有铅酸蓄电池的社会是不可想象的：机动车辆无法启动；通信基站和通信设备无法运行；大多数工厂将会停工；航母也会搁浅……

　　铅酸蓄电池曾被世界环保专家列为世界三大公害之一，但经过多年的技术改进，铅酸蓄电池是目前循环利用最好、回收率最高、污染最小的电池。其由传统的开口式转变为阀控密封式，使用过程不会造成污染；废旧铅酸蓄电池回收再利用技术也很成熟。铅酸蓄电池的污染主要产生于蓄电池制造、检测环节排放的重金属铅和酸性物质。如今的环保技术完全能保证废水、废气中的污染物排放达标，只要在生产和应用过程中，遵守操作规程，加强环保意识，便可实现减少污染、保护环境的目的。

4.5　其它储能电池及器件简介*

　　在太阳能光伏发电系统中，常用的储能电池及器件除了铅酸蓄电池以外，还有碱性蓄电池、锂电池及超级电容器等。

4.5.1　碱性蓄电池

　　目前，常见的碱性蓄电池有铁镍、镉镍、氢镍、氢化物镍和锌银电池等，其结构与铅酸蓄电池相同，有极板、隔离物、容器和电解液。其工作原理与铅酸蓄电池的工作原理相同，只是其电解液和化学反应不同。下面简单介绍两种常用的碱性蓄电池。

（1）镍镉蓄电池

　　镍镉（NiCd）碱性蓄电池，电池正极板上的活性物质由氧化镍粉和石墨粉组成，石墨不参加化学反应，其主要作用是增强导电性。负极板上的活性物质由氧化镉粉和氧化铁粉组成，氧化铁粉的作用是使氧化镉粉有较高的扩散性，防止结块，并增加极板的容量。活性物质分别包在穿孔钢带中，加压成型后即成为电池的正负极板。极板间用耐碱的硬橡胶绝缘棍或有孔的聚氯乙烯瓦楞板隔开。电解液通常用氢氧化钾溶液。

　　镍镉电池与铅酸蓄电池相比，主要优点是，对过充电和过放电的耐受能力强，反复深放电对蓄电池寿命无大的影响，自放电率适中，在高负荷和高温条件下仍具有较高的效率，循环寿命长；主要缺点是，内阻大，由于电动势小，输出电压较低（单体开路电压为1.2V），具有记忆效应，价格高（约为铅蓄电池的4～5倍）。

　　镍镉电池在使用过程中，如果放电不完全就又充电，下次再放电时，就不能放出全部电量。比如，放出80％电量后再充足电，该电池只能放出80％的电量。这就是所谓的记忆效应。当然，几次完整的放电/充电循环将使镍镉电池恢复正常工作。由于镍镉电池的记忆效应，应在充电前将每节电池放电至1V以下。

（2）镍氢电池

　　镍氢（NiMH）电池正极板材料为NiOOH，负极板材料为吸氢合金。电解液通常用30％的KOH水溶液，并加入少量的NiOH。隔膜采用多孔维尼纶无纺布或尼龙无纺布等。镍氢电池有圆柱形和方形两种。在圆柱形电池中，正、负极由隔膜纸分开后卷绕在一起，然后密封在钢壳内。在方形电池中，正、负极由隔膜纸分开后叠成层状密封在钢壳中。镍氢电池的单体开路电压与镍镉电池相同，也是1.2V。

　　镍氢电池具有功率大、重量轻、寿命长等优点，其能量密度比镍镉电池大两倍，工作电压与镍镉电池相同。镍氢电池具有良好的过充电和过放电性能，且基本消除了"记忆效应"。镍氢电池具有较好的低温放电特性，即使在-20℃环境温度下，采用大电流（以1C放电速率）放电，放出的电量也能达到标称容量的85％以上。镍氢电池的缺点是具有较高的自放电效应，约为每个月30％或更多，这要比镍镉电池每月20％的自放电速率高。而且随着容量和温度的增加，自放电效应也在不断加剧。电池充得越满，自放电速率就越高；镍氢电池在高温（+40℃以上）时，蓄电容量将下降5％～10％；鉴于此，长时间不用的镍氢电池最好是充到 40% 的 "半满" 状态。当然，由于这种自放电而引起的容量损失是可逆的，几次充放电循环就能恢复到最大容量。

镍氢蓄电池一般在小型光伏发电系统或产品中使用。

镍镉/镍氢电池的充电过程非常相似，都要求恒流充电。两者的差别主要在快速充电的终止检测方法上，以防止电池过充。充电器对电池进行恒流充电，同时检测电池的电压和其它参数。当电池电压缓慢上升达到一个峰值，对镍氢电池快速充电终止，而镍镉电池则当电池电压第一次下降了一个 $-\Delta V$ 时终止快速充电。为避免损坏电池，电池温度过低时不能开始快速充电，电池温度 $T_{\min}$ 低于 10℃ 时，应转入涓流充电方式。而电池温度一旦达到规定数值后，必须立即停止充电。

虽然碱性蓄电池有很多优点，但从总体性能价格比分析，铅酸蓄电池在光伏发电系统中仍占有相当的优势。

4.5.2　锂电池

锂电池分为一次锂电池和二次锂电池。一次锂电池是以锂金属为阳极，MnO_2 等材料为阴极；二次锂电池（又称为锂离子电池）是以锂离子和炭材料为阳极，MnO_2 等材料为阴极。锂离子电池可作为光伏发电系统中的储能电池。

(1) 锂离子电池的原理

锂离子电池主要由三部分组成：正极、负极和电解质。锂离子电池的原理如图 4-11 所示。电极材料是锂离子可以嵌入（插入）/脱嵌（脱插）的。

锂离子电池是一种充电电池，以碳素材料为负极（一般为特殊分子结构的石墨），以含锂的活性化合物为正极（常见的正极材料主要成分为 $LiCoO_2$），没有金属锂存在，只有锂离子。它主要依靠锂离子在正极和负极之间移动来工作。

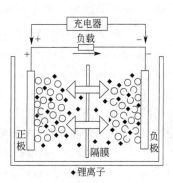

图 4-11　锂离子电池原理示意图

锂离子电池的充放电过程，就是锂离子的嵌入和脱嵌过程。充电时，加在电池两极的电势迫使正极的化合物释放出锂离子，即 Li^+ 从正极脱嵌，经过电解质穿过隔膜进入负极分子排列呈片层结构的石墨中，即 Li^+ 嵌入负极，负极处于富锂状态；放电时则相反，锂离子从片层结构的石墨中脱离出来，穿过隔膜重新和正极的化合物结合；在充放电过程中，Li^+ 在两个电极之间往返嵌入和脱嵌。在锂离子的嵌入和脱嵌过程中，同时伴随着与锂离子等当量电子的嵌入和脱嵌。锂离子的移动产生了电流。

锂离子电池的电解质溶液，溶质常采用锂盐，如高氯酸锂（$LiClO_4$）、六氟磷酸锂（$LiPF_6$）、四氟硼酸锂（$LiBF_4$）。由于电池的工作电压远高于水的分解电压，因此锂离子电池常采用有机溶剂，如乙醚、乙烯碳酸酯、丙烯碳酸酯、二乙基碳酸酯等。有机溶剂常常在充电时破坏石墨的结构，导致其剥脱，并在其表面形成固体电解质膜（solid electrolyte interphase，SEI）导致电极钝化。有机溶剂还会带来易燃、易爆等安全性问题。

(2) 锂离子电池的性能特点

锂离子电池具有优异的性能，其主要特点如下。

① 工作电压高。锂离子电池单体电压高达 3.7V，是镍镉电池、镍氢电池的 3 倍，铅酸电池的近 2 倍，这也是锂电池比能量大的一个原因，因此组成相同容量（相同电压）的电池组时，锂电池使用的串联数目会大大少于铅酸、镍氢电池，使得电池能够保持很好的一致性，寿命更长。例如 36V 的锂电池只需要 10 个电池单体，而 36V 的铅酸电池需要 18 个电

池单体，即 3 个 12V 的电池组（每只 12V 的铅酸电池内由 6 个 2V 单格组成）。

② 比能量大。锂离子电池的比能量为 190W·h/kg，是镍氢电池的 2 倍，铅酸蓄电池的 4 倍，因此重量是相同能量的铅酸蓄电池的四分之一。

③ 体积小。锂离子电池的体积比能量高达 500W·h/L，体积是铅酸蓄电池的三分之一。

④ 锂离子电池的循环寿命长。循环次数可达 2000 次。

⑤ 自放电率低。每月小于 8%。

⑥ 工作温度范围宽。锂离子电池可在 -20~60℃ 之间工作，尤其适合低温使用。

⑦ 无记忆效应。锂离子电池因为没有记忆效应，所以不用像镍镉电池一样需要在充电前放电，它可以随时进行充电。

⑧ 保护功能完善。锂离子电池组的保护电路能够对单体电池进行高精度的监测，低功耗智能管理，具有完善的过充电、过放电、温度、过流、短路保护以及可靠的均衡充电功能。

锂离子电池缺点：由于锂离子电池的化学特性，在正常使用过程中，其内部进行电能与化学能相互转化的化学正反应，但在某些条件下，如对其过充电、过放电和过电流将会导致电池内部发生化学副反应，会严重影响电池的性能与使用寿命，并可能产生大量气体，使电池内部压力迅速增大后爆炸而导致安全问题。

影响锂离子电池安全性的外部因素有过充电（电压）、外短路、过高温度，这些情况均有可能导致电池发生安全性事故。

因此，锂离子电池需要一个保护电路，用于对电池的充、放电状态进行有效监测，并在某些条件下关断充、放电回路以防止对电池发生损害。

（3）锂离子电池保护电路

锂离子电池保护电路的原理是用电子开关作为电路通断的开关，控制电路完成电池电压的判断和控制信号的输出，通常将判断与控制电路做成集成电路，开关器件使用金属氧化物半导体场效应管（MOSFET），简称 MOS 管。图 4-12 是一个典型的锂离子电池保护电路的原理图。

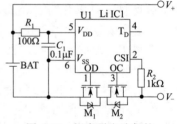

图 4-12　锂离子电池保护
电路的原理图

保护回路由两个 MOS 管（M_1、M_2）和一个控制集成电路，外加一些阻容元件构成。控制集成电路负责监测电池电压与回路电流，并控制两个 MOS 管的栅极，MOS 管在电路中起开关作用，分别控制着充电回路和放电回路的导通与关断。该电路具有过充电保护、过放电保护、过电流保护与短路保护功能。

① 正常状态　在正常状态下电路中集成电路的"OC"与"OD"脚都输出高电压，两个 MOS 管都处于导通状态，电池可以自由地进行充电和放电。由于 MOS 管的导通阻抗很小，通常小于 30mΩ，因此其导通电阻对电路的性能影响很小。

此状态下保护电路的消耗电流为微安级，通常小于 7μA。

② 过充电保护　锂离子电池要求的充电方式为恒流、恒压，在充电初期为恒流充电，随着充电过程的进行，电压会上升到 4.2V（根据正极材料不同，电池的恒压值不同），转为恒压充电，直至电流越来越小。

电池在充电过程中，如果充电器电路失去控制，会使电池电压超过 4.2V 后继续恒流充电，此时电池电压仍会继续上升，当电池电压充电超过 4.3V 时，会导致电池损坏。

在带有保护电路的电池中，当控制集成电路检测到电池电压达到集成电路设定的充电终止电压（如 4.28V）时，其"OC"脚将由高电压转变为零电压，使 M_2 由导通转为关断，

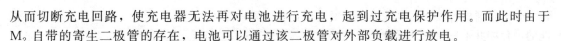

从而切断充电回路，使充电器无法再对电池进行充电，起到过充电保护作用。而此时由于 M_2 自带的寄生二极管的存在，电池可以通过该二极管对外部负载进行放电。

③ 过电流保护　电池在对负载正常放电过程中，放电电流在经过串联的 2 个 MOS 管时，由于 MOS 管的导通阻抗，会在其两端产生一个电压，该电压值 $U = I \times R_{DS} \times 2$，$R_{DS}$ 为单个 MOS 管导通阻抗，控制集成电路上的 "CSI" 脚对该电压值进行检测，若负载因某种原因导致异常，使回路电流增大，当回路电流大到使 U 大于某一阈值（如 $U > 0.1V$）时，其 "OD" 脚将由高电压转变为零电压，关断 M_1，切断放电回路，起到过电流保护作用。

④ 短路保护　电池在对负载放电过程中，若回路电流大到使 $U > 0.9V$，控制集成电路则判断为负载短路，其 "OD" 脚将迅速由高电压转变为零电压，使 M_1 由导通转为关断，从而切断放电回路，起到短路保护作用。短路保护的延时极短，通常小于 $7\mu s$。其工作原理与过电流保护类似，只是判断方法不同，保护延时也不一样。

⑤ 过放电保护

在电池放电过程中，当控制集成电路检测到电池电压低于过放截止电压时，其 "OD" 引脚将由高电压转变为零电压，使 M_1 由导通转为关断，从而切断放电回路，起到过放电保护作用。而此时由于 M_1 自带的体二极管的存在，充电器可以通过该二极管对电池进行充电。

由于在过放电保护状态下电池电压不能再降低，因此要求保护电路的消耗电流极小，此时控制集成电路会进入低功耗状态。

多节电芯串联保护板电路原理及工作过程同单节电芯一样，在多节电芯保护电路中，保护板同样必须能对电芯提供过充、过放、过流、短路等保护。图 4-13 是一个两节锂离子电池的保护电路原理图。U1 为锂离子电池保护专用集成电路，完成电池电压的采集、比较和判断，产生控制信号。M_1、M_2 为 MOS 场效应管。

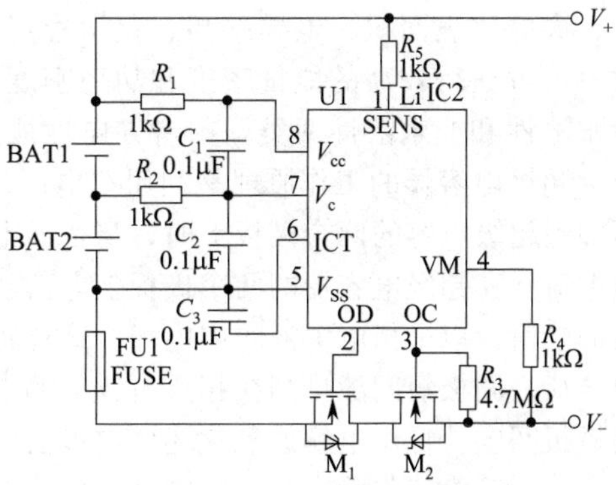

图 4-13　两节锂离子电池的保护电路原理图

（4）锂离子电池的使用

当对电池进行充电时，电池的正极上有锂离子生成，生成的锂离子经过电解液运动到负极。负极的碳呈层状结构，它有很多微孔，到达负极的锂离子就嵌入碳层的微孔中，嵌入的锂离子越多，充电容量越高。同样，当对电池进行放电时，嵌在负极碳层中的锂离子脱出，又运动回正极。回正极的锂离子越多，放电容量越高。

一般锂离子电池充电电流设定在 $0.2C \sim 1C$，电流越大，充电越快，电池发热也越大。此外，因为电池内部的电化学反应需要时间，过大的电流充电，容量不够满。

对电池来说，正常使用就是放电的过程。锂离子电池放电需要注意两点。

第一，放电电流不能过大，过大的电流导致电池内部发热，有可能会造成永久性的损害。

第二，绝对不能过放电，一旦放电电压低于 2.7V，可能导致电池报废。一般电池内部都已经装了保护电路，电压一旦低到损坏电池的程度，保护电路就会起作用，停止放电。

4.5.3　超级电容器

（1）超级电容器简介

超级电容器（supercapacitor 或 ultracapacitor），又叫双电层电容器（electrical double-layer capacitor）、电化学电容器（electrochemical capacitor，EC）、黄金电容器、法拉电容器等，它的

性能介于普通电容器和蓄电池之间，通过极化电解质来储能。它是一种电化学元件，但在其储能的过程中并不发生化学反应，这种储能过程是可逆的，也正因为此超级电容器可以反复充放电数十万次。超级电容器可以被视为悬浮在电解质中的两个无反应活性的多孔电极板，在极板上加电，正极板吸引电解质中的负离子，负极板吸引正离子，实际上形成两个容性存储层，被分离开的正离子在负极板附近，负离子在正极板附近。超级电容器是介于传统电容器和蓄电池之间的一种新型储能装置，它具有功率密度大、容量大、充电速度快、使用寿命长、免维护、经济环保等优点。超级电容器与电解电容器及铅酸蓄电池的性能对比如表 4-8 所示。

表 4-8　三种储能装置性能对比

项目	电解电容器	超级电容器	蓄电池
放电时间	$10^{-6} \sim 10^{-3}$ s	1s～几分钟	0.3～3h
充电时间	$10^{-6} \sim 10^{-3}$ s	1s～几分钟	1～5h
能量密度/(Wh/kg)	<0.1	3～15	20～100
功率密度/(W/kg)	10000	1000～2500	50～200
充放电效率	≈100%	>95%	70%～85%
循环寿命/次	>10^6	>10^5	300～1000

（2）超级电容器的结构和工作原理

超级电容器所用电极材料包括活性炭、金属氧化物、导电高分子等，由于活性炭具有多孔、大的比表面积、电导率高、化学稳定性好、成本低廉等特点，作为双电层电容器的电极材料，可获得较高的能量密度和功率密度，因此目前大多以活性炭作为极化电极；电解质分为水溶性和非水溶性两类，前者导电性能好，后者可利用电压范围大。

超级电容器的工作原理是利用双电层原理的电容，其原理结构如图 4-14 所示。当外加电压加到超级电容的两个极板上时，与普通电容相同，极板的正电极存储正电荷，而负极板存储负电荷。在超级电容器的两个极板上电荷产生的电场作用下，电解液与电极间的界面上形成相反的电荷，以平衡电解液的内电场。这种正电荷与负电荷在两个不同相之间的接触面上，以正负电荷之间极短间隙排列在相反位置上的电荷分布层称为**双电层**，因此电容器容量非常大。当两极板间电势低于电解的氧化还原电极上的电势时，电解液界面上电荷不会脱离电解液，超级电容器为正常工作状态，通常在 3V 以下；如超级电容器两端电压高于电解液的氧化还原电极上的电势时，电解液将分解，为非正常状态。由于超级电容器放电，正、负极板上的电荷被外电路泄放，电解液的界面上的电荷相应减少。由此可知，超级电容的充放电过程为物理过程，并无化学反应，因而性能较为稳定，与利用化学反应的蓄电池是不同的。

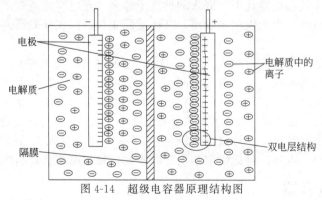

图 4-14　超级电容器原理结构图

（3）超级电容器的应用领域

① 税控机、税控加油机、真空开关、智能表、远程抄表系统、仪器仪表、数码相机、

掌上电脑、电子门锁、程控交换机、无绳电话等的时钟芯片、静态随机存储器、数据传输系统等微小电流供电的后备电源。

② 智能表（智能电表、智能水表、智能煤气表、智能热量表）作电磁阀的启动电源。

③ 太阳能警示灯、航标灯、草坪灯等太阳能光伏产品中代替充电电池。

④ 手摇发电手电筒等小型充电产品中代替充电电池。

⑤ 电动玩具电动机、语音 IC、LED 发光器等小功率电器的驱动电源。

(4) 超级电容器与传统电容器的不同

超级电容器在分离出的电荷中存储能量，用于存储电荷的面积越大、分离出的电荷越密集，其电容量越大。

传统电容器的面积是导体的平板面积，为了获得较大的容量，导体材料卷制得很长，有时用特殊的组织结构来增加它的表面积。传统电容器是用绝缘材料分离它的两极板，一般为塑料薄膜、纸等，这些材料通常要求尽量薄。

超级电容器的面积是基于多孔炭材料，该材料的多孔结构使其面积可达到 $2000\mathrm{m^2/g}$，通过一些措施可实现更大的表面积。超级电容器电荷分离开的距离是由被吸引到带电电极的电解质离子尺寸决定的。该距离比传统电容器薄膜材料所能实现的距离更小。这种庞大的表面积再加上非常小的电荷分离距离使得超级电容器较传统电容器而言有大得惊人的静电容量，这也是其所谓"超级"的原因。

(5) 超级电容器充放电时间

超级电容器可以快速充放电，峰值电流仅受其内阻限制，甚至短路也不是致命的。实际上决定于电容器单体大小，对于匹配负载，小单体可放 10A，大单体可放 1000A。另一放电率的限制条件是温度，反复地以剧烈的速率放电将使电容器温度升高，最终导致断路。

超级电容器的电阻阻碍其快速放电，超级电容器的时间常数 τ 在 $1\sim2\mathrm{s}$，完全给阻-容式电路放电大约需要 5τ，也就是说如果短路放电大约需要 $5\sim10\mathrm{s}$。由于电极的特殊结构它们实际上得花上数个小时才能将残留的电荷完全放掉。

(6) 超级电容器的优缺点

① 免维护。由于超级电容器对使用条件没有严格的限制和要求，因此采用超级电容器的太阳能光伏发电系统在寿命期内，不需要对储能系统进行维护。

② 使用寿命长。由于超级电容器的循环寿命可以达到 10 万次以上，因此采用超级电容器作为太阳能光伏发电系统的储能装置具有 20 年以上的超长使用寿命。

③ 工作温度范围宽。超级电容器的使用温度区间远宽于现有的各类蓄电池，可以在 $-40\sim70℃$ 的范围内正常工作。

④ 应用范围广。可广泛应用于太阳能航标灯、路灯、草坪灯、围墙灯、交通信号灯、道钉灯、建筑物亮化工程、户外广告灯箱等。

⑤ 无污染。制造超级电容器所使用的材料无重金属和有毒有害物质，在使用过程中和使用后都不会对环境造成污染。

⑥ 使用简单。超级电容器在很小的体积下达到法拉级的电容量，无须特别的充电电路和控制放电电路，和电池相比过充、过放都不对其寿命构成负面影响。

⑦ 绿色环保。从环保的角度考虑，超级电容器是一种绿色能源。

⑧ 缺点：如果使用不当会造成电解质泄漏等现象；和铝电解电容器相比，它内阻较大，因而不可以用于交流电路。

(7) 超级电容器与电池的比较

超级电容器不同于电池，在某些应用领域，它可能优于电池。有时将两者结合起来，将电容器的功率特性和电池的高能量存储结合起来，不失为一种更好的途径。

超级电容器在其额定电压范围内可以被充电至任意电位，且可以完全放出。而电池则受自身化学反应限制工作在较窄的电压范围，如果过放可能造成永久性损坏。

超级电容器的荷电状态（SOC）与电压构成简单的函数，而电池的荷电状态则包括多种复杂的换算。

超级电容器与其体积相当的传统电容器相比可以存储更多的能量，而电池与其体积相当的超级电容器相比可以存储更多的能量。在一些功率决定能量存储器件尺寸的应用中，超级电容器是一种更好的途径。

超级电容器可以反复传输能量脉冲而无任何不利影响，相反如果电池反复传输高功率脉冲其寿命大打折扣。

超级电容器可以快速充电而电池快速充电则会受到损害。

超级电容器可以反复循环数十万次，而电池寿命仅几百个循环。

（8）超级电容器使用注意事项

① 超级电容器具有固定的极性。在使用前，应确认极性。

② 超级电容器应在标称电压下使用。当电容器电压超过标称电压时，将会导致电解液分解，同时电容器会发热，容量下降，而且内阻增加，寿命缩短，在某些情况下，可导致电容器损坏。

③ 超级电容器不可应用于高频率充放电的电路中，高频率的快速充放电会导致电容器内部发热，容量衰减，内阻增加，在某些情况下会导致电容器损坏。

④ 超级电容器的寿命受温度影响大。外界环境温度对于超级电容器的寿命有着重要的影响。电容器应尽量远离热源。

⑤ 当超级电容器被用做后备电源时的电压降。由于超级电容器具有内阻较大的特点，在放电的瞬间存在电压降，$\Delta U = IR$。

⑥ 使用中环境气体的影响。超级电容器不可处于相对湿度大于85％或含有有毒气体的场所，这些环境下会导致引线及电容器壳体腐蚀，导致断路。

⑦ 超级电容器的存放。超级电容器不能置于高温、高湿的环境中，应在$-30～+50℃$、相对湿度小于60％的环境下储存，避免温度骤升骤降，这样会导致产品损坏。

⑧ 超级电容器在双面线路板上的使用。当超级电容器用于双面电路板上，需要注意连接处不可经过电容器可触及的地方，由于超级电容器的安装方式，会导致短路现象。

⑨ 当把电容器焊接在线路板上时，不可将电容器壳体接触到线路板上，不然焊接物会渗入电容器穿线孔内，对电容器性能产生影响。

⑩ 安装超级电容器后，不可强行倾斜或扭动电容器，这样会导致电容器引线松动，导致性能劣化。

⑪ 在焊接过程中避免使电容器过热。若在焊接中使电容器出现过热现象，会缩短电容器的使用寿命。

⑫ 焊接后的清洗。在电容器经过焊接后，线路板及电容器需要经过清洗，因为某些杂质可能会导致电容器短路。

⑬ 超级电容器的串联使用。当超级电容器进行串联使用时，存在单体间的电压均衡问题，单纯的串联会导致某个或几个单体电容器过压，从而损坏这些电容器，整体性能受到影响，故在电容器进行串联使用时，需并联高阻值的电阻器平衡电压。

（9）超级电容器的容量和放电时间的计算

在超级电容的应用中，怎样计算一定容量的超级电容在以一定电流放电时的放电时间，或者根据放电电流及放电时间，怎么选择超级电容的容量，可根据下面给出的简单计算公式计算。

超级电容容量的近似计算公式：保持所需能量＝超级电容减少的能量。

保持期间所需能量＝$0.5I(U_1-U_0)T$；超级电容减小能量＝$0.5C(U_1^2-U_0^2)$。因而，可得其容量（忽略由内阻引起的压降）

$$C=\frac{(U_1-U_0)I \cdot T}{U_1^2-U_0^2}$$

式中，C 为超级电容的标称容量，F；U_1 为超级电容正常工作电压，V；U_0 为超级电容截止工作电压，V；T 为在电路中的持续工作时间，s；I 为负载电流，A。

根据这个公式，可以简单地进行电容容量、放电电流、放电时间的推算，十分方便。

例：一只太阳能草坪灯电路，应用超级电容器作为储能蓄电元件，草坪灯工作电流为 15mA，工作时间为每天 3 小时，草坪灯正常工作电压为 1.7V，截止工作电压为 0.8V，求需要多大容量的超级电容能够保证草坪灯正常工作。

因为：正常工作电压 $U_1=1.7$V；截止工作电压 $U_0=0.8$V；工作时间 $T=10800$s；工作电流 $I=0.015$A。那么所需的电容容量为

$$C=\frac{(U_1-U_0)I \cdot T}{U_1^2-U_0^2}=\frac{(1.7-0.8)\times0.015\times10800}{1.7^2-0.8^2}=180(\text{F})$$

根据计算结果，选择耐压 2.5V、180～200F 超级电容器就可以满足工作需要了。

超级电容器寿命：影响超级电容器寿命的主要原因是由于电解液活性干涸、内阻增大。导致存储电能能力下降，当下降至 63.2% 时称为寿命终结。

（10）石墨烯超级电容器

石墨烯（Graphene）是一种由碳原子以 sp^2 杂化轨道组成六角型呈蜂巢晶格的二维碳纳米材料。石墨烯就是一层薄薄的纯碳，紧密堆积并在六边形蜂窝状晶格中黏合在一起。它是人类所知的最薄的原子厚度的化合物，以及优异的导电和光学性能。

石墨烯超级电容器为基于石墨烯材料的超级电容器的统称。由于石墨烯独特的二维结构和出色的固有的物理特性，诸如异常高的导电性和大表面积，石墨烯基材料在超级电容器中的应用具有极大的潜力。石墨烯基材料与传统的电极材料相比，在能量储存和释放的过程中，显示出一些新颖的特征和机制。基于石墨烯的超级电容器可以存储几乎与锂离子电池一样多的能量，在几秒钟内完成充电和放电，并将所有这些保持在数万次充电循环中。

石墨烯对比过去的双电层电容器的电极材料提供了一个很好的替代。与传统的多孔碳材料相比，石墨烯具有非常高的导电性，大的表面积及大量的层间构造。因此，基于石墨烯的材料非常有利于它们在双电层电容器中的应用。

赝电容超级电容器通过法拉第过程储存能量，涉及在电极表面上电解质并电活性材料之间的快速和可逆的氧化还原反应。赝电容可以达到比双电层电容更高的膺电容。石墨烯被认为是最合适制备赝电容电极活性成分的载体材料。

在高电流密度下具有稳定的充放电性能。因此适用于快速充放电装置。在 10000 次循环后其电容仍保留最初值的 98%。

思考题与习题

4-1　光伏发电产生的电能最合适的储能方式是什么？目前能有效完成这种转换的最好装

置是什么装置？

4-2 铅酸蓄电池由哪几部分组成？各组成部分分别起什么作用？

4-3 蓄电池在无负载状态下测得的端电压（即开路电压）可以视为什么的值？铅酸蓄电池的电动势与端电压有什么不同？

4-4 根据铅酸蓄电池的组成结构，说明蓄电池的充、放电原理。

4-5 蓄电池的充电和放电应如何进行管理？

4-6 什么叫做蓄电池自放电和蓄电池的深度放电？

4-7 蓄电池的容量是什么意思？如何来提高铅酸蓄电池的实际容量？

4-8 铅酸蓄电池的功率和效率的定义如何？

4-9 什么是蓄电池的过充电和浮充电？浮充电的作用是什么？

4-10 铅酸蓄电池的内电阻与哪些因素有关？

4-11 铅酸蓄电池的失效是哪些因素综合作用的结果？

4-12 55 只 $2V/250 A·h$ 的铅酸蓄电池串联；10 只 $2V/250 A·h$ 的铅酸蓄电池并联；两组 $110V/250 A·h$ 的铅酸蓄电池并联；求蓄电池组的电压和安时容量。

4-13 一只 $12V$、$10A·h$ 的蓄电池，外接 $60\,\Omega$ 的用电器工作了 20 小时，求剩余的容量。（略去蓄电池自身损耗）

4-14 对于功率为 $40W/24V$ 的 LED 太阳能路灯，假定路灯满负荷工作的情况下，按每天使用 8 小时计算，要求蓄电池在满充后至少可以持续提供负载 3 天的电力。若 VR-LA 蓄电池的最佳放电深度设计为 50%，系统损耗率取 0.85，请选用蓄电池。

4-15 温度是蓄电池的一个重要参数，哪些因素会引起蓄电池温度变化？温度变化主要影响蓄电池的哪些性能？什么是蓄电池的热失控？

4-16 有一通信用离网光伏发电系统，负载功率为 $150W$，每天工作 $8h$，蓄电池组放电深度 DOD 设计为 60%，安全系数取 1.2，为保证连续 5 个阴雨天负载仍能正常工作，需配备多大容量的蓄电池组？（蓄电池组电压设为 $48V$，用 4 只 $12V$ 蓄电池串联）

4-17 单格铅酸蓄电池、镉镍蓄电池、锂离子电池的电动势是多少？

第 5 章

光伏控制器

5.1 光伏控制器概述

5.1.1 光伏控制器的基本概念

在独立运行的太阳能光伏发电系统（以及风力发电系统和光伏-风能混合发电系统）中的控制器是对光伏发电系统进行管理和控制的设备，是整个光伏发电系统的核心部分。在不同类型的光伏发电系统中，控制器不尽相同，其功能多少及复杂程度差别很大，要根据系统的要求及重要程度来确定。

控制器主要由电子元器件、仪表、继电器、开关等组成。控制器通过检测蓄电池的电压或荷电状态，判断蓄电池是否已经达到过充电点或过放电点，并根据检测结果发出继续充、放电或终止充、放电的指令，实现控制作用。

在小型光伏发电系统中，控制器的基本作用是保护蓄电池，为蓄电池提供最佳的充电电流和电压，快速、平稳、高效地为蓄电池充电。在大、中型系统中，控制器担负着平衡光伏系统能量，保护蓄电池及整个系统正常工作和显示系统工作状态等重要作用。控制器可以单独使用，也可以和逆变器等合为一体。特别是在并网光伏系统中也成为逆变器功能的一部分。

随着光伏发电系统、风力发电系统和风光互补发电系统容量的不断增加，设计者和用户对系统运行状态及运行方式合理性的要求越来越高，系统的安全性也更加突出和重要。因此，近年来设计者又赋予控制器更多的保护和监测功能，使早期的蓄电池充放电控制器发展成今天比较复杂的系统控制器。此外，控制器在控制原理和使用的元器件方面也有了很大发展和提高，目前先进的光伏发电系统控制器已经使用微处理器，实现软件编程和智能控制。

5.1.2 光伏控制器的主要功能

光伏发电系统中控制器的主要功能如下。

① 具有充满断开和恢复连接功能：标准设计的蓄电池电压值为 12V 时，充满断开和恢复连接的参考值为：

启动型铅酸蓄电池充满断开为 $15.0\sim15.2V$，恢复连接为 $13.7V$；

固定型铅酸蓄电池充满断开为 $14.8\sim15.0V$，恢复连接为 $13.5V$；

密封型铅酸蓄电池充满断开为 $14.1\sim14.5V$，恢复连接为 $13.2V$。

② 具有对蓄电池充放电管理和最优充电控制功能。

③ 设备保护功能：具有防止太阳能电池板或电池方阵、蓄电池极性反接的电路保护；防止负载、控制器、逆变器和其它设备内部短路保护；防止夜间蓄电池通过太阳能电池组件

反向放电保护；防雷击引起的击穿保护。

④ 温度补偿功能（仅适用于蓄电池充满电压）：当蓄电池温度低于25℃时，蓄电池的充满电压应适当提高；相反，高于该温度蓄电池的充满电压的门限应适当降低。通常蓄电池的温度补偿系数为－（3~5）mV/（℃·cell）。

⑤ 光伏发电系统的各种工作状态显示功能：主要显示蓄电池（组）电压、负载状态、电池方阵工作状态、辅助电源状态、环境温度状态、故障报警等。

在多数控制器中，蓄电池的荷电状态，可由发光二极管的颜色判断，绿色表示蓄电池电能充足，可以正常工作；黄色表示蓄电池电能不足；红色表示蓄电池电能严重不足，必须充电后才能工作，否则会损坏蓄电池，当然这时控制器到负载的输出端也已自动断开。

⑥ 如果用户使用直流负载，控制器还可以有稳压功能，为负载提供稳定的直流电。

⑦ 具有光伏系统数据及信息储存功能。

⑧ 光伏系统遥测、遥控、遥信等。

当然，控制器的功能不是越多越好，否则不但提高了投资费用，还增加了系统出现故障的可能性，所以要根据实际情况合理配备必要的功能。

5.2　光伏控制器的基本原理

5.2.1　蓄电池充电控制基本原理

目前在光伏发电系统和风光互补发电系统中，使用最多的仍然是铅酸蓄电池，因此这里仅以铅酸蓄电池为例介绍控制器的充电控制基本原理。

（1）铅酸蓄电池充电特性

铅酸蓄电池充电特性如图5-1曲线所示。由充电特性曲线可以看出，蓄电池充电过程有3个阶段：初期（OA），电压快速上升；中期（AC），电压缓慢上升，延续较长时间；C点为充电末期，电化学反应接近结束，电压开始快速上升，充电电压接近D点时，负极析出氢气，正极析出氧气，水被分解，电压不再上升。上述所有迹象表明，D点电压标志着蓄电池已充满电，应停止充电，否则将给铅酸蓄电池带来损坏。

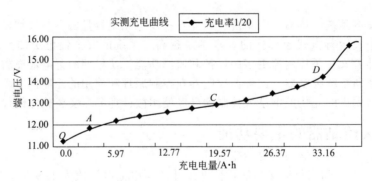

图 5-1　铅酸蓄电池充电特性曲线

（2）常规过充电保护原理

通过对铅酸蓄电池充电特性的分析可知，在蓄电池充电过程中，当充电到相当于D点的电压出现时，就标志着该蓄电池已充满。依据这一原理，在控制器中设置电压测量和电压比较电路，通过对D点电压值的监测，即可判断蓄电池是否应结束充电。对于开口式固定型铅酸蓄电池，标准状态（25℃，0.1C充电率）下的充电终止电压（D点电压）约为2.5V/单体；对于阀控密封式铅酸（VRLA）蓄电池，标准状态（25℃，0.1C充电率）下的充电终止电压约为 2.35V/单体。在控制器中比较器设置的 D 点电压，称为"门限电压"或"电压阈值"。由于光伏发电系统的充电率一般都小于 0.1C，因此蓄电池的充满点一般设定在 2.45~2.5V/单体（固定式铅酸蓄电池）和 2.3~2.35V/单体（VRLA 蓄电池）。

(3) 铅酸蓄电池充电温度补偿

蓄电池充电控制的目的，是在保证蓄电池被充满的前提下尽量避免电解水。蓄电池充电过程的氧化-还原反应和水的电解反应都与温度有关。温度升高，氧化-还原反应和水的分解都变得容易，其电化学电位下降，此时应当降低蓄电池的充满门限电压，以防止水的分解；温度降低，氧化-还原反应和水的分解都变得困难，其电化学反应电位升高，此时应当提高蓄电池的充满门限电压，以保证将蓄电池被充满同时又不会发生水的大量分解。在光伏发电系统和风光互补发电系统中，蓄电池的电解液温度有季节性的长周期变化，也有因受局部环境影响的波动，因此要求控制器具有对蓄电池充满门限电压进行自动温度补偿的功能。温度系数一般为单只电池-（3~5）mV/℃（标准条件为 25℃），即当电解液温度（或环境温度）偏离标准条件时，每升高 1℃，蓄电池充满门限电压按照每只单体电池向下调整 3~5mV；每下降 1℃，蓄电池充满门限电压按照每只单体电池向上调整 3~5mV。蓄电池的温度补偿系数也可查阅蓄电池技术说明书或向生产厂家查询。对于蓄电池的过放电保护门限电压一般不作温度补偿。

5.2.2　蓄电池过放电保护基本原理

(1) 铅酸蓄电池放电特性

铅酸蓄电池放电特性如图 5-2 曲线所示。由放电特性曲线可以看出，蓄电池放电过程有三个阶段：开始（OE）阶段，电压下降较快；中期（EG），电压缓慢下降，延续较长时间；放电电压降到 G 点后，电压急剧下降。电压随放电过程不断下降的原因主要有三个：首先是随着蓄电池的放电，酸浓度降低，引起电动势降低；其次是活性物质的不断消耗，反应面积减小，使极化不断增加；第三是由于硫酸铅的不断生成，使电池内阻不断增加，内阻压降增大。图 5-2 上 G 点电压标志着蓄电池已接近放电终了，应立即停止放电，否则将给蓄电池带来不可逆转的损坏。

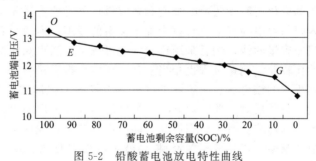

图 5-2　铅酸蓄电池放电特性曲线

(2) 常规过放电保护原理

通过上述对蓄电池放电特性的分析可知，在蓄电池放电过程中，当放电到相当于 G 点的电压出现时，就标志着该电池已放电终了。依据这一原理，在控制器中设置电压测量和电压比较电路，通过监测出 G 点电压值，即可判断蓄电池是否应结束放电。对于开口式固定型铅酸蓄电池，标准状态（25℃，0.1C 放电率）下的放电终止电压（G 点电压）为 1.75~1.8V/单体；对于 VRLA 蓄电池，标准状态（25℃，0.1C 放电率）下的放电终止电压为 1.78~1.82V/单体。在控制器中比较器设置的 G 点电压，称为"门限电压"或"电压阈值"。

（3）蓄电池剩余容量控制法

在很多领域，铅酸蓄电池是作为启动电源或备用电源使用的，如汽车启动电瓶和 UPS 电源系统。这种情况下，蓄电池大部分时间处于浮充电状态或充满电状态，运行过程中其剩余容量或荷电状态 SOC（state of charge）始终处于较高的状态（80%～90%），而且有高可靠的、一旦蓄电池过放电就能将蓄电池迅速充满的充电电源。蓄电池在这种使用条件下不容易被过放电，因此使用寿命较长。在光伏和风力发电系统中，蓄电池的充电电源来自太阳能电池方阵或风力发电机组，其保证率远远低于有交流电的场合，气候的变化和用户的过量用电都易造成蓄电池过放电。铅酸蓄电池在使用过程中如果经常深度放电（SOC 低于 20%），则蓄电池使用寿命将大大缩短；反之，如果蓄电池在使用过程中一直处于浅放电（SOC 始终大于 50%）状态，则蓄电池使用寿命将会大大延长。从图 5-3 可以看出，当放电深度 DOD（depth of dischalge）等于 100% 时，循环寿命只有 350 次；如果放电深度控制在 50%，则循环寿命可以达到 1000 次；当放电深度控制在 20% 时，循环寿命甚至可以达到 3000 次。剩余容量控制法，指的是蓄电池在使用过程中（蓄电池处于放电状态时），控制系统随时检测蓄电池的剩余容量（SOC＝1－DOD），并根据蓄电池的荷电状态 SOC 自动调整负载的大小或调整负载的工作时间，使负载与蓄电池剩余容量相匹配，以确保蓄电池剩余容量不低于设定值（如 50%），从而保护蓄电池不被过放电。

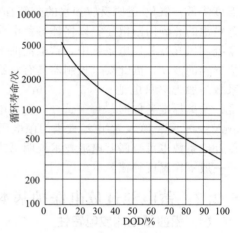

图 5-3　蓄电池循环寿命与放电
深度（DOD）的关系

要想根据蓄电池剩余容量对蓄电池放电过程进行控制，就要求能够准确测量蓄电池的剩余容量。对于蓄电池剩余容量的检测，通常有几种方法，如电解液比重法、开路电压法和内阻法等。电解液比重法对于 VRLA 蓄电池不适用；开路电压法是基于 Nernst 热力学方程电解液密度与开路电压有确定关系的原理，对于新电池尚可采用，但在蓄电池使用后期当其容量下降后，开路电压的变化已经无法反映真实剩余容量，并且此法还无法进行在线测试；内阻法是根据蓄电池内阻与蓄电池容量有着更为确定关系的原理，但通常必须先测出某一规格和型号蓄电池的内阻－容量曲线，然后采用比较法通过测量内阻得知同型号、同规格蓄电池的剩余容量，通用性比较差，测量过程也相当复杂。还可以根据铅酸蓄电池的剩余容量与其充放电率、充放电过程中的端电压、电解液密度、内阻等各个物理化学参数之间相互影响，建立蓄电池剩余容量的数学模型。要求数学模型能够较为准确地反映出各个物理化学参数的变化对蓄电池剩余容量的影响。有了通用性强、能够反映各个物理化学参数连续变化对蓄电池荷电状态影响的数学模型（可参考相关资料），就可以很方便地在线测量蓄电池的剩余容量，从而进一步根据蓄电池的剩余容量对蓄电池的放电过程进行有效控制。

采用蓄电池剩余容量控制法设计的控制器，可以对蓄电池的放电进行全过程控制，主要用于无人值守且允许适当调整工作时间的光伏发电系统，最典型的是太阳能路灯。表 5-1 给出一个太阳能路灯系统在蓄电池不同 SOC 情况下对路灯工作时间的调整。

表 5-1　太阳能路灯系统在蓄电池不同 SOC 情况下对路灯工作时间的调整

蓄电池的剩余容量	负载工作时间/h	蓄电池的剩余容量	负载工作时间/h
SOC＞90%	12	50%＜SOC＜70%	6
70%＜SOC＜90%	8	10%＜SOC＜50%	4

还可以将负载分成不同的等级，控制器根据蓄电池的剩余容量状态调整负载的功率或保证优先用电的负载，也可以达到同样的目的。对于负载间的功率不允许自动调整的负载，可将蓄电池剩余容量在控制器上显示出来，以便用户随时了解蓄电池的荷电状态，人工采取必要的调整措施。

5.3　蓄电池充、放电技术

5.3.1　VRLA 蓄电池充电器

(1) 充电器的性能

蓄电池充电器采用恒压恒流分段式充电技术，对 VRLA 蓄电池进行最优充电，充电电流的纹波尽可能小，才能延长 VRLA 蓄电池的寿命。最优充电电流随着 VRLA 蓄电池容量的不同而不同，因此随着后备时间和蓄电池容量的不同，要求充电器的充电电流可增大或减小。现在有部分光伏发电系统将充电器的功率做得比较大，针对用户的实际 VRLA 蓄电池配置，调整充电器的充电电流。这样做的优点是可以满足不同 VRLA 蓄电池配置的要求，缺点是浪费成本，同时如果限制充电电流的装置失效，或用户维护不当，就会损坏 VRLA 蓄电池。有的光伏发电系统采用正常配置设计充电器的功率，对后备时间过长或过短的系统就无法兼顾了。现在最好的方案是充电器采用模块化设计，采用不同数目的模块配置，可实现并联、均流充电，既可节约成本，又可满足不同的光伏发电系统要求。

(2) 均浮充功能

研究发现，VRLA 蓄电池在正常使用过程中，会发生各个蓄电池的电解液比重、温度的变化不均衡和蓄电池的端电压、内阻的变化不均衡情况。这种不均衡情况会导致蓄电池组输出电压过低或蓄电池组内阻过大，长期下去会缩短 VRLA 蓄电池的寿命。为防止这种不均衡情况不断加剧，在一定时间内，应提高充电电压，对蓄电池单元进行充电，使各蓄电池单元都达到均衡一致的状态，起到活化蓄电池的目的，从而极大地延长蓄电池寿命。均、浮充转换技术是根据对 VRLA 蓄电池充电电流的检测及蓄电池容量情况的判断，自动进行蓄电池均、浮充转换。为此要求配置的充电器具有均、浮充自动转换功能，以提高光伏发电系统的可用性。

(3) 保证 VRLA 蓄电池组均匀性

如果 VRLA 蓄电池组均匀性不好，当蓄电池组处于充电状态时，其中容量较小的蓄电池会提前析气，电压升高，电解水反应加快。这些变化会促使 VRLA 蓄电池内部温升加大和失水量加剧，甚至出现热失控。VRLA 蓄电池组中容量较大的蓄电池，其充电电压上升很慢，容易造成充电不足。长期如此，必然加剧 VRLA 蓄电池极板硫酸化和容量下降，导致蓄电池提前失效。当 VRLA 蓄电池处于放电状态时，如果负载变化较大或蓄电池的容量配置不足，则容量较小的蓄电池放电深度加深，有时可能使放电电压降至规定的终止电压以下，会缩短蓄电池寿命。所以光伏发电系统要尽可能选用均匀性好的 VRLA 蓄电池组。此外，在 VRLA 蓄电池运行过程中，要根据单体蓄电池电压来判断蓄电池组的均匀性，及时更换失效的蓄电池。

(4) VRLA 蓄电池运行温度

图 5-4 为 GFM 系列 VRLA 蓄电池的放电容量与温度的关系曲线。从图 5-4 可以看出，VRLA 蓄电池放电容量随温度的升、降而增大、减小。温度升高时，应降低充电电压，否则 VRLA 蓄电池中极板受硫酸腐蚀加剧，从而使其寿命缩短；当环境温度低于 25℃时，充

电电压应提高，以防止充电不足。

图 5-5 为 GFM 系列 VRLA 蓄电池在不同工作环境温度下的使用寿命曲线。从图 5-5 可以看出，保持 VRLA 蓄电池工作在最佳的环境温度下对 VRLA 蓄电池的寿命是极为重要的。

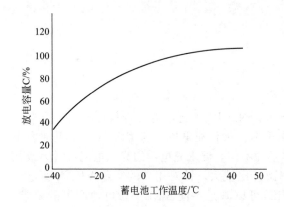

图 5-4　GFM 系列 VRLA 蓄电池的
放电容量与温度的关系曲线

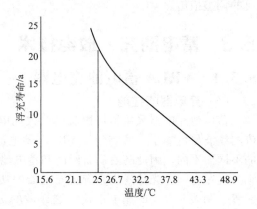

图 5-5　GFM 系列 VRLA 蓄电池在不同
工作环境温度下的使用寿命曲线

5.3.2　VRLA 蓄电池充电控制技术

蓄电池充电控制主要包括主充、均充、浮充三阶段的自动转换，从放电状态到充电状态的自动转换，充电程序判断及停充控制等方面。掌握正确的控制方法，有利于提高 VRLA 蓄电池充电效率和使用寿命。

（1）主充、均充、浮充各阶段的自动转换

目前，VRLA 蓄电池主要采用主充、均充、浮充三阶段充电方法，充电各阶段的自动转换方法有：

① 时间控制，即预先设定各阶段充电时间，由时间继电器或 CPU 控制转换时间。

② 设定转换点的充电电流或 VRLA 蓄电池端电压值，当实际电流或电压值达到设定值时，即自动转换。

③ 采用积分电路在线监测蓄电池的容量，当容量达到一定值时，则发出控制信号改变充电电流。

上述方法中，时间控制比较简单，但这种方法缺乏来自 VRLA 蓄电池的实时、准确信息，控制比较粗略；容量监控方法控制电路比较复杂，但控制精度较高。

（2）充电程度判断

在对 VRLA 蓄电池进行充电时，必须随时判断蓄电池的充电程度，以便控制充电电流的大小。判断充电程度的方法主要有以下几种。

① 观察 VRLA 蓄电池去极化后的端电压变化。一般来说，在充电初始阶段，VRLA 蓄电池端电压的变化率较小；在充电的中间阶段，VRLA 蓄电池端电压的变化率很大；在充电末期，端电压的变化率极小。因此，通过观测单位时间内端电压的变化情况，就可判断 VRLA 蓄电池所处的充电阶段。

② 检测 VRLA 蓄电池的实际容量值，并与其额定容量值进行比较，即可判断其充电程度。

③ 检测 VRLA 蓄电池的端电压。当 VRLA 蓄电池端电压与其额定值相差较大时，说明处于充电初期；当两者差值很小时，说明已接近充满。

（3）停充控制

当 VRLA 蓄电池充足电后，必须适时地切断充电电流，否则 VRLA 蓄电池将出现大量析气、失水和温升等过充反应，直接危及 VRLA 蓄电池的使用寿命。因此，必须随时监测 VRLA 蓄电池的充电状况，保证 VRLA 蓄电池充足电而又不过充电。主要的停充控制方法有以下几种。

① 定时控制　采用恒流充电法，VRLA 蓄电池所需充电时间可根据 VRLA 蓄电池容量和充电电流的大小来确定，因此只要预先设定好充电时间，时间一到，定时器即可发出信号停充或转为浮充电。定时器可由时间继电器或微处理器承担其功能。这种方法简单，但充电时间不能根据 VRLA 蓄电池充电前的状态而自动调整，因此，实际充电时，可能会出现有时欠充、有时过充的现象。

② 蓄电池温度控制　VRLA 蓄电池温度在正常充电时变化并不明显，但是，当蓄电池过充时，其内部气体压力将迅速增大，负极板上氧化反应使内部发热，温度迅速上升（每分钟可升高几摄氏度）。因此，观察 VRLA 蓄电池温度的变化，即可判断蓄电池是否已经充满。通常采用两只热敏电阻分别检测 VRLA 蓄电池温度和环境温度，当两者温差达到一定值时，即发出停充信号或转为浮充电。由于热敏电阻动态响应速度较慢，故不能及时、准确地检测到 VRLA 蓄电池的满充状态。

③ 蓄电池端电压负增量控制　VRLA 蓄电池充足电后，其端电压将呈现下降趋势，据此可将蓄电池电压出现负增长的时刻作为停充时刻。与温度控制法相比，这种方法响应速度快。此外，电压的负增量与电压的绝对值无关，因此这种停充控制方法可适应于具有不同单格 VRLA 蓄电池数的 VRLA 蓄电池组。此方法的缺点是一般的检测器灵敏度和可靠性不高，同时，当环境温度较高时，VRLA 蓄电池充足电后电压的减小并不明显，因而难以控制。

④ 极化电压控制　通常情况下 VRLA 蓄电池的极化电压出现在蓄电池刚好充满后，一般在 50～100mV 数量级，测量每个单格蓄电池的极化电压，对充电过程进行控制，可使每个蓄电池都充电到它本身所要求的程度。研究表明，由于每个 VRLA 蓄电池在几何结构、化学性质及电学特性等方面至少存在一些轻微的差别，那么根据每个单格蓄电池的特性来确定它所要求的充电水平会比把蓄电池组作为一个整体来控制的方法更加合适一些。这种方法的优点表现在：

a. 不需温度补偿；

b. VRLA 蓄电池不需连续浮充电，VRLA 蓄电池间连线腐蚀减少；

c. 不同型号和使用情况不同的 VRLA 蓄电池可构成一组使用；

d. 可以随意添加 VRLA 蓄电池以便扩容；

e. 可使 VRLA 蓄电池的使用寿命接近或达到设计寿命。

VRLA 蓄电池充电技术的改进，有利于缩短充电时间、提高利用效率、延长使用寿命、降低能耗、减少环境污染，具有良好的经济效益和社会效益。根据 VRLA 蓄电池可接受充电电流曲线，只要采用适当方法对蓄电池实行去极化，实现蓄电池的快速充电是可能的。研究表明，脉冲充电、脉冲放电去极化充电法是一种较好的快速充电方法，而实现这一方法的最佳装置是高频开关充电电源。

VRLA 蓄电池充放电的时间、速度、程度等都会对蓄电池的充电效率和使用寿命产生严重影响，因此在对 VRLA 蓄电池进行充、放电时，必须遵循以下原则。

a. 避免 VRLA 蓄电池充电过量或充电不足　过充会使 VRLA 蓄电池内部温升过大、析气率上升，导致正极板损坏，从而影响蓄电池的稳定性乃至寿命；欠充电会使负极板硫化，蓄电池内阻增大，容量降低。因此一定要掌握好 VRLA 蓄电池的充电程度。

b. 控制放电电流值 VRLA 蓄电池放电电流越大，再充电时可接受的初始充电电流值也越大，有助于提高再充电的速度。但是，VRLA 蓄电池放电电流流经内阻时产生的热量会引起温度上升，因而放电电流不宜过大。

c. 避免深度放电 根据马斯第一定律，对于任意给定的放电电流来说，VRLA 蓄电池充电电流接受比与它已放出的电荷量的平方根成反比，因此放电深度越深，VRLA 蓄电池放出的电量越多，VRLA 蓄电池可接受的充电电流就越小，这将减慢 VRLA 蓄电池的充电速度。

d. 注意环境温度的影响 VRLA 蓄电池的放电电量随环境温度的降低而减小，因此在不同的环境温度下，应该掌握不同的放电速度和放电程度。

5.3.3 VRLA 蓄电池温度补偿技术

(1) 影响 VRLA 蓄电池容量的两个重要因素

① 温度 温度对 VRLA 蓄电池的容量有一定的影响，当环境温度偏离标准温度而升高时，将使蓄电池水分散失，加大电解液浓度；其次，VRLA 蓄电池温度高会加速合金腐蚀速度，长期处于高温环境中可导致蓄电池板栅穿孔损坏，易使活性物质脱落。由此看出，环境温度的升高，虽使容量有所增加，但高温又使 VRLA 蓄电池板栅腐蚀剧增，严重地阻碍着电极反应，降低了容量的增加。

② 浮充电压 由于环境温度变化，将引起参加反应的离子数、$PbSO_4$ 溶解度、溶解速率等的变化，这些因素将会引起 VRLA 蓄电池内阻的变化，从而导致浮充电压随之变化。如果 VRLA 蓄电池浮充电压过高或充电电流过大，会使正极的析氧量增加，蓄电池内部压力升高。在形成气泡的过程中，气压强烈冲击 PbO_2，使活性物质与板栅结合力变坏，甚至脱落。这样，不仅影响正、负极活性物质的使用寿命，也使 VRLA 蓄电池的容量下降，而且使安全阀开启次数增加，VRLA 蓄电池内部水分丧失，加之 VRLA 蓄电池结构上的密封性，又无游离电液，导致它的散热条件比普通蓄电池的散热条件更差。因而 VRLA 蓄电池对环境温度变化引起的过充或欠充就更为强烈和严重。

如前所述，温度和浮充电压的变化将给 VRLA 蓄电池带来严重危害。它将造成 VRLA 蓄电池超量腐蚀、结构破坏或水分过量丧失，从而使寿命锐减或容量陡降。为解决这一关键性问题，开发和完善蓄电池的温度补偿技术具有非常重要的现实意义。VRLA 蓄电池必须与具有温度补偿功能的智能开关式充电电源配套使用，以提高 VRLA 蓄电池的可靠运行水平。目前大多数智能开关式充电电源都有温度补偿功能，但由于在使用中未引起重视而使该功能未能得以发挥，造成不必要的损失。

当采用 VRLA 蓄电池温度补偿功能后，浮充电压和均衡电压都按照以下方程式进行修正：

$$U_{tc} = U_n - T_c \times N(T-20) \tag{5-1}$$

式中，U_{tc} 为经温度补偿后的电压；U_n 为未经补偿的电压；T_c 为设置的温度补偿系数（单位为用 mV/℃）；N 为每组 VRLA 蓄电池的单体数值，对于 48V 系统 N 为 24，24V 系统 N 为 12；T 为温度传感器指示的温度（单位为℃）。

温度补偿功能的温度有效范围是 $10 \sim 35℃$，VRLA 蓄电池温度补偿系数的范围在 $(0.1 \sim 5.0 \text{mV}/℃)$。当检测到 VRLA 蓄电池的温度与设定的温度（蓄电池要求的温度中心值）相比有差异时，能够根据式 (5-1) 设定的反比例关系对输出电压进行调整，使浮充电压自动随 VRLA 蓄电池温度变化而进行补偿。当然，设定的补偿温度在一定的范围内可选，用户可根据所用 VRLA 蓄电池的需要选定。

综上所述，由于 VRLA 蓄电池独有的特性，应采取相应的维护管理措施，解决 VRLA

蓄电池温度补偿问题，这是控制环境温度对 VRLA 蓄电池产生恶劣影响的最简单而有效的办法，也是提高供电质量、保障供电安全的最佳选择。

（2）VRLA 蓄电池充电管理方法

由于不同公司生产的 VRLA 蓄电池充电特性、温度补偿系数不同，因此，在充电器的设计上要求也有所不同：在充电器的 EEPROM 中，存储了常用厂家 VRLA 蓄电池品牌的均充电压、浮充电压、最大充电电流值和温度补偿系数等数据。当更换 VRLA 蓄电池品牌和型号时，应在充电器控制系统的设备管理界面上输入该 VRLA 蓄电池所需要的温度补偿系数和 25℃时的均充电压、浮充电压、最大充电电流值，通过控制系统主控板串口与充电器的通信接口，修改 EEPROM 中的 VRLA 蓄电池管理数据。如果环境温度变化较大，需用温度补偿系数进行补偿（$-3mV/℃$），以调整充电电压值。不同环境温度的浮充电压值见表 5-2。

表 5-2　不同环境温度的浮充电压值

环境温度/℃	35	30	25	20	15	10	5
单体蓄电池电压/V	2.21	2.23	2.25	2.26	2.28	2.30	2.32

采用带温度补偿功能的充电器为 VRLA 蓄电池充电后，蓄电池的充放电特性能得到最好的应用。随着环境温度的变化，监控软件能够根据读取的温度值和设定的 VRLA 蓄电池品牌、温度系数，自动地计算出当前的均、浮充电压，避免 VRLA 蓄电池出现过充电或欠充电现象，使蓄电池的实际寿命基本上接近设计寿命。

5.4　光伏控制器的电路原理

5.4.1　光伏控制器的分类

光伏控制器主要是由电子元器件、继电器、开关、仪表等组成的电子设备，按电路方式的不同分为并联型、串联型、脉宽调制型、多路控制型、两阶段双电压控制型和最大功率跟踪型；按电池组件输入功率和负载功率的不同可分为小功率型、中功率型、大功率型及专用控制器（如草坪灯控制器）等；按放电过程控制方式的不同，可分为常规过放电控制型和剩余电量（SOC）放电全过程控制型。对于应用了微处理器的电路，实现了软件编程和智能控制，并附带有自动数据采集、数据显示和远程通信功能的控制器，称之为智能控制器。

5.4.2　光伏控制器的电路原理

5.4.2.1　光伏控制器的基本电路

虽然控制器的控制电路根据光伏系统的不同其复杂程度有所差异，但其基本原理是相同的。光伏控制器通过检测蓄电池在充放电过程中的电压或荷电状态，判断蓄电池是否已经达到过充电点或过放电点，并根据检测结果发出继续充、放电或终止充、放电的指令，实现控制作用。

图 5-6 所示是最基本的光伏控制电路的工作原理框图。该电路由太阳能电池组件、控制电路及控制开关、蓄电池和负载组成。开关 1 和开关 2 分别为充电控制开关和放电控制开关。开关 1 闭合时，由太阳能电池组件通过控制器给蓄电池充电；当蓄电池出现过充电时，开关 1 能及时切断充电回路，使光伏组件停止向蓄电池供电；开关 1 还能按预先设定的保护模式自动恢复对蓄电池的充电。开关 2 闭合时，由蓄电池给负载供电；当蓄电池出现过放电时，开关 2 能及时切断放电回路，蓄电池停止向负载供电，当蓄电池再次充电并达到预先设定的恢复充电点时，开关 2 又能自动恢复供电。开关 1 和开关 2 可以由各种开关元件构成，

如各种晶体管、可控硅、固态继电器、功率开关器件等电子式开关和普通继电器等机械式开关。

下面按照电路方式的不同分别对各类常用控制器的电路原理和特点进行介绍。

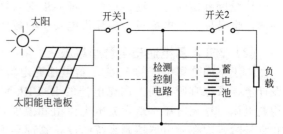

图5-6　光伏控制器基本电路框图

5.4.2.2　并联型控制器

并联型控制器也叫旁路型控制器，它是利用并联在太阳能电池两端的机械或电子开关器件控制充电过程。当蓄电池充满电时，把太阳能电池的输出分流到旁路电阻器或功率模块上去，然后以热的形式消耗掉（泄荷）；当蓄电池电压回落到一定值时，再断开旁路恢复充电。由于这种方式消耗热能，所以一般用于小型、小功率系统。

并联型控制器的电路原理如图5-7所示。VD_1是防反充电二极管，VD_2是防反接二极管，T_1和T_2都是开关；T_1是控制器充电回路中的开关，T_2为蓄电池放电开关；Bx是保险丝；R为泄荷电阻；检测控制电路监控蓄电池的端电压。

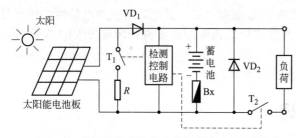

图5-7　单路并联型充放电控制器电路原理图

并联型控制器电路中充电回路的开关器件T_1并联在太阳能电池或电池组件的输出端，当充电电压超过蓄电池设定的充满断开电压值时，开关器件T_1导通，同时防反充二极管VD_1截止，使太阳能电池的输出电流直接通过T_1旁路泄放，不再对蓄电池进行充电，从而保证蓄电池不被过充电，起到防止蓄电池过充电的保护作用。

开关器件T_2为蓄电池放电控制开关，当蓄电池的供电电压低于蓄电池的过放保护电压值时，T_2关断，对蓄电池进行过放电保护。当负载因过载或短路使电流大于额定工作电流时，控制开关T_2也会关断，起到输出过载或短路保护的作用。

检测控制电路随时对蓄电池的电压进行检测，当电压大于充满保护电压时，T_1导通，电路实行过充电保护；当电压小于过放电电压时，T_2关断，电路实行过放电保护。

电路中的VD_2为蓄电池接反保护二极管，当蓄电池极性接反时，VD_2导通，蓄电池将通过VD_2短路放电，短路电流将保险丝熔断，电路起到防蓄电池接反保护作用。

开关器件、VD_1、VD_2及保险丝Bx等和检测控制电路共同组成控制器。该电路具有线路简单、价格便宜、充电回路损耗小、控制器效率高的特点，当防过充电保护电路动作时，开关器件要承受太阳能电池组件或方阵输出的最大电流，所以要选用功率较大的开关器件。

5.4.2.3　串联型控制器

串联型控制器是利用串联在充电回路中的机械或电子开关器件控制充电过程。当蓄电池充满电时，开关器件断开充电回路，停止为蓄电池充电；当蓄电池电压回落到一定值时，充电电路再次接通，继续为蓄电池充电。串联在回路中的开关器件还可以在夜间切断光伏电池供电，取代防反充二极管。串联型控制器同样具有结构简单、价格便宜等特点，但由于控制开关是串联在充电回路中，电路的电压损失较大，使充电效率有所降低。

串联型控制器的电路原理如图5-8所示。它的电路结构与并联型控制器的电路结构相似，区别仅仅是将开关器件T_1由并联在太阳能电池输出端改为串联在蓄电池充电回路中。控制器检测电路监控蓄电池的端电压，当充电电压超过蓄电池设定的充满断开电压值时，

T_1 关断，使太阳能电池不再对蓄电池进行充电，起到防止蓄电池过充电的保护作用。其它元件的作用和并联型控制器相同，不再重复叙述，只对其检测控制电路构成与工作原理进行介绍。

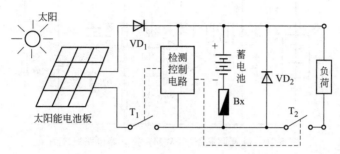

图 5-8　单路串联型控制器电路原理图

　　串、并联控制器的检测控制电路实际上就是蓄电池过、欠电压的检测控制电路，主要是对蓄电池的电压随时进行取样检测，并根据检测结果向过充电、过放电开关器件发出接通或关断的控制信号。检测控制电路原理如图 5-9 所示。该电路包括过电压检测控制和欠电压检测控制两部分电路，由带回差控制的运算放大器组成。其中 IC_1 等为过电压检测控制电路，IC_1 的同相输入端输入基准电压，反相输入端接被测蓄电池，当蓄电池电压大于过充电电压值时，IC_1 输出端 G_1 输出为低电平，使开关器件 T_1 接通（并联型控制器）或关断（串联型控制器），起到过电压保护的作用。当蓄电池电压下降到小于过充电电压值时，IC_1 的反相输入电位低于同相输入电位，则其输出端 G_1 又从低电平变为高电平，蓄电池恢复正常充电状态。过充电保护与恢复的门限基准电压由 R_{P1} 和 R_1 配合调整确定。IC_2 等构成欠电压检测控制电路，其工作原理与过电压检测控制电路相同。

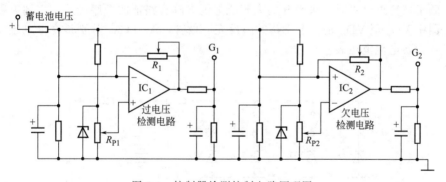

图 5-9　控制器检测控制电路原理图

5.4.2.4　脉宽调制型控制器

　　脉宽调制（pulse-width modulation，PWM）型控制器电路原理如图 5-10 所示。该控制器以脉冲方式开关光伏组件的输入，当蓄电池逐渐趋向充满时，随着其端电压的逐渐升高，PWM 电路输出脉冲的频率和时间都发生变化，使开关器件的导通时间延长、间隔缩短，充电电流逐渐趋近于零。当蓄电池电压由充满点向下降时，充电电流又会逐渐增大。与前两种控制器电路相比，脉宽调制充电控制方式虽然没有固定的过充电电压断开点和恢复点，但是电路会控制当蓄电池端电压达到过充电控制点附近时，其充电电流要趋近于零。这种充电过程能形成较完整的充电状态，其平均充电电流的瞬时变化更符合蓄电池当前的充电状况，能够增加光伏系统的充电效率并延长蓄电池的总循环寿命。另外，脉宽调制型控制器还可以实现光伏系统的最大功率跟踪功能，因此可作为大功率控制器用于大型光伏发电系统中。脉宽调制型控制器的缺点是控制器的自身工作有 4%～8% 的功率损耗。

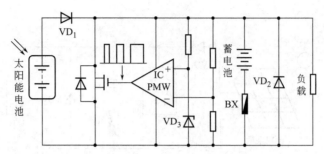

图 5-10 脉宽调制型（PWM）控制器电路原理图

5.4.2.5 多路控制器

多路控制器一般用于千瓦级以上的大功率光伏发电系统，将太阳能电池方阵分成多个支路接入控制器。当蓄电池充满时，控制器将太阳能电池方阵各支路逐路断开；当蓄电池电压回落到一定值时，控制器再将太阳能电池方阵逐路接通，实现对蓄电池组充电电压和电流的调节。这种控制方式属于增量控制法，可以近似达到脉宽调制控制器的效果，路数越多，增幅越小，越接近线性调节。但路数越多，成本也越高，因此确定太阳能电池方阵路数时，要综合考虑控制效果和控制器的成本。

多路控制器的电路原理如图 5-11 所示。当蓄电池充满电时控制电路将控制机械或电子开关从 T_1 至 T_n 顺序断开太阳能电池方阵各支路 Z_1 至 Z_n。当第一路 Z_1 断开后，如果蓄电池电压已经低于设定值，则控制电路等待；直到蓄电池电压再次上升到设定值后，再断开第 2 路 Z_2，再等待；如果蓄电池电压不再上升到设定值，则其它支路保持接通充电状态。当蓄电池电压低于恢复点电压时，被断开的太阳能电池方阵支路依次顺序接通，直到天黑之前全部接通。图中 VD_1 至 VD_n 是各个支路的防反充二极管，A_1 和 A_2 分别是充电电流表和放电流表，V 为蓄电池电压表。

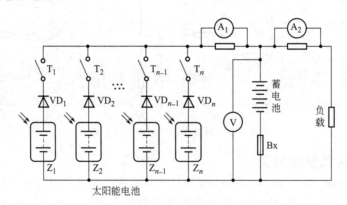

图 5-11 多路控制器的电路原理图

5.4.2.6 智能型控制器

智能型控制器采用 CPU 或 MCU 等微处理器对太阳能光伏发电系统的运行参数进行高速实时采集，并按照一定的控制规律由单片机内设计的程序对单路或多路光伏组件进行切断与接通的智能控制。中、大功率的智能控制器还可通过单片机的 RS-232/485 接口通过计算机控制和传输数据，并进行远距离通信和控制。

智能控制器除了具有过充电、过放电、短路、过载、防反接等保护功能外，还利用蓄电池放电率高，准确地进行放电控制。智能控制器还具有高精度的温度补偿功能。智能控制器的电路原理如图 5-12 所示。

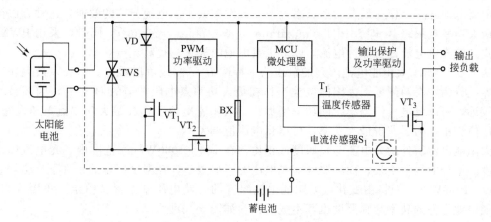

图 5-12　智能型控制器电路原理图

5.4.2.7　最大功率点跟踪型控制器

(1) 最大功率传输

在常规的线性系统电气设备中，为使负载获得最大功率，通常要进行恰当的负载匹配，使负载电阻等于供电系统的内阻，此时负载上就可以获得最大功率，如图 5-13 所示。

光伏电池向负载供电的电路图中，R_s 为光伏电池内阻，R_L 为负载电阻。当电路电流为 I 时，负载 R_L 得到的功率为

$$P_L = I^2 R_L = \left(\frac{U_S}{R_S + R_L}\right)^2 \cdot R_L \qquad (5\text{-}2)$$

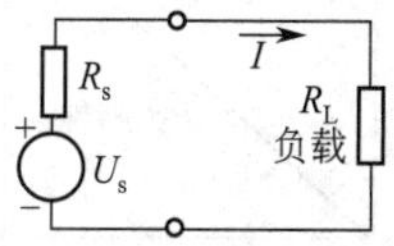

可见，当光伏电压 U_s 和 R_s 确定后，负载得到的功率只与负载电阻 R_L 有关。

令 $dP_L/dR_L = 0$，解得 $R_L = R_s$ 时，负载得到最大功率：

$$P_L = P_{Lmax} = U_s^2/4R_s \qquad (5\text{-}3)$$

图 5-13　光伏电池向负载供电电路

$R_L = R_s$ 称为阻抗匹配，即电源的内阻抗（或内电阻）与负载阻抗（或负载电阻）相等时，负载可以得到最大功率。也就是说，最大功率传输条件是光伏电池内阻必须与负载电阻匹配。

对于一些供电系统其内阻不变，可以用这种外阻与内阻相等的简单方法取得最大输出功率。但是在太阳电池供电系统中，太阳电池的内阻要受日照强度、环境温度以及负载的影响，是不断变化的，其内阻变化大，不宜用上述方法。

(2) 太阳电池最大功率点跟踪型控制器

从 3.4.5 节对于太阳能电池方阵的介绍可以知道，希望太阳能电池方阵能够总是工作在最大功率点附近，以充分发挥太阳能电池方阵的作用。太阳能电池方阵的最大功率点（maximum power point，MPP）会随着太阳辐照度和温度的变化而变化，而太阳能电池方阵的工作点也会随着负载电压的变化而变化，如图 5-14 所示。如果不采取任何控制措施，而是直接将太阳能电池方阵与负载连接，则很难保证太阳能电池方阵工作在最大功率点附近，太阳能电池方阵也不可能发挥出其应有的功率输出。最大功率点跟踪型控制器的原理是将太阳能电池方阵的电压和电流检测后相乘得到的功率，判断太阳能电池方阵此时的输出功

率是否达到最大，若不在最大功率点运行，则调整脉冲宽度、调制输出占空比、改变充电电流，再次进行实时采样，并做出是否改变占空比的判断。最大功率跟踪型控制器的作用就是通过直流变换电路和寻优跟踪控制程序，无论太阳辐照度、温度和负载特性如何变化，始终使太阳能电池方阵工作在最大功率点附近，充分发挥太阳能电池方阵的效能，这种方法被称为"最大功率点跟踪"，即 MPPT（maximum power point tracking）。同时，采用 PWM 调制方式，使充电电流成为脉冲电流，以减少蓄电池的极化，提高充电效率。

从图 5-14 所示太阳能电池阵列的输出功率特性 $P\text{-}U$ 曲线可以看出，曲线以最大功率点处为界，分为左右两侧。当太阳能电池工作在最大功率点电压右边的 D 点时，因离最大功率点较远，可以将电压值调小，即功率增加；当太阳能电池工作在最大功率点电压左边时，若电压值较小，为了获得最大功率，可以将电压值调大。

太阳能电池组件的光电流与辐照度成正比，在 $100\sim1000\,\mathrm{W/m^2}$ 范围内，光电流始终随辐照度的增加而线性增长；而辐照度对光电压的影响很小，在温度固定的条件下，当辐照度在 $400\sim1000\,\mathrm{W/m^2}$ 范围内变化，太阳能电池组件的开路电压基本保持恒定。正因为如此，太阳能电池组件的功率与辐照度也基本成正比，如图 5-15 所示。

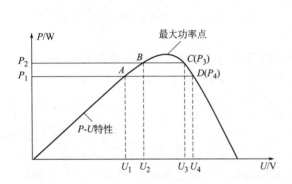

图 5-14　最大功率跟踪控制图

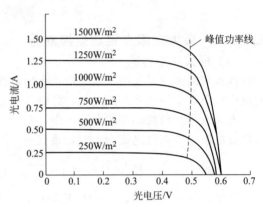

图 5-15　辐照度对光电流、光电压和组件峰值功率的影响

从图 5-15 可知，太阳能电池组件的最大功率点随太阳辐照度的变化呈现一条垂直线，即保持在同一电压水平上。因此，就提出可以采用恒压控制（Constant Voltage Tracking，CVT）来代替最大功率点跟踪（MPPT），这种方法只需要保证太阳能电池方阵的恒压输出即可，大大简化了控制系统，在光伏发电早期的应用中，大多采取固定输出电压的方法。例如，卫星的光伏供电系统中组件的输出功率控制，因为外太空温度变化小，光照强度恒定，所以恒压跟踪法可以维持输出功率在最大功率点处。由于太阳能电池方阵工作在阳光下，太阳辐照度的变化远大于其结温的变化，采用 CVT 代替 MPPT 在大多数情况下是适用的。

对于环境温度变化较大的场合，CVT 控制就很难保证太阳能电池方阵工作在最大功率点附近，图 5-16 给出了不同温度下太阳能电池组件最大功率点的变化。可以看出，随着太阳能电池组件结温的变化，最大功率点电压变化较大，如果仍然采用 CVT 代替 MPPT，则会产生很大的误差。

为了简化控制方案，又能兼顾温度对太阳能电池组件电压的影响，可以采用改进 CVT 法，即仍然采用恒压控制，但增加温度补偿。在恒压控制的同时监视太阳能电池组件的结温，对于不同的结温，调整到相应的恒压控制点即可。

MPPT 控制器要求始终跟踪太阳能电池方阵的最大功率点，需要控制电路同时采样太阳能电池方阵的电压和电流，并通过乘法器计算太阳能电池方阵的功率。然后通过寻优和调整，使太阳能电池方阵工作在最大功率点附近。MPPT 的寻优办法有很多，如扰动观察法、导纳增量法、间歇扫描法、模糊控制法等。

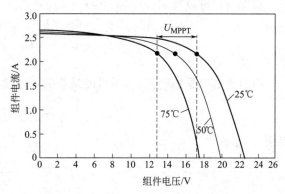

图 5-16 温度对太阳能电池组件最大功率点电压的影响

太阳能电池作为一种直流电源，其输出特性完全不同于常规的直流电源，因此对于不同类型的负载，它的匹配特性也完全不同。负载的类型有电压接受型负载（如蓄电池）、电流接受型负载（如直流电机）和纯阻性负载三种。

最典型的电压接受型负载是蓄电池，它是与太阳能电池方阵直接匹配最好的负载类型。太阳能电池电压随温度的变化大约只有 $-0.4\%/℃$（电压随太阳辐照度的变化就更小），基本可以满足蓄电池的充电要求。蓄电池充满电压到放电终止电压的变化大约从 $+25\%$ 到 -10%，如果直接连接，失配损失大约平均为 20%。采用 MPPT 跟踪控制，将使这样的匹配损失减少到 5%。

典型的电流接受型负载是带有恒定转矩的机械负载（如活塞泵）的直流永磁电机。太阳辐照度恒定时太阳能电池方阵与直流电机有较好的匹配，但当太阳辐照度变化时，将这类负载直接与太阳能电池方阵连接的失配损失会很大，因为太阳辐照度与光电流成正比。采用 MPPT 跟踪控制将会减小失配损失，有效提高系统的能量传输效率。

很显然，纯阻性负载与太阳能电池方阵的直接匹配特性是最差的。

实现 CVT 或 MPPT 的电路通常采用斩波器来完成直流/直流变换（DC-DC）。把一个 DC-DC 变流器加在太阳电池阵列和负载之间，通过 DC-DC 变流器来调整、控制太阳电池阵列工作在最大功率点，从而实现最大功率的跟踪控制。如果将变流器与光伏组件看作一体，则变流器改变了光伏组件的内阻；如果将变流器看作光伏组件的负载，则变流器改变了负载电阻，总是使光伏组件内阻和负载电阻匹配，使光伏电池获得最大输出功率。斩波器电路分为降压型变换器（BUCK 电路）和升压型变换（BOOST 电路）。

① BUCK 电路　图 5-17 所示为 BUCK 电路原理。

BUCK 降压斩波电路实际上是一种电流提升电路，主要用于驱动电流接受型负载。直流变换是通过电感来实现的：

使开关 K 保持振荡，振荡周期 $T = T_{on} + T_{off}$，当 K 接通时

$$U_i = U_o + L\frac{di_L}{dt} \tag{5-4}$$

假设 T_{on} 时间足够短，U_i 和 U_o 保持恒定，于是

$$i_L(T_{on}) - i_L(0) = \frac{U_i - U_o}{L}T_{on} \tag{5-5}$$

在开关 K 接通期间，电感储存能量：$\frac{1}{2}L \cdot i_L^2(T_{on})$。

当 K 断开时，电感通过二极管 VD 将能量释放到负载，$U_o = -L\frac{di_L}{dt}$。

假设 T_{off} 时间足够短，U_o 保持恒定，于是

$$i_L(T_{on} + T_{off}) - i_L(T_{on}) = -\frac{U_o T_{off}}{L} \tag{5-6}$$

稳态条件可以写成：$i_L(0) = i_L(T_{on} + T_{off})$，于是

$$(U_i - U_o)\frac{T_{on}}{L} = \frac{U_o T_{off}}{L}, \quad U_o = \frac{U_i T_{on}}{T_{on} + T_{off}} \tag{5-7}$$

得到：$U_o < U_i$。

因为流过电感的电流 i_L 不可能是负的，连续传导条件为：$i_L(0) > 0$，于是

$$\frac{U_o T_{off}}{L} > -i_L(T_{on}) \tag{5-8}$$

得到

$$T_{off} < \frac{L \cdot i_L(T_{on})}{U_o} \tag{5-9}$$

图 5-18 展示了 BUCK 变换器的输出电流变化。

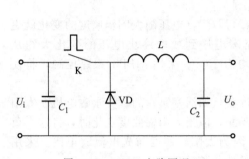

图 5-17 BUCK 电路原理

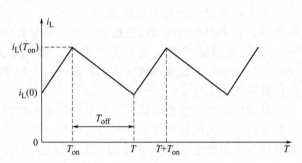

图 5-18 BUCK 变换器的输出电流变化

对于给定的振荡周期，适当调整 T_{on} 就可以调整变换器的输入电压 U_i 等于太阳能电池方阵的最大功率点电压。BUCK 电路的平均负载电流 I_L 为

$$I_L = \frac{1}{T}\int_0^T i_L \mathrm{d}t = i_L(T_{on}) - \frac{U_o T_{off}}{2L} \tag{5-10}$$

BUCK 电路中的 2 只电容器的作用是减少电压波动，从而使输出电流得到提升并尽可能平滑。

② BOOST 电路 图 5-19 所示为 BOOST 电路原理。

BOOST 升压斩波电路主要用于太阳能电池方阵对蓄电池充电的电路中。直流变换也是通过电感来实现的。

使开关 K 保持振荡，振荡周期 $T = T_{on} + T_{off}$，当 K 接通时

$$U_i = U_o + L\frac{\mathrm{d}i_L}{\mathrm{d}t} \tag{5-11}$$

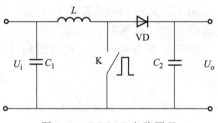

图 5-19 BOOST 电路原理

假设 U_i 在 T_{on} 时间内保持恒定，电流变化可以写成

$$i_L(T_{on}) - i_L(0) = \frac{U_i \cdot T_{on}}{L} \tag{5-12}$$

在开关 K 接通期间，电感储存能量：$\frac{1}{2}L \cdot i_L^2(T_{on})$。

当 K 断开时，电感通过二极管将能量释放到负载

$$U_i - U_o = L \frac{\mathrm{d}i_L}{\mathrm{d}t} \tag{5-13}$$

假设 T_{off} 时间足够短，使 U_i 和 U_o 保持恒定，于是

$$i_L(T_{on} + T_{off}) - i_L(T_{on}) = (U_i - U_o)T_{off}/L \tag{5-14}$$

稳态条件可以写成：$i_L(0) = i_L(T_{on} + T_{off})$，于是

$$\frac{U_i T_{on}}{L} = -(U_i - U_o)\frac{T_{off}}{L}, U_o = \frac{U_i(T_{on} + T_{off})}{T_{off}} \tag{5-15}$$

得到：$U_o > U_i$。

于是，对于给定的振荡周期，适当调整 T_{on} 就可以调整变换器的输入电压 U_i，使其处于太阳能电池方阵的最大功率点电压。

(3) MPPT 控制的实现

无论采用哪一种斩波器（BUCK 或 BOOST），都必须要有闭环电路控制，用于控制开关 K 的导通和断开，从而使太阳能电池方阵工作在最大功率点附近。

对于 CVT 或带温度补偿的 CVT，只需要将太阳能电池方阵的工作电压信号反馈到控制电路，控制开关 K 的导通时间 T_{on}，使太阳能电池方阵的工作电压始终工作在某一恒定电压即可。

对于为蓄电池充电的 BOOST 电路，只需要保证充电电流最大，即可达到使太阳能电池方阵有最大输出的目的，因此也只需将 BOOST 电路的输出电流（即蓄电池的充电电流）信号反馈到控制电路，控制开关 K 的导通时间 T_{on}，使 BOOST 电路具有最大的电流输出即可，如图 5-20 所示。

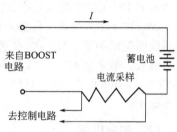

图 5-20　蓄电池充电的控制策略

对于真正的 MPPT 控制，则需要对太阳能电池方阵的工作电压和工作电流同时采样，经过乘法运算得到功率数值，然后通过一系列寻优过程使太阳能电池方阵工作在最大功率点附近。

无论是最大输出电流跟踪，还是 MPPT 控制，都要考虑电路的稳定、抗云雾干扰和误判的问题。

一些半导体公司利用现代电子技术和元器件设计制作具有 MPPT 功能的 IC 电路，已经可以使 MPPT 控制电路的效率做到 95% 以上。如 NS 公司的 SM72442 是可编程 MPPT 控制器，可控制四个开关降压-升压转换器的四路 PWM 栅极驱动信号，和光伏电压全桥驱动器一起，可组成 MPPT 配置的 DC-DC 转换器，效率高达 99.5%。器件集成了 8 路 12 位 ADC，用来检测输入和输出电压与电流以及电路板配置，可编程的数值包括最大输出电压、电流和转换速率、软启动和电路板模式。

控制器的主要功能是使太阳能发电系统始终处于发电的最大功率点附近，以获得最高效率。充电控制通常采用脉冲宽度调制技术（PWM 控制方式），使整个系统始终运行于最大功率点 P_m 附近区域。放电控制主要是指当蓄电池缺电、系统故障（如蓄电池开路或接反）时切断开关。目前研制出了既能跟踪调控点 P_m，又能跟踪太阳移动参数的"向日葵"式控制器，将固定太阳能电池组件的效率提高了 50% 左右。随着太阳能光伏产业的发展，控制器的功能越来越强大，有将传统的控制部分、变换器及监测系统集成的趋势，如 AES 公司的 SPP 和 SMD 系列的控制器就集成了上述三种功能。

5.4.2.8　采用单片机组成的 MPPT 充放电控制器基本原理

如图 5-21 所示，这是一个具有 MPPT 功能的充放电控制器原理框图，由于其电路相对

复杂，这里不再提供具体应用电路，它由自带 A/D 转换功能的单片机（MCU）、电压采集电路、电流采集电路、DC-DC 变换电路等组成。从技术上讲主要由单片机及其控制采集软件、测量电路、DC-DC 变换电路三部分组成，对各部分的技术要求如下。

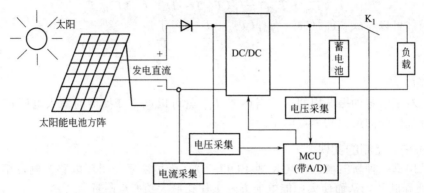

图 5-21　采用单片机组成的 MPPT 充放电控制器原理框图

(1) DC-DC 变换电路

一般为 BUCK 型或 BOOST 型电路，要求有较高的转换效率，在 85％或 90％以上，但小功率的 DC/DC 电路其效率比较低，只有 60％～75％。因此，具有 MPPT 功能的控制器在 50W$_p$ 以下 PV 系统中优势不明显，很少采用，而主要应用在较大的系统中。另外还有一个系统匹配的问题，DC-DC 变换电路的设计与 PV 组件功率、负载大小要匹配，做到系统接近满载，效率更高。DC-DC 变换电路有升压（BOOST）型、降压（BUCK）型、升降压（BUCK 与 BOOST）型，具体选择哪一种要根据 PV 组件电压、蓄电池电压和负载工作电压来确定。

(2) 测量电路

主要是 DC/DC 变换电路的输入侧电压和电流值、输出侧的电压值，另外还有温度等测量电路。测量电路要求简单可靠，测量精度满足技术要求，从产品角度上还应有高的性能价格比。

(3) 单片机及监控软件

单片机技术近年发展很快，各种高效多功能低功耗单片机很多，选择的范围也很大，如 lNTEL 80C196 具有正弦波输出功能，PHILIPS 公司的 P87LPC767 为带有 A/D 转换功能的紧凑型低功耗产品等，另外也有采用 DSP 代替单片机的控制器。要实现 MPPT 功能，监控软件十分重要，采用什么样的控制算法其效果差别很大。常用算法有：恒定电压跟踪法、扰动观察法、增量电导法、标准蓄电池查表法等，这里不详细介绍，可参阅相关资料。

5.4.2.9　基于 UC3906 的蓄电池充电器

UC3906 作为 VRLA 蓄电池充电专用芯片，具有实现 VRLA 蓄电池最佳充电所需的全部控制和检测功能。更重要的是它能使充电器各种转换电压随 VRLA 蓄电池电压温度系数的变化而变化，从而使 VRLA 蓄电池在很宽的温度范围内都能达到最佳充电状态。

(1) UC3906 的结构和工作原理

① UC39006 的结构和特性　UC3906 内部框图如图 5-22 所示。该芯片内含有独立的电压控制电路和限流放大器，它可以控制芯片内的驱动器。驱动器提供的输出电流达 25mA，可直接驱动外部串联调整管，从而调整充电器的输出电压和电流。电压和电流检测比较器检测蓄电池的充电状态，并控制充电状态逻辑电路的输入信号。

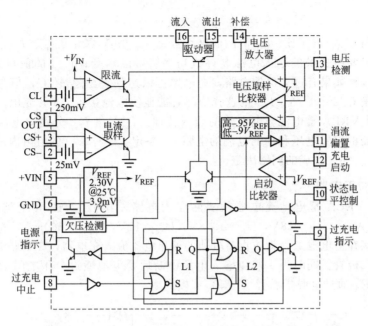

图 5-22 UC3906 内部结构框图

　　当 VRLA 蓄电池电压或温度过低时，充电使能比较器控制充电器进入涓流充电状态。当驱动器截止时，该比较器还能输出 25mA 涓流充电电流。这样，当 VRLA 蓄电池短路或反接时，充电器只能小电流充电，避免了因充电电流过大而损坏 VRLA 蓄电池。

　　UC3906 的一个非常重要特性就是具有精确的基准电压，其基准电压随环境温度而变，且变化规律与铅酸电池电压的温度特性完全一致。同时，芯片只需 1.7mA 的输入电流就可工作，这样可以尽量减小芯片的功耗，实现对工作环境温度的准确检测，保证 VRLA 蓄电池既充足电又不会严重过充电。除此之外，芯片内部还包括一个输入欠压检测电路以对充电周期进行初始化。这个电路还驱动一个逻辑输出，当加上输入电源后，脚 7 可以指示电源状态。

　　② 充电参数的确定　使用 UC3906 只需很少的外部元器件就可以实现对密封铅酸蓄电池的快速精确充电。图 5-23 所示的是一个完整的充电器电路。由 R_A、R_B 和 R_C 组成的电阻分压网络用来检测充电电池的电压，通过与精确的参考电压（U_{REF}，即图 5-22 中的 V_{REF}）相比较来确定浮充电压、过充电压和涓流充电的阈值电压。

　　VRLA 蓄电池的一个充电周期按时间可分为三种状态：大电流快速充电状态，过充电状态和浮充电状态。其充电参数主要有浮充电电压 U_F、过充电电压 U_{oc}、最大充电电流 I_{max}、过充电终止电流 I_{oct} 等。它们与 R_A、R_B、R_C、R_s 之间的关系可以从下面的公式反映出来：

$$U_{oc}=U_{REF}(1+R_A/R_B+R_A/R_C) \quad (5\text{-}16)$$

$$U_F=U_{REF}(1+R_A/R_B) \quad (5\text{-}17)$$

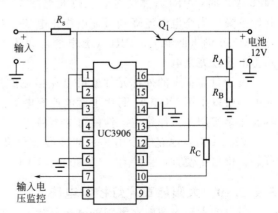

图 5-23　双电平浮充充电器基本电路

$$I_{\max}=0.25V/R_s \tag{5-18}$$
$$I_{oct}=0.025V/R_s \tag{5-19}$$

U_F、U_{oc} 与 U_{REF} 成正比；U_{REF} 的温度系数是 $-3.9\text{mV}/℃$；$I_{\max}$、I_{oct}、U_{oc}、U_F 可以独立地设置。只要所提供的输入电源允许或功率管可以承受，$I_{\max}$ 的值可以尽可能地大。虽然某些厂家宣称如果有过充保护电路，充电率可以达到甚至超过 $2C$，但是电池厂商推荐的充电率范围是 $C/20\sim C/3$。I_{oct} 的选择应尽可能地使电池接近 100% 充电。合适值取决于 U_{oc} 和在 U_{oc} 时 VRLA 蓄电池充电电流的衰减特性。$I_{\max}$ 和 I_{oct} 分别由电流限制放大器和电流检测放大器的偏置电压和检测电流的电阻 R_s 决定。U_F、U_{oc} 的值由内部参考电压和外部电阻 R_A、R_B、R_C 组成的网络决定。

(2) 实际应用电路

图 5-24 为 VRLA 蓄电池充电器的实际应用电路。其中：VRLA 电池的额定电压为 12V，容量为 7A·h，$U_i=18V$，$U_F=13.8V$，$U_{oc}=15V$，$I_{\max}=500\text{mA}$，$I_{oct}=50\text{mA}$。由于充电器始终接在蓄电池上，为防止蓄电池的输出电流流入充电器，在串联调整管与输出端之间串入一只二极管。同时为了避免输入电源中断后蓄电池通过分压电阻 R_1、R_2、R_3 放电，设计时将 R_3 通过电源指示管（7 脚）连接到地。

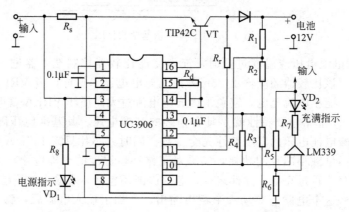

图 5-24　12V VRLA 电池双电平浮充充电器电路图

当 18V 输入电压加入后，串联的功率管 VT 导通，开始大电流恒流充电，充电电流为 500mA，VRLA 蓄电池电压逐渐升高。当 VRLA 蓄电池电压达到过充电压 U_{oc} 的 95%（即 14.25V）时，VRLA 蓄电池转入过充电状态，此时充电电压维持在过充电电压，充电电流开始下降。当充电电流降到过充电终止电流（I_{oct}）时，UC3906 的 10 脚输出高电平，比较器 LM339 输出低电平，VRLA 蓄电池自动转入浮充状态。同时充足电指示发光管发光，指示蓄电池已充足电。

由于只需很少的外部元件就可以在很宽的温度范围内实现对 VRLA 蓄电池的精确快速充电，所以采用 UC3906 简化了蓄电池充电器的设计过程。该充电器在实际应用中表明：它具有简单实用、工作稳定、性能可靠等特点。

VRLA 蓄电池充电专用芯片的种类还很多，功能更全、外围电路更简单、性能更稳定可靠、价格更便宜，主要有：UC3909、UCC3809、UC2842 等。

5.4.2.10　太阳能草坪灯控制电路

当白天太阳光照射在太阳能电池上时，太阳能电池将光能转变为电能并通过控制电路将电能存储在蓄电池中。天黑后，蓄电池中的电能通过控制电路为草坪灯的 LED 光源供电。

第二天早晨天亮时，蓄电池停止为光源供电，草坪灯熄灭，太阳能电池继续为蓄电池充电。周而复始、循环工作。

　　图 5-25 是一个简单的太阳能草坪灯控制电路，该电路也可用在太阳能光控玩具中。该电路中，太阳能电池兼做光线强弱的检测来控制电路的工作与否，因为太阳能电池本身就是一个很好的光敏传感器件。当有阳光照射时，太阳能电池发出的电能通过二极管 VD 向蓄电池 DC 充电，同时太阳能电池的电压也通过 R_1 加到 VT_1 的基极，使 VT_1 导通，VT_2、VT_3 截止，LED 不发光。当黑夜来临时，太阳能电池两端电压几乎为零，此时 VT_1 截止，VT_2、VT_3 导通，蓄电池中的电压通过 T、R_4 加到 LED 两端，LED 发光。在本电路中太阳能电池兼做光控元件；调整 R_1 的阻值，可根据光线强弱调整灯的工作控制点。该电路的不足是没有防止蓄电池过度放电的电路或元件，当灯长时间在黑暗中时，蓄电池中的电能会基本耗尽。开关 T 就是为了防止草坪灯在存储和运输当中将蓄电池的电能耗尽而设置的。

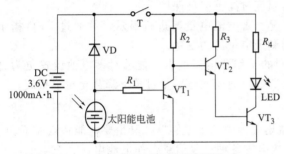

图 5-25　太阳能草坪灯控制电路原理（一）

　　图 5-26（a）是一款目前运用较多的具有防止蓄电池过度放电的草坪灯控制电路图，VT_3、VT_4、L、C_1 和 R_5 组成互补振荡升压电路，VT_1、VT_2 组成光控开关电路。当太阳能电池上的电压低于 0.9V 时，VT_1 截止，VT_2 导通，VT_3、VT_4 等构成的升压电路工作，由于 C_2 的充、放电，使 VT_3、VT_4 周而复始地导通、截止，电路形成振荡。在振荡过程中，VT_4 导通时电源经 L 到地，电流经 L 储能。当 VT_4 截止时，L 两端产生感应电动势和电源电压叠加后驱动 LED 发光。当天亮时，太阳能电池电压高于 0.9V，VT_1 导通，VT_2 截止，VT_3 同时截止，电路停止振荡，LED 不发光。调整 R_2 的阻值，可调整开关灯的启控点。当蓄电池电压降到 0.7～0.8V 时，该电路将停止振荡。该电路的优点，就是蓄电池电压降到 0.7V 草坪灯还能工作。而对于 1.2V 的蓄电池来说，似乎已经有点过放电了，长期过放电必将影响蓄电池的使用寿命。因此，在图 5-26（a）电路的基础上，做一点改进，如图 5-26（b）所示。即在 VT_3 的发射极与电源正极之间串入一个二极管 VD_2，由于 VD_2 的接入，使 VT_3 进入放大区的电压叠加了 0.2V 左右，使得整个电路在蓄电池电压降到 0.9～1.0V 时停止工作。经过改进的控制电路使蓄电池的使用寿命大致可以延长一倍。

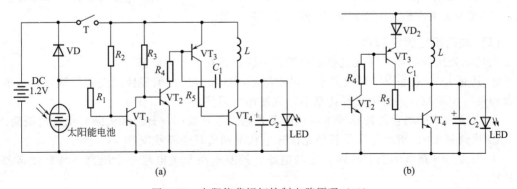

(a)　　　　(b)

图 5-26　太阳能草坪灯控制电路原理（二）

5.5　光伏控制器的选用

5.5.1　光伏控制器的主要性能特点

(1) 小功率光伏控制器

① 目前大部分小功率控制器都采用低功耗、长寿命的 MOSFET 场效应管等电子开关元件作为控制器的主要开关器件。

② 运用脉冲宽度调制（PWM）控制技术对蓄电池进行快速充电和浮充充电，使太阳能发电能量得以充分利用。

③ 具有单路、双路负载输出和多种工作模式。其主要工作模式有：普通开/关工作模式（即不受光控和时控的工作模式）、光控开/光控关工作模式、光控开/时控关工作模式。双路负载控制器控制关闭的时间长短可分别设置。

④ 具有多种保护功能，包括蓄电池和太阳能电池接反、蓄电池开路、蓄电池过充电和过放电、负载过压、夜间防反充电、控制器温度过高等多种保护。

⑤ 用 LED 指示灯对工作状态、充电状况、蓄电池电量等进行显示，并通过 LED 指示灯颜色的变化显示系统工作状况和蓄电池的剩余电量等的变化。

⑥ 具有温度补偿功能。其作用是在不同的工作环境温度下，能够对蓄电池设置更为合理的充电电压，防止过充电和欠充电状态而造成电池充放电容量过早下降甚至过早报废。

(2) 中功率光伏控制器

一般把额定负载电流大于 15A 的控制器划分为中功率控制器。其主要性能特点如下。

① 采用 LCD 液晶屏显示工作状态和充放电等各种重要信息：如电池电压、充电电流和放电电流、工作模式、系统参数、系统状态等。

② 具有自动/手动/夜间功能：可编制程序设定负载的控制方式为自动或手动方式。手动方式时，负载可手动开启或关闭。当选择夜间功能时，控制器在白天关闭负载；检测到夜晚时，延迟一段时间后自动开启负载，定时时间到，又自动地关闭负载，延迟时间和定时时间可编程设定。

③ 具有蓄电池过充电、过放电、输出过载、过压、温度过高等多种保护功能。

④ 具有浮充电压的温度补偿功能。

⑤ 具有快速充电功能：当电池电压低于一定值时，快速充电功能自动开始，控制器将提高电池的充电电压；当电池电压达到理想值时，开始快速充电倒计时程序，定时时间到后，退出快速充电状态，以达到充分利用太阳能的目的。

⑥ 中功率光伏控制器同样具有普通充/放电工作模式（即不受光控和时控的工作模式）、光控开/光控关工作模式、光控开/时控关工作模式等。

(3) 大功率光伏控制器

大功率光伏控制器采用微电脑芯片控制系统，具有下列性能特点。

① 具有 LCD 液晶点阵模块显示，可根据不同的场合通过编程任意设定、调整充放电参数及温度补偿系数，具有中文操作菜单，方便用户调整。

② 可适应不同场合的特殊要求，可避免各路充电开关同时开启和关断时引起的振荡。

③ 可通过 LED 指示灯显示各路光伏充电状况和负载通断状况。

④ 有 1~18 路太阳能电池输入控制电路，控制电路与主电路完全隔离，具有极高的抗干扰能力。

⑤ 具有电量累计功能，可实时显示蓄电池电压、负载电流、充电电流、光伏电流、蓄电池温度、累计光伏发电量（单位：安时或瓦时）、累计负载用电量（单位：瓦时）等参数。

⑥ 具有历史数据统计显示功能，如过充电次数、过放电次数、过载次数、短路次数等。

⑦ 用户可分别设置蓄电池过充电保护和过放电保护时负载的通断状态。

⑧ 各路充电电压检测具有"回差"控制功能，可防止开关器件进入振荡状态。

⑨ 具有蓄电池过充电、过放电、输出过载、短路、负载断开、浪涌、太阳能电池接反或短路、蓄电池接反、夜间防反充以及控制器故障等一系列报警和保护功能。

⑩ 可根据系统要求提供发电机或备用电源启动电路所需的无源干节点。

⑪ 配接有 RS-232/485 接口，便于远程遥信、遥控；PC 监控软件可测实时数据、报警信息显示、修改控制参数，读取 30 天的每天蓄电池最高电压、蓄电池最低电压、每天光伏发电量累计和每天负载用电量累计等历史数据。

⑫ 参数设置具有密码保护功能且用户可修改密码。

⑬ 工作模式可分为普通充/放电工作模式（阶梯型逐级限流模式）和一点式充/放电模式（PWM 工作模式）选择设定。其中一点式充/放电模式分 4 个充电阶段，控制更精确，更好地保护蓄电池不被过充电，对太阳能予以充分利用。

⑭ 具有不掉电实时时钟功能，可显示和设置时钟。

⑮ 具有雷电防护功能和温度补偿功能。

5.5.2　光伏控制器的主要技术参数

对于控制器的主要技术指标，GB/T 19064—2003 有具体要求。

光伏控制器的主要技术参数如下。

(1) 系统电压

系统电压也叫额定工作电压，是指光伏发电系统的直流工作电压，电压一般为 12V 和 24V，中、大功率控制器也有 48V、110V、220V 等。

(2) 最大充电电流

最大充电电流是指太阳能电池组件或方阵输出的最大电流，根据功率大小分为 5A、6A、8A、10A、12A、15A、20A、30A、40A、50A、70A、100A、150A、200A、250A、300A 等多种规格。有些厂家用太阳能电池组件最大功率来表示，间接地体现了最大充电电流这一技术参数。

(3) 太阳能电池方阵输入路数

小功率光伏控制器一般都是单路输入，而大功率光伏控制器都是由太阳能电池方阵多路输入，一般大功率光伏控制器可输入 6 路，最多的可接入 12 路、18 路。

(4) 电路自身损耗

控制器的电路自身损耗也是其主要技术参数之一，也叫空载损耗（静态电流）或最大自消耗电流。为了降低控制器的损耗，提高光伏电源的使用效率，控制器的电路自身损耗要尽可能低。控制器的最大自身损耗不得超过其额定充电电流的 1% 或 0.4W。根据电路不同，自身损耗一般为 5～20mA（不应超过其额定充电电流的 1%）。控制器充电或放电的电压降不应超过系统额定电压的 5%。

(5) 蓄电池过充电保护电压 (HVD)

蓄电池过充电保护电压也叫充满断开或过压关断电压，一般可根据需要及蓄电池类型的不同，设定在 14.1～14.5V（12V 系统）、28.2～29V（24V 系统）和 56.4～58V（48V 系统）之间，典型值分别为 14.4V、28.8V 和 57.6V。蓄电池充电保护的关断恢复电压（HVR）一般设定为 13.1～13.4V（12V 系统）、26.2～26.8V（24V 系统）和 52.4～

53.6V（48V 系统）之间，典型值分别为 13.2V、26.4V 和 52.8V。

（6）蓄电池的过放电保护电压（LVD）

蓄电池的过放电保护电压也叫欠压断开或欠压关断电压，一般可根据需要及蓄电池类型的不同，设定在 10.8～11.4V（12V 系统）、21.6～22.8V（24V 系统）和 43.2～45.6V（48V 系统）之间，典型值分别为 11.1V、22.2V 和 44.4V。蓄电池过放电保护的关断恢复电压（LVR）一般设定为 12.1～12.6V（12V 系统）、24.2～25.2V（24V 系统）和 48.4～50.4V（48V 系统）之间，典型值分别为 12.4V、24.8V 和 49.6V。

（7）蓄电池充电浮充电压

蓄电池的充电浮充电压一般为 13.7V（12V 系统）、27.4V（24V 系统）和 54.8V（48V 系统）。

（8）温度补偿

控制器一般都具有温度补偿功能，以适应不同的环境工作温度，为蓄电池设置更为合理的充电电压。控制器的温度补偿系数应满足蓄电池的技术要求，其温度补偿值一般为 $-(2～4)\text{mV}/℃$。

（9）工作环境温度

控制器的使用或工作环境温度范围随厂家不同一般在 $-20～+50℃$ 之间。

（10）其它保护功能

① 控制器输入、输出短路保护功能。控制器的输入、输出电路都要具有短路保护电路，提供保护功能。

② 防反充保护功能。控制器要具有防止蓄电池向太阳能电池反向充电的保护功能。

③ 极性反接保护功能。太阳能电池组件或蓄电池接入控制器，当极性接反时，控制器要具有保护电路的功能。

④ 防雷击保护功能。控制器输入端应具有防雷击的保护功能，避雷器的类型和额定值应能确保吸收预期的冲击能量。

⑤ 耐冲击电压和冲击电流保护。在控制器的太阳能电池输入端施加 1.25 倍的标称电压持续 1 小时，控制器不应该损坏。将控制器充电回路电流达到标称电流的 1.25 倍并持续 1 小时，控制器也不应该损坏。

5.5.3　光伏控制器的配置选型

光伏控制器的配置选型要根据整个系统的各项技术指标并参考生产厂家提供的产品样本手册来确定。一般考虑下列几项技术指标。

（1）系统工作电压

指太阳能发电系统中蓄电池或蓄电池组的工作电压，这个电压要根据直流负载的工作电压或交流逆变器的配置选型确定，一般有 12V、24V、48V、110V 和 220V 等。

（2）额定输入电流和输入路数

控制器的额定输入电流取决于太阳能电池组件或方阵的输入电流，选型时控制器的额定输入电流应等于或大于太阳能电池的输入电流。

控制器的输入路数要等于或多于太阳能电池方阵的设计输入路数。小功率控制器一般只有一路太阳能电池方阵输入，大功率控制器通常采用多路输入，每路输入的最大电流＝额定输入电流/输入路数，因此，各路电池方阵的输出电流应小于或等于控制器每路允许输入的最大电流值。

(3) 控制器的额定负载电流

也就是控制器输出到直流负载或逆变器的直流输出电流，该数据要满足负载或逆变器的输入要求。

除上述主要技术数据要满足设计要求以外，使用环境温度、海拔高度、防护等级和外形尺寸等参数以及生产厂家和品牌也是控制器配置选型时要考虑的因素。

思考题与习题

5-1　光伏发电系统中，控制器的主要作用和功能是什么？

5-2　简要分析单路旁路型充放电控制器的电路原理。

5-3　简要分析单路串联型充放电控制器的电路原理。

5-4　充电控制器为什么要进行温度补偿？

5-5　光伏控制器的主要技术参数有哪些？

5-6　太阳能光伏发电系统中，最大功率点跟踪（MPPT）控制器的作用和意义是什么？如何实现？

第 6 章

光伏逆变器

6.1 光伏逆变器概述

将直流电能变换成交流电能的过程称为**逆变**，完成逆变功能的电路称为**逆变电路**，而实现逆变过程的装置称为**逆变器**或逆变装置。太阳能光伏发电系统中使用的逆变器是一种将太阳能电池所产生的直流电能转换为交流电能的转换装置，它使转换后的交流电的电压、频率、波形等与电力系统交流电的电压、频率、波形等相一致，以满足为各种交流用电装置、设备供电及并网发电的需要。

6.1.1 光伏逆变器的分类

太阳能光伏发电系统中，逆变器按运行方式，可分为独立运行（离网）逆变器和并网逆变器。在并网型光伏发电系统中需要有源逆变器，而在离网独立型光伏发电系统中需要无源逆变器。独立运行逆变器用于独立运行的太阳能光伏发电系统，为独立负载供电。并网逆变器用于并网运行的太阳能光伏发电系统。逆变器的种类很多，可以按照不同的方式进行分类，主要有表 6-1 所示几种类型。

表 6-1　逆变器的分类

输出波形	运行方式	输出交流电相数	功率流动方向
方波逆变器	离网逆变器	单相逆变器	单向逆变器
阶梯波逆变器	并网逆变器	三相逆变器	双向逆变器
正弦波逆变器			

6.1.2 光伏逆变器的电路构成

逆变器的基本电路构成如图 6-1 所示。主要由输入电路、输出电路、主逆变开关电路（简称主逆变电路）、控制电路、辅助电路和保护电路等构成。各电路作用如下。

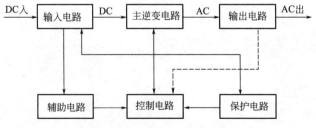

图 6-1　逆变器基本电路构成示意图

(1) 输入电路

逆变器的输入电路主要是为主逆变电路提供可确保其正常工作的直流工作电压。

(2) 主逆变电路

主逆变电路是逆变器的核心，它的主要作用是通过半导体开关器件的导通和关断完成逆变的功能。逆变电路分为隔离式和非隔离式两大类。

(3) 输出电路

逆变器的输出电路主要是对主逆变电路输出的交流电的波形、频率、电压、电流的幅值、相位等进行修正、补偿、调制，使之能满足使用需求。

(4) 控制电路

逆变器的控制电路主要是为主逆变电路提供一系列的控制脉冲来控制逆变开关器件的导通与关断，配合主逆变电路完成逆变功能。

(5) 辅助电路

辅助电路主要是将输入电压变换成适合控制电路工作的直流电压。辅助电路还包含多种检测、显示电路。逆变器的显示功能主要包括：直流输入电压和电流的测量值，交流输出电压和电流的测量值，逆变器的工作状态（运行、故障、停机等）。

(6) 保护电路

逆变器的保护电路主要包括输入过压、欠压保护，输出过压、欠压保护，过载保护，过流和短路保护，反接保护，过热保护等。

6.1.3 光伏逆变器的主要元器件

逆变器主要由半导体功率器件和逆变器驱动、控制电路两大部分组成。随着微电子技术与电力电子技术的迅速发展，新型大功率半导体开关器件和驱动控制电路的出现促进了逆变器的快速发展和技术完善。目前的逆变器多数采用功率场效应晶体管（VMOSFET）、绝缘栅极晶体管（IGBT）、可关断晶体管（GTO）、MOS控制晶体管（MGT）、MOS控制晶闸管（MCT）、静电感应晶体管（SIT）、静电感应晶闸管（SITH）以及智能型功率模块（IPM）等多种先进且易于控制的大功率器件，控制逆变驱动电路也从模拟集成电路发展到单片机控制，甚至采用数字信号处理器（DSP）控制，使逆变器向着高频化、节能化、全控化、集成化和多功能化方向发展。

6.2 光伏逆变器的电路原理

6.2.1 单相逆变器电路原理

逆变器的工作原理是通过功率半导体开关器件的开通和关断作用，把直流电能变换成交流电能的。单相逆变器的基本电路有推挽式、半桥式和全桥式三种，虽然电路结构不同，但工作原理类似。电路中都使用具有开关特性的半导体功率器件，由控制电路周期性地对功率器件发出开、关脉冲控制信号，控制各个功率器件轮流导通和关断，再经过变压器耦合升压或降压后，整形滤波输出符合要求的交流电。

(1) 推挽式逆变电路

推挽式逆变电路原理如图6-2所示。该电路由两只共负极连接的功率开关管和一个初级带有中心抽头的升压变压器组成。升压变压器的中心抽头接直流电源正极，两只功率开关管在控制电路的作用下交替工作，输出方波或三角波的交流电。由于功率开关管的共负极连接，使得该电路的驱动和控制电路可以比较简单，另外由于变压器具有一定的漏感，可限制短路电流，因而提高了电路的可靠性。该电路的缺点是变压器效率低，带感性负载的能力较差，不适合直流电压过高的场合。

（2）半桥式逆变电路

半桥式逆变电路原理如图 6-3 所示。该电路由两只功率开关管、两只储能电容器和耦合变压器等组成。该电路将两只串联电容的中点作为参考点，当功率开关管 VT_1 在控制电路的作用下导通时，电容 C_1 上的能量通过变压器初级释放，当功率开关管 VT_2 导通时，电容 C_2 上的能量通过变压器初级释放，VT_1 和 VT_2 的轮流导通，在变压器次级获得了交流电能。半桥式逆变电路结构简单，由于两只串联电容器的作用，不会产生磁偏或直流分量，非常适合后级带动变压器负载。但该电路工作在工频（50Hz 或者 60Hz）时，需要较大的电容容量，使电路的成本上升，因此该电路更适合用于高频逆变器电路中。

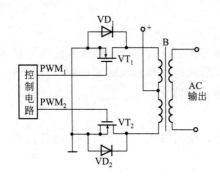

图 6-2　推挽式逆变电路原理图

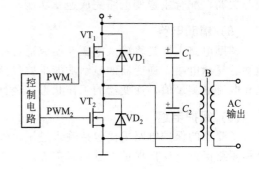

图 6-3　半桥式逆变电路原理图

（3）全桥式逆变电路

全桥式逆变电路原理如图 6-4(a) 所示。该电路由四只功率开关管和变压器等组成。该电路克服了推挽式逆变电路的缺点，功率开关管 VT_1、VT_4 和 VT_2、VT_3 反相，VT_1、VT_3 和 VT_2、VT_4 轮流导通，使负载两端得到交流电能。为便于理解，用图 6-4(b) 等效电路对全桥式逆变电路原理进行分析。图中 E 为输入的直流电源，R 为逆变器的纯电阻性负载［等效于图 6-4(a) 中变压器 B 的原边］，开关 $K_1 \sim K_4$ 等效于图 6-4(a) 中的 $VT_1 \sim VT_4$。当开关 K_1、K_3 接通时，电流流过 K_1、R、K_3，负载 R 上的电压极性是左正右负；当开关 K_1、K_3 断开，K_2、K_4 接通时，电流流过 K_2、R 和 K_4，负载上的电压极性反向。若两组开关 K_1、K_3 和 K_2、K_4 以频率 f 交替切换工作时，负载 R 上便可得到频率为 f 的交变电流（电压），其波形如图 6-4 (c) 所示，该波形为一方波，其周期 $T=1/f$。

上述几种电路都是逆变器的最基本电路，在实际应用中，除了小功率光伏逆变器主电路采用这种单级的（DC-AC）转换电路外，中、大功率逆变器主电路都采用两级（DC-DC-AC）或三级（DC-AC-DC-AC）的电路结构形式。一般来说，中、小功率光伏系统的太阳能电池组件或方阵输出的直流电压都不太高，而且功率开关管的额定耐压值也都比较低，因此逆变电压也比较低，要得到 220V 或者 380V 的交流电，无论是推挽式还是全桥式的逆变电路，其输出都必须加工频升压变压器，由于工频升压变压器体积大、效率低、笨重，因此只能在小功率场合应用。随着电力电子技术的发展，新型光伏逆变器电路都采用高频开关技术和软开关技术实现高功率密度的多级逆变。这种逆变电路的前级升压电路采用推挽逆变电路结构，但工作频率都在 20kHz 以上，升压变压器采用高频磁性材料做铁芯，因而体积小、重量轻。低电压直流电经过高频逆变后变成了高频高压交流电，又经过高频整流滤波电路后得到高压直流电（一般均在 300V 以上），再通过工频逆变电路实现逆变得到 220V 或者 380V 的交流电，

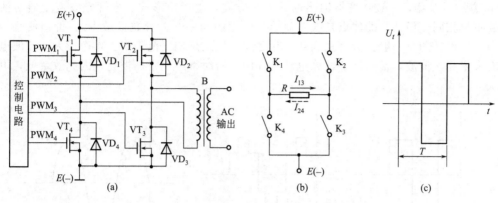

图 6-4 全桥式逆变器工作原理图

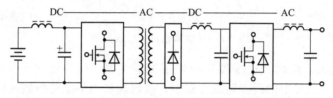

图 6-5 逆变器的三级电路结构原理示意图

整个系统的逆变效率可达到90%以上，目前大多数正弦波光伏逆变器都是采用这种三级电路结构，如图 6-5 所示。其具体工作过程是：首先将太阳能电池方阵输出的直流电（如 24V、48V、110V、220V 等）通过高频逆变电路逆变为波形为方波的交流电，逆变频率一般在几千赫兹到几十千赫兹，再通过高频升压变压器升压，经整流滤波后变为高压直流电，然后经过第三级 DC-AC 逆变为所需要的 220V 或 380V 工频交流电。

图 6-6 是逆变器将直流电转换成交流电的转换过程示意图，以帮助大家加深对逆变器工作原理的理解。半导体功率开关器件在控制电路的作用下以 1/100s 的速度开关，将直流切断，并将其中一半的波形反向而得到矩形的交流波形，然后通过电路使矩形的交流波形平滑，得到 1/50s 正弦交流波形。

（4）不同波形单相逆变器优缺点

逆变器按照输出电压波形的不同，可分为方波逆变器、阶梯波逆变器和正弦波逆变器，其输出波形如图 6-7 所示。在太阳能光伏发电系统中，方波和阶梯波逆变器一般都用在小功率场合。下面就分别对这三种不同输出波形逆变器的特点进行介绍。

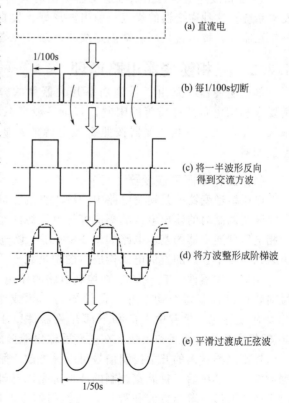

图 6-6 逆变器波形变换过程示意图

① 方波逆变器。方波逆变器输出的波形是方波，也叫矩形波。尽管方波逆变器所使用的电路不尽相同，但共同的优点是线路简单（使用的功率开关管数量最少）、价格便宜、维修方便，其设计功率一般在数百瓦到几千瓦之间。缺点是调压范围窄、噪声较大，方波电压中含有大量高次谐波，带感性负载如电动机等用电器时将产生附加损耗，因此效率低，电磁干扰大。

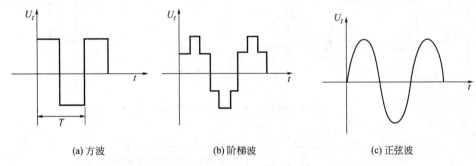

图 6-7   逆变器输出波形示意图

② 阶梯波逆变器。阶梯波逆变器也叫修正波逆变器，阶梯波比方波波形有明显改善，波形类似于正弦波，波形中的高次谐波含量少，故可以带包括感性负载在内的各种负载。当采用无变压器输出时，整机效率高。缺点是线路较为复杂。为把方波修正成阶梯波，需要多个不同的复杂电路，产生多种波形叠加修正而成，这些电路使用的功率开关管也较多，电磁干扰严重。阶梯波形逆变器不能应用于并网发电的场合。

③ 正弦波逆变器。正弦波逆变器输出的波形与交流市电的波形相同，适合于并网光伏发电系统。这种逆变器的优点是输出波形好、失真度低，干扰小、噪声低，保护功能齐全，整机性能好，技术含量高。缺点是线路复杂、维修困难、价格较贵。

6.2.2   三相逆变器电路原理

单相逆变器电路由于受到功率开关器件的容量、零线（中性线）电流、电网负载平衡要求和用电负载性质等的限制，容量一般都在 100kV·A 以下，大容量的逆变电路大多采用三相形式。三相逆变器按照直流电源的性质不同分为三相电压型逆变器和三相电流型逆变器。

（1）三相电压型逆变器

电压型逆变器就是逆变电路中的输入直流能量由一个稳定的电压源提供，其特点是逆变器在脉宽调制时的输出电压的幅值等于电压源的幅值，而电流波形取决于实际的负载阻抗。三相电压型逆变器的基本电路如图 6-8 所示。该电路主要由 6 只功率开关器件和 6 只续流二极管以及带中性点的直流电源构成。图中负载 L 和 R 表示三相负载的各路相电感和相电阻。

功率开关器件 $VT_1 \sim VT_6$ 在控制电路的作用下，当控制信号为三相互差 120°的脉冲信号时，可以控制每个功率开关器件导通 180°或 120°，相邻两个开关器件的导通时间互差 60°。逆变器三个桥臂中上部和下部开关器件以 180°间隔交替开通和关断，$VT_1 \sim VT_6$ 以 60°的相位差依次开通和关断，在逆变器输出端形成 a、b、c 三相电压。

控制电路输出的开关控制信号可以是方波、阶梯波、脉宽调制方波、脉宽调制三角波和锯齿波等，其中后三种脉宽调制的波形都是以基础波作为载波，正弦波作为调制波，最后输出正弦波波形。普通方波和被正弦波调制的方波的区别如图 6-9 所示，与普通方波信号相比，被调制的方波信号是按照正弦波规律变化的系列方波信号，即普通方波信号是连续导通

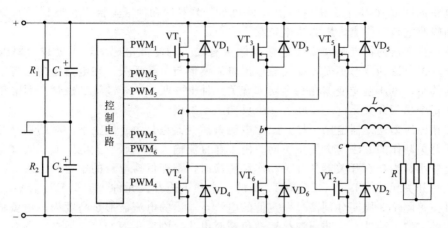

图 6-8　三相电压型逆变器电路原理图

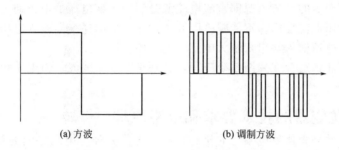

(a) 方波　　　　　　　　　　(b) 调制方波

图 6-9　方波与被调制方波波形示意图

的，而被调制的方波信号要在正弦波调制的周期内导通和关断 N 次。

（2）三相电流型逆变器

电流型逆变器的直流输入电源是一个恒定的直流电流源，需要调制的是电流，若一个矩形电流注入负载，电压波形则是在负载阻抗的作用下生成的。在电流型逆变器中，有两种不同的方法控制基波电流的幅值，一种方法是直流电流源的幅值变化法，这种方法使得交流电输出侧的电流控制比较简单；另一种方法是用脉宽调制来控制基波电流。三相电流型逆变器

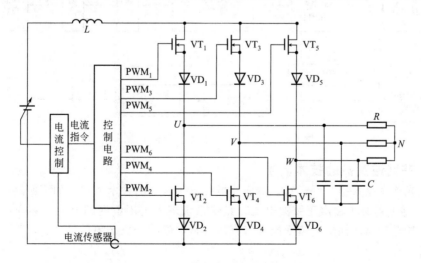

图 6-10　三相电流型逆变器电路原理图

的基本电路如图 6-10 所示。该电路由 6 只功率开关器件和 6 只阻断二极管以及直流恒流电源、浪涌吸收电容等构成，R 为用电负载。

电流型逆变器的特点是在直流电输入侧接有较大的滤波电感 L，当负载功率因数变化时，交流输出电流的波形不变，即交流输出电流波形与负载无关。在电路结构上与电压型逆变器不同的是，电压型逆变器在每个功率开关元件上并联了一个续流二极管，而电流型逆变器则是在每个功率开关元件上串联了一个反向阻断二极管。

与三相电压型逆变器电路一样，三相电流型逆变器也是由三组上下一对的功率开关元件构成，但开关动作的方法与电压型不同。由于在直流输入侧串联了大电感 L，使直流电流的波动变化较小，当功率开关器件开关动作和切换时，都能保持电流的稳定和连续。因此三个桥臂中上边开关元件 VT_1、VT_3、VT_5 中的一个和下边开关元件 VT_2、VT_4、VT_6 中的一个，均可按每隔 1/3 周期分别流过一定值的电流，输出的电流波形是高度为该电流值的 120° 通电期间的方波。另外，为防止连接感性负载时电流急剧变化而产生浪涌电压，在逆变器的输出端并联了浪涌吸收电容 C。

三相电流型逆变器的直流电源即直流电流源是利用可变电压的电源通过电流反馈控制来实现的。但是，仅用电流反馈，不能减少因开关动作形成的逆变器输入电压的波动而使电流随着波动，所以在电源输入端串入了大电感（电抗器）L。

电流型逆变器非常适合在并网系统应用，特别是在太阳能光伏发电系统中，电流型逆变器有着独特的优势。

6.2.3　并网逆变器的技术要求和电路原理

并网逆变器是并网光伏发电系统的核心部件（光伏方阵与电网之间的桥梁）。与离网型光伏逆变器相比，并网逆变器不仅要将太阳能光伏发电系统输出的直流电有效地转换为交流电，包括最大功率跟踪（MPPT）控制，还要对交流电的电压、电流、波形、频率、相位与同步等进行控制，还要解决对电网的电磁干扰、自我保护（防雷击、过流、过热、短路、反接、直流电压异常、电网电压异常）、单独运行、光伏组件的 PID 防护和孤岛效应防护等技术问题，因此对并网型逆变器要有更高的技术要求。图 6-11 是并网光伏逆变系统结构示意图。

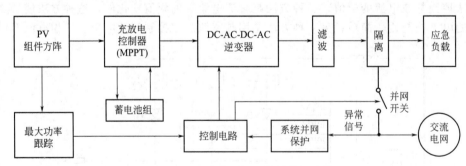

图 6-11　并网光伏逆变系统结构示意图

6.2.3.1　并网逆变器的技术要求

太阳能光伏发电系统并网运行，对逆变器提出了较高的技术要求，如下所述。

① 要求逆变器必须输出正弦波电流。光伏系统馈入公用电网的电力，必须满足电网规定的指标，如逆变器的输出电流不能含有直流分量，高次谐波必须尽量减少，不能对电网造成谐波污染。

② 要求逆变器在负载和日照变化幅度较大的情况下均能高效运行。光伏系统的能量来

自太阳能，而日照强度随着气候而变化，所以工作时输入的直流电压变化较大，这就要求逆变器在不同的日照条件下都能高效运行。同时要求逆变器本身也要有较高的逆变效率，一般中小功率逆变器满载时的逆变效率要求达到85%～90%，大功率逆变器满载时的逆变效率要求达到90%～95%。

③ 要求逆变器能使光伏方阵始终工作在最大功率点状态。太阳能电池的输出功率与日照、温度、负载的变化有关，即其输出特性具有非线性关系。这就要求逆变器具有最大功率跟踪（MPPT）功能，即不论日照、温度等如何变化，都能通过逆变器的自动调节实现太阳能电池方阵的最佳运行。

④ 要求具有较高的可靠性。许多光伏发电系统处在边远地区和无人值守与维护的状态，这就要求逆变器要具有合理的电路结构和设计，具备一定的抗干扰能力、环境适应能力、瞬时过载保护能力以及各种保护功能，如输入直流极性反接保护、交流输出短路保护、过热保护、过载保护等。

⑤ 要求有较宽的直流电压输入适应范围。太阳能电池方阵的输出电压会随着负载和日照强度、气候条件的变化而变化，对于接入蓄电池的并网光伏系统，虽然蓄电池对太阳能电池输出电压具有一定的钳位作用，但由于蓄电池本身电压也随着蓄电池的剩余电量和内阻的变化而波动，特别是不接蓄电池的光伏系统或蓄电池老化时的光伏系统，其端电压的变化范围很大。例如一个接12V蓄电池的光伏系统，它的端电压会在11～17V之间变化。这就要求逆变器必须在较宽的直流电压输入范围内都能正常工作，并保证交流输出电压的稳定。

⑥ 要求逆变器体积小、重量轻，以便于室内安装或墙壁上悬挂。

⑦ 要求在电力系统发生停电时，并网光伏系统既能独立运行，又能防止孤岛效应，能快速检测并切断向公用电网的供电，防止触电事故的发生。待公用电网恢复供电后，逆变器能自动恢复并网供电。

6.2.3.2　并网逆变器的电路原理

(1) 三相并网逆变器电路原理

三相并网逆变器输出电压一般为交流380V或更高电压，频率为50/60Hz，其中50Hz为中国和欧洲标准，60Hz为美国和日本标准。三相并网逆变器多用于容量较大的光伏发电系统，输出波形为标准正弦波，功率因数接近1.0。

三相并网逆变器的电路原理如图6-12所示。电路分为主电路和微处理器电路两部分。其中主电路主要完成DC-DC-AC的转换和逆变过程。微处理器电路主要完成系统并网的控制过程。系统并网控制的目的是使逆变器输出的交流电压值、波形、相位等维持在规定的范围内，因此，微处理器控制电路要完成电网相位实时检测、电流相位反馈控制、光伏方阵最大功率跟踪以及实时正弦波脉宽调制信号发生等内容，具体工作过程如下：公用电网的电压和相位经过霍尔传感器送给微处理器的A/D转换器，微处理器将回馈电流的相位与公用电网的电压相位做比较，其误差信号通过PID运算器运算调节后送给PWM脉宽调制器，这就完成了功率因数为1的电能回馈过程。微处理器完成的另一项主要工作是实现光伏方阵的最大功率输出。光伏方阵的输出电压和电流分别由电压、电流传感器检测并相乘，得到方阵输出功率，然后调节PWM输出占空比。这个占空比的调节实质上就是调节回馈电压大小，从而实现最大功率寻优。当U的幅值变化时，回馈电流与电网电压之间的相位角ϕ也将有一定的变化。由于电流相位已实现了反馈控制，因此自然实现了相位有幅值的解耦控制，使微处理器的处理过程更简便。

(2) 单相并网逆变器电路原理

单相并网逆变器输出电压为交流220V或110V等，频率为50Hz，波形为正弦波，多用

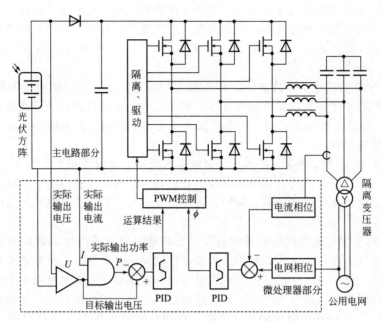

图 6-12 三相并网逆变器电路原理示意图

于小型的户用系统。单相并网逆变器电路原理如图 6-13 所示。其逆变和控制过程与三相并网逆变器基本类似。

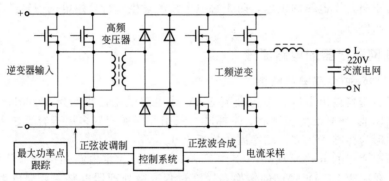

图 6-13 单相并网逆变器电路原理示意图

(3) PID 防护

存在于晶体硅光伏组件中的太阳电池与其金属边框之间的高电压可能会引发晶体硅光伏组件性能的持续衰减，这种现象称为电位诱发衰减（Potential Induced Degradation，PID）效应。

PID 问题已成为影响光伏电站发电量的重要因素之一，特别是在温度高、湿度大的水面光伏发电系统和屋顶光伏发电系统中，发生 PID 的概率大大增加。因此除了组件自身防护不断提高外，一般要求逆变器具备 PID 防护功能。

常见的 PID 防护方法主要包含光伏发电系统负极接地和负极虚拟接地两种。负极接地法是指将光伏方阵或逆变器的负极通过电阻或熔丝直接接地，使电池板负极对大地的电压与接地金属边框保持在等电位，以消除负偏压的影响。负极虚拟接地方案是通过检测光伏发电系统负极对地电位来调整交流对地虚拟中性点电位，从而提高负极对地电位，确保负极对地电位大于或等于地电位。

此外，利用组件 PID 的可逆性原理，在夜间光伏发电系统停止工作时段内，可以对光伏组件施加反向电压，修复白天发生 PID 现象的组件。

（4）并网逆变器单独运行的检测与孤岛效应防止

在太阳能光伏并网发电过程中，由于太阳能光伏发电系统与电力系统并网运行，当电力系统由于某种原因发生异常（故障）而停电时，导致网侧投闸开关跳开（图 6-14），但是并网发电装置或者保护装置没有检测到故障而继续运行，即不能随之停止工作或与电力系统脱开，则会向电力输电线路继续独立供电运行状态，形成一个电力公司无法掌控的供电"孤岛"（islanding），这种运行状态被形象地称为"孤岛效应"。特别是当太阳能光伏发电系统的发电功率与负载用电功率平衡时，即使电力系统断电，光伏发电系统输出端的电压和频率等参数不会快速随之变化，使光伏发电系统无法正确判断电力系统是否发生故障或中断供电，因而极易导致"孤岛效应"现象的发生。

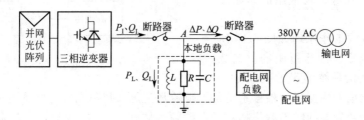

图 6-14　孤岛效应下供电状态示意图

"孤岛效应"的发生会产生严重的后果。当电力系统电网发生故障或中断供电后，由于光伏发电系统仍然继续给电网供电，会威胁到电力供电线路的修复及维修作业人员及设备的安全，造成触电事故。不仅妨碍了停电故障的检修和正常运行的尽快恢复，而且有可能给配电系统及一些负载设备造成损害。因此为了确保维修作业人员的安全和电力供电的及时恢复，当电力系统停电时，必须使太阳能光伏系统停止运行或与电力系统自动分离（此时太阳能光伏系统自动切换成独立供电系统，还将继续运行为一些应急负载和必要负载供电）。

孤岛效应是并网型光伏发电系统存在的一个基本问题，孤岛检测与防护是并网逆变器的必备功能。在逆变器电路中，检测出光伏系统单独运行状态的功能称为单独运行检测。检测出单独运行状态，并使太阳能光伏系统停止运行或与电力系统自动分离的功能就叫单独运行停止或孤岛效应防止。

单独运行检测功能分为被动式检测和主动式检测两种方式。

① 被动式检测方式　通过实时监视电网系统的电压、频率、相位的变化，检测因电网电力系统停电向单独运行过渡时的电压波动、相位跳动、频率变化等参数变化，检测出单独运行状态的方法。

被动式检测方式有电压相位跳跃检测法、频率变化率检测法、电压谐波检测法、输出功率变化率检测法等，其中电压相位跳跃检测法较为常用。

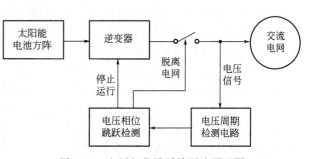

图 6-15　电压相位跳跃检测法原理图

电压相位跳跃检测法的检测原理如图 6-15 所示，其检测过程是：周期性地测出逆变器的交流电压的周期，如果周期的偏移超过某设定值以上，则可判定为单独运行状态。此时使逆变器停止运行或脱离电网运行。通常与电力系统并网的逆变器是在功率因数为 1（即电力系统电压与逆变器的输出电流同相）的情况下运行，逆变器不向负载供给无功功率，而由电力系统供给无功功率。但单独运行时电力系统无法供给无功功率，逆变器不得不向负载供给无功功率，其结果是使电压的相位发生骤变。检测电路检测出电压相位的变化，判定光伏发电系统处于单独运行状态。

② 主动式检测方式　由逆变器的输出端主动向系统发出电压、频率或输出功率等变化量的扰动信号，并观察电网是否受到影响，根据参数变化检测出是否处于单独运行状态。

主动式检测方式有频率偏移方式、有功功率变动方式、无功功率变动方式以及负载变动方式等。较常用的是频率偏移方式。

频率偏移方式工作原理如图 6-16 所示，该方式是根据单独运行中的负荷状况，使太阳能光伏系统输出的交流电频

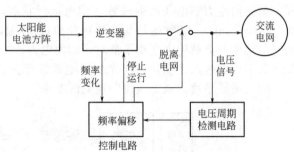

图 6-16　频率偏移方式工作原理图

率在允许的变化范围内变化，根据系统是否跟随其变化来判断光伏发电系统是否处于单独运行状态。例如使逆变器的输出频率相对于系统频率做 ±0.1Hz 的波动，在与系统并网时，此频率的波动会被系统吸收，所以系统的频率不会改变。当系统处于单独运行状态时，此频率的波动会引起系统频率的累计变化，根据检测出的频率可以判断为单独运行。一般当频率波动持续 0.5s 以上时，则逆变器会停止运行或与电力电网脱离。

6.3　光伏逆变器的技术参数与选用

光伏逆变器的性能特点和技术参数是评价和选用光伏逆变器的主要依据。

6.3.1　光伏逆变器的主要性能特点

（1）离网逆变器主要性能特点

① 采用 16 位单片机或 32 位 DSP 微处理器进行控制。
② 太阳能充电采用 PWM 控制模式，大大提高了充电效率。
③ 采用数码或液晶显示各种运行参数，可灵活设置各种定值参数。
④ 方波、修正波、正弦波输出，纯正弦波输出时，波形失真度一般小于 5%。
⑤ 稳压精度高，额定负载状态下，输出精度一般不大于 ±3%。
⑥ 具有缓启动功能，避免对蓄电池和负载的大电流冲击。
⑦ 高频变压器隔离，体积小、重量轻。
⑧ 配备标准的 RS232/485 通信接口，便于远程通信和控制。
⑨ 可在海拔 5500m 以上的环境中使用，适应环境温度范围为 −20～50℃。
⑩ 具有输入反接保护、输入欠压保护、输入过压保护、输出过压保护、输出过载保护、输出短路保护、过热保护等多种保护功能。

（2）并网逆变器主要性能特点

① 功率开关器件采用新型 IPM 模块，大大提高系统效率。
② 采用 MPPT 自寻优技术实现太阳能电池最大功率跟踪，最大限度地提高系统的发电量。

③ 液晶显示各种运行参数，人性化界面，可通过按键灵活设置各种运行参数。

④ 设置有多种通信接口可供选择，可方便地实现上位机监控（上位机是指：人可以直接发出操控命令的计算机，屏幕上显示各种信号变化如电压、电流、水位、温度、光伏发电量等）。

⑤ 具有完善的保护电路，系统可靠性高。

⑥ 具有较宽的直流电压输入范围。

⑦ 可实现多台逆变器并联组合运行，简化光伏电站设计，使系统能够平滑扩容。

⑧ 具有电网保护装置，具有防孤岛效应保护功能。

⑨ 并网逆变器利用电网本身可吸收巨大能量的功能，使并网发电系统无需增设蓄电池，节省系统投资，减少系统维护。

6.3.2 光伏逆变器的主要技术参数

(1) 额定输出电压

光伏逆变器在规定的输入直流电压允许的波动范围内，应能输出额定的电压值，一般在额定输出电压为单相 220V 和三相 380V 时，电压波动偏差有如下规定：

① 在稳定状态运行时，一般要求电压波动偏差不超过额定值的 ±5%；

② 在负载突变（额定负载 0→50%→100%）或有其它干扰因素影响的动态情况下，其输出电压偏差不超过额定值的 ±10%；

③ 在正常工作条件下，逆变器输出的三相电压不平衡度不应超过 8%；

④ 输出的电压波形（正弦波）失真度一般要求不超过 5%；

⑤ 逆变器输出交流电压的频率在正常工作条件下其偏差应在 1% 以内，GB/T 19064—2003 规定的输出电压频率应在 49~51Hz 之间。

(2) 负载功率因数

负载功率因数大小表示逆变器带感性负载的能力，在正弦波条件下负载功率因数为 0.7~0.9。

(3) 额定输出电流和额定输出容量

额定输出电流是指在规定的负载功率因数范围内逆变器的额定输出电流，单位为 A；额定输出容量是指当输出功率因数为 1（即纯电阻性负载）时，逆变器额定输出电压和额定输出电流的乘积，单位是 kV·A 或 kW（注意：非电阻性负载时，逆变器的 kV·A 数不等于 kW 数）。

(4) 额定输出效率

额定输出效率是指在规定的工作条件下，输出功率与输入功率之比，通常应在 70% 以上；逆变器的效率会随着负载的大小而改变，当负载率低于 20% 和高于 80% 时，效率要低一些；标准规定逆变器输出功率在大于等于额定功率的 75% 时，效率应大于等于 80%。

(5) 过载能力

过载能力是要求逆变器在特定输出功率条件下能持续工作一定的时间，其标准规定如下：

① 输入电压与输出功率为额定值时，逆变器应连续可靠工作 4h 以上；

② 输入电压与输出功率为额定值的 125% 时，逆变器应连续可靠工作 1min 以上；

③ 输入电压与输出功率为额定值的 150% 时，逆变器应连续可靠工作 10s 以上。

(6) 额定直流输入电压

额定直流输入电压是指光伏发电系统中输入逆变器的直流电压，小功率逆变器输入电压一般为 12V 和 24V，中、大功率逆变器输入电压有 24V、48V、110V、220V 和 500 V 等。

光伏逆变器直流输入电压允许在额定直流输入电压的 90％～120％ 范围内变化，而不影响输出电压的变化。

(7) 额定直流输入电流

额定直流输入电流是指太阳能光伏发电系统为逆变器提供的额定直流工作电流。

(8) 使用环境条件

① 工作温度　逆变器功率器件的工作温度直接影响到逆变器的输出电压、波形、频率、相位等许多重要特性，而工作温度又与环境温度、海拔高度、相对湿度以及工作状态有关。

② 工作环境　对于高频高压型逆变器，其工作特性和工作环境、工作状态有关。在高海拔地区，空气稀薄，容易出现电路极间放电，影响工作；在高湿度地区则容易结露，造成局部短路。因此逆变器都规定了适用的工作范围。

光伏逆变器的正常使用条件为：环境温度 $-20 \sim +50℃$，海拔 $\leqslant 5500m$，相对湿度 $\leqslant 93\%$，且无凝露；当工作环境和工作温度超出上述范围时，要考虑降低容量使用或重新设计定制。

(9) 电磁干扰和噪声

逆变器中的开关电路极容易产生电磁干扰，容易在铁芯变压器上因振动而产生噪声。因而在设计和制造中都必须控制电磁干扰和噪声指标，使之满足有关标准和用户的要求。其噪声要求是：当输入电压为额定值时，在设备高度的 1/2、正面距离为 3m 处用声级计分别测量 50％ 额定负载和满载时的噪声应小于等于 65dB。

(10) 保护功能

太阳能光伏发电系统应该具有较高的可靠性和安全性，作为光伏发电系统重要组成部分的逆变器应具有如下保护功能。

① 欠压保护　当输入电压低于规定的欠压断开(LVD)值时，逆变器应能自动关机保护。

② 过电流保护　当工作电流超过额定值的 150％ 时，逆变器应能自动保护。当电流恢复正常后，设备又能正常工作。

③ 短路保护　当逆变器输出短路时，应具有短路保护措施。短路排除后，设备应能正常工作。

④ 极性反接保护　逆变器的正极输入端与负极输入端反接时，逆变器应能自动保护。待极性正接后，设备应能正常工作。

⑤ 雷电保护　逆变器应具有雷电保护功能，其防雷器件的技术指标应能保证吸收预期的冲击能量。

(11) 安全性能要求

① 绝缘电阻　逆变器直流输入与机壳间的绝缘电阻应大于等于 $50M\Omega$，逆变器交流输出与机壳间的绝缘电阻应大于等于 $50M\Omega$。

② 绝缘强度　逆变器的直流输入与机壳间应能承受频率为 50Hz、正弦波交流电压为 500V、历时 1min 的绝缘强度试验，无击穿或飞弧现象。逆变器交流输出与机壳间应能承受频率为 50Hz，正弦波交流电压为 1500V，历时 1min 的绝缘强度试验，无击穿或飞弧现象。

6.3.3　光伏逆变器的选用

光伏逆变器是太阳能光伏发电系统的主要部件和重要组成部分，为了保证太阳能光伏发电系统的正常运行，对逆变器的正确配置选型显得尤为重要。逆变器的配置选型除了要根据整个光伏发电系统的各项技术指标并参考生产厂家提供的产品样本手册来确定外，一般还要重点考虑下列几项技术指标。

(1) 额定输出容量

额定输出容量表示逆变器向负载供电的能力。额定输出容量高的逆变器可以带更多的用电负载。选用逆变器时应首先考虑具有足够的额定容量，以满足最大负荷下设备对电功率的要求，以及系统的扩容及一些临时负载的接入。当用电设备以纯电阻性负载为主或功率因数大于0.9时，一般选取逆变器的额定容量为用电设备功率的 1.10～1.15 倍即可。在逆变器以多个设备为负载时，逆变器容量的选取要考虑几个用电设备同时工作的可能性，即负载同时系数。

但当逆变器的负载不是纯阻性时，也就是输出功率因数小于 1 时，逆变器的负载能力将小于所给出的额定输出功率值。

(2) 输出电压的调整性能

输出电压的调整性能表示逆变器输出电压的稳压能力。一般逆变器给出电压调整率和负载调整率。

电压调整率：逆变器的输入直流电压在允许波动范围内该逆变器输出电压的偏差（％），应≤3％；

负载调整率：高性能的逆变器应同时给出当负载由 0 向 100％ 变化时，该逆变器输出电压的偏差（％），应≤6％。

离网型光伏发电系统是以蓄电池为储能设备的。而蓄电池的电压与使用情况有关：当标称电压为 12V 的蓄电池处于浮充电状态时，端电压可达 13.5V，短时间过充电状态可达15V；蓄电池带负荷放电终了时端电压可降至 10.5V 或更低。蓄电池端电压的变化可达标称电压的 30％ 左右。因此为了保证光伏发电系统以稳定的交流电压供电，必须要求逆变器具有很好的调压性能。

(3) 整机效率

整机效率表示逆变器自身功率损耗的大小。容量较大的逆变器还要给出满负荷工作和低负荷工作下的效率值。一般千瓦级以下的逆变器的效率应为 80％～85％；10kW 级的效率应为 85％～90％；更大功率的效率必须在 90％～95％ 以上。逆变器的效率高低对光伏发电系统提高有效发电量和降低发电成本有重要影响。

光伏发电系统专用逆变器在设计中应特别注意减少自身功率损耗，提高整机效率。这是因为 10kW 级的通用型逆变器实际效率只有 70％～80％，将其用于光伏发电系统时将带来总发电量 20％～30％ 的电能损耗。所以，当户用系统不用电时，应当将逆变器关断以减少不用电时的损耗。

(4) 保护功能

逆变器对外电路的过电流及短路现象最为敏感。因此，过电压、过电流及短路自动保护是保证逆变器安全运行的最基本措施。功能完善的正弦波逆变器不但具有当温升超过规定的最高限度时的过热保护功能，而且还应有断路、缺相保护等功能。

(5) 启动性能

逆变器应保持在额定负载下可靠启动。高性能的逆变器可以做到连续多次满负荷启动而不损坏功率开关器件及其它电路。小型逆变器为了自身安全，有时采用软启动或限流启动措施或电路。

以上几条是逆变器设计和选购的主要依据，也是评价逆变器技术性能的重要指标。

6.3.4　光伏逆变器产品简介

购买逆变器时要求对产品型号、额定直流电压、额定功率、性能特点等都知道其含义，特别要与整个太阳能光伏系统匹配。

6.3.4.1　SQ 系列太阳能逆变器

SQ 系列产品是光伏发电控制、逆变一体机，将太阳能控制器和逆变器合二为一。

(1) 控制逆变器型号说明

代表型号：SQ-24-500。其中，SQ 代表控制逆变器；24 代表额定直流电压；500 代表额定功率 500V·A。

(2) 性能特点

① 采用高性能微处理器，具有高可靠性、高效率、体积小、携带方便等特点；

② 具备各种保护功能；

③ 太阳能充电采用 PWM 控制模式，大大提高了充电效率；

④ 数码或液晶显示各种运行参数，配合触摸按键和指示灯可灵活设置定值参数；

⑤ 独特的经济运行模式更加节约能源；

⑥ 数据通信功能（可选件）可方便组成监控系统；

⑦ 可在海拔 6000m 使用。

6.3.4.2　离网光伏充电控制器设备产品简介

离网型控制逆变器是将控制器和逆变器集成于一体的智能电源，既可控制太阳能电池对蓄电池进行智能充电，同时，将蓄电池的直流电能逆变成 220V 的方波交流电，供用户负载使用。

按功率和电压等级分类有小功率光伏控制器、中功率光伏控制器、大功率光伏控制器和非标光伏控制器；电压有 12～110V 等；电流有 5～400A 不等。产品型号说明如图 6-17 所示。

6.3.4.3　DH 系列太阳能逆变器

DH 系列太阳能逆变器主要供太阳能独立发电系统，即离网系统使用，是集太阳能充电控制器和逆变器于一体的设备。逆变器输出有修正正弦波和全正弦波两种，输入有直流电压 12V、24V、36V、48V、100V、200V、400V 等规格。还可提供输入交流电压和直流电压两种电源充电模式。安装方式有台式和墙挂式。

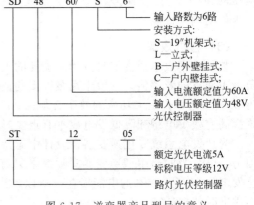

图 6-17　逆变器产品型号的意义

(1) 产品特点

① 集太阳能充电和逆变于一体，可有效地进行蓄电池充电控制；

② 太阳能电池输出电压较低时能够正常对蓄电池充电；

③ 工频变压器输出方式，输出功率能力强，抗冲击力强；

④ 输出隔离、安全性好；

⑤ 保护性能完备，具有过充、过放、过载、短路、过热等保护；

⑥ 墙挂式结构方便安装；

⑦ 无需日常维护、工作寿命可达 20 年。

（2）技术参数

各种不同的波形输出逆变器的技术参数是不同的，可参见具体产品技术说明书。

离网发电系统独立逆变器型号如图6-18所示。

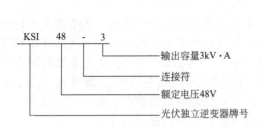

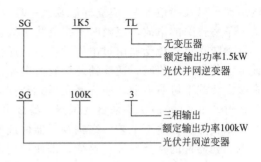

图6-18 离网逆变器型号意义 　　　　　图6-19 并网逆变器型号意义

6.3.4.4 并网逆变器产品

并网逆变器产品具有以下特点和优势：

① 逆变器有变压器型、无变压器型两种技术，可满足不同的应用要求；

② 产品的可靠性很高，保证相对落后、偏僻、维护困难的地区，太阳能发电系统长期、稳定地运行；

③ 配合多功能离网、并网逆变器，开发配套监控软件，对太阳能发电系统运行状态进行监控；

④ 并网逆变器利用电网本身可吸收巨大能量的功能，使并网发电系统无需增设蓄电池，节省系统投资，减少系统维护。

并网逆变器可分为：单相输出，其直流电压工作范围为150～780V；三相输出，直流电压工作范围为200～900V。

还可分为室内型和室外型。

并网逆变器产品型号的含义如图6-19所示。

6.4 光伏逆变器的操作与维护

6.4.1 逆变器的操作要点

① 严格按照逆变器使用维护说明书的要求进行设备的连接和安装。在安装时，应认真检查：线径是否符合要求；各部件及端子在运输中有否松动；绝缘处是否良好；系统的接地是否符合规定。

② 应严格按照逆变器使用维护说明书的规定操作使用。尤其是：在开机前要注意输入电压是否正常；在操作时要注意开、关机的顺序是否正确；各表头和指示灯的指示是否正常。

③ 逆变器一般均有断路、过电流、过电压、过热等项目的自动保护，因此在发生这些现象时，无需人工停机；自动保护的保护点，一般在出厂时已设定好，无需再进行调整。

④ 逆变器机柜内有高压，操作人员一般不得打开柜门，柜门平时应锁死。

⑤ 在室温超过30℃时，应采取散热降温措施，以防止设备发生故障，延长设备使用寿命。

⑥ 安装时要尽可能地避免阴影，安装逆变器的空间也应足够大。将逆变器安装在组件的附近，可以使组件效率有所改进。

6.4.2 逆变器的维护检修

逆变器在使用过程中，经过专门培训的维护检修人员，应严格定期按逆变器维护手册规定的步骤进行查看，如果发现逆变器各部分的接线有松动现象（如风扇、功率模块、输入和输出端子以及接地等），应立即修复。一旦停机，不准马上开机，应查明原因并修复后再开机。不易排除的事故，应及时上报并将事故发生的现象予以详细记录。

为防止负载免受输出过电压的损害，逆变器应有输出过电压防护措施；当负载发生短路或电流超过允许值时，逆变器还应有过电流保护，免受过电流造成的损伤。逆变器还应保证在额定负载下可靠启动。逆变器正常运行时，其噪声应不超过80dB，小型逆变器的噪声应不超过65dB（噪声主要来自变压器、滤波电感、电磁开关及风扇等部件）。此外还应要求生产厂家在逆变器生产工艺、结构及元器件选型方面具有良好的可维护性。损坏的元器件容易买到，元器件的互换性好。这样，即使逆变器出现故障，也可迅速恢复正常。

思考题与习题

6-1 什么叫逆变？太阳能光伏发电系统中为什么要使用光伏逆变器？

6-2 以最简单的单相全桥式逆变电路为例，说明逆变器的工作原理。

6-3 逆变器输出波形主要有哪几种，各有什么优缺点？

6-4 独立光伏系统对逆变器有哪些基本要求，为什么要求逆变器输出电压的失真度要低？

6-5 评价逆变器性能的主要技术参数有哪些？为什么要将这些技术参数严格地控制在一定范围内？

6-6 在太阳能光伏发电系统中为什么选好逆变器是非常重要的？

6-7 画出光伏发电系统的构成图并指出各部件的作用。

6-8 SQ系列太阳能光伏逆变器产品的性能有哪些？

6-9 什么叫做光伏并网逆变器，对光伏并网逆变器有什么要求？

6-10 简述光伏并网逆变器的工作原理。

6-11 什么是PID效应？如何防护？

6-12 什么叫做孤岛效应？如果电力线受到破坏或被迫关闭，为什么逆变器就要停止向用电设备或电网供电？

6-13 某地一个大气环境监测站有220V交流设备及照明灯等，如表6-2所示。当地年辐射量是 $679kJ/cm^2$，平均峰值日照时数为5.17h，连续阴雨天数为5天，并确定使用直流工作电压为48V的逆变器，求太阳能电池组件和蓄电池组的容量。

表6-2 大气环境监测站设备耗电量情况统计

序号	负载名称	直流/交流	负载功率/W	数量	合计功率/W	日工作时间/h	日耗电量/(W·h)
1	气象遥测仪	交流	35	1台	35	24	840
2	计算机	交流	320	1台	320	5	1600
3	GSM通信设备	交流	120	1台	120	12	1440
4	照明灯	交流	18	4只	72	6	432
5	大气质量分析仪	交流	30	1台	30	2	60
6	空气净化器	交流	28	2台	56	4	224
7	合计	—	—	—	633	—	4596

6-14 我国生产的并网逆变器产品系列中都有哪些优势？

第 7 章

太阳能光伏发电系统应用技术

7.1 太阳能光伏发电系统的组成和分类

7.1.1 太阳能光伏发电系统的组成

太阳能光伏发电系统通过太阳能电池将太阳辐射能转换为电能，尽管太阳能光伏发电系统的应用形式多种多样，应用规模跨度也很大，从小到不足一瓦的太阳能草坪灯，大到几百千瓦甚至几兆瓦的大型光伏发电站，但其组成结构和工作原理却基本相同。其主要结构由太阳能电池组件（或方阵）、蓄电池（组）、光伏控制器、逆变器（在有需要输出交流电的情况下使用）以及一些测试、监控、防护等附属设施构成。

(1) 太阳能电池组件

太阳能电池组件也叫太阳能电池板，是太阳能光伏发电系统中的核心部分，也是太阳能光伏发电系统中价值最高的部分。其作用是将太阳的辐射能量转换为电能，并送往蓄电池储存起来，也可以直接用于驱动负载工作。当发电容量较大时，就需要用多块电池组件串、并联后构成太阳能电池方阵。目前应用的太阳能电池主要是晶体硅电池，分为单晶硅太阳能电池、多晶硅太阳能电池和非晶硅太阳能电池等几种。

(2) 蓄电池

蓄电池的作用主要是存储太阳能电池发出的电能，并可随时向负载供电。太阳能光伏发电系统对蓄电池的基本要求是：自放电率低、使用寿命长、充电效率高、深放电能力强、工作温度范围宽、少维护或免维护以及价格低廉等。目前为光伏系统配套使用的主要是免维护铅酸蓄电池，在小型、微型系统中，也可用镍氢电池、镍镉电池、锂电池或超级电容器。当需要大容量电能存储时，就需要将多只蓄电池串、并联起来构成蓄电池组。

(3) 光伏控制器

太阳能光伏控制器的作用是控制整个系统的工作状态，其主要功能是：蓄电池过充电保护、蓄电池过放电保护、系统短路保护、系统极性反接保护、夜间防反充保护等；在温差较大的地方，控制器还具有温度补偿的功能。另外控制器还有光控开关、时控开关等工作模式，以及充电状态、蓄电池电量等各种工作状态的显示功能。

光伏控制器一般分为小功率、中功率、大功率和风光互补控制器等。

(4) 交流逆变器

交流逆变器是把太阳能电池组件或者蓄电池输出的直流电转换成交流电供应给电网或者交流负载使用的设备。逆变器按运行方式可分为独立运行逆变器和并网逆变器。独立运行逆变器用于独立运行的太阳能光伏发电系统，为独立负载供电；并网逆变器用于并网运行的太阳能光伏发电系统。

（5）用电负载

太阳能光伏发电系统按负载性质分为直流负载系统和交流负载系统，太阳能光伏发电系统设计时，必须考虑负载的功率、阻抗特性（电阻性、电感性或电容性）等。

（6）光伏发电系统附属设施

光伏发电系统的附属设施包括直流配电系统、交流配电系统、运行监控和检测系统、防雷和接地系统等。

7.1.2　太阳能光伏发电系统的分类

太阳能光伏发电系统按大类可分为独立（离网）光伏发电系统和并网光伏发电系统两大类。其中，独立光伏发电系统又可分为直流光伏发电系统和交流光伏发电系统以及交、直流混合光伏发电系统。而在直流光伏发电系统中又可分为有蓄电池的系统和无蓄电池的系统。在并网光伏发电系统中，分为有逆流光伏发电系统和无逆流光伏发电系统，并根据用途也分为有蓄电池系统和无蓄电池系统等。光伏发电系统的分类及具体应用如表 7-1 所列。

表 7-1　太阳能光伏发电系统分类及用途

类　型	分　类	具体应用实例
独立光伏发电系统	无蓄电池的直流光伏发电系统	直流光伏水泵，充电器，太阳能风扇帽
	有蓄电池的直流光伏发电系统	太阳能手表，太阳能电池手机充电器，太阳能草坪灯，庭院灯，路灯，交通标志灯，杀虫灯，航标灯，直流户用系统，高速公路监控系统，无电地区微波中继站，移动通信基站，农村小型发电站，石油管道阴极保护等
	交流及交、直流混合光伏发电系统	交流太阳能光伏户用系统，无电地区小型发电站，有交流设备的微波中继站，移动通信基站，气象、水文、环境检测站等
	市电互补型光伏发电系统	城市太阳能路灯改造，电网覆盖地区一般住宅光伏电站
	风光互补发电系统	庭院灯，路灯，移动通信基站，偏远农村家用小型发电站
并网光伏发电系统	有逆流并网光伏发电系统	一般住宅，建筑物，光伏建筑一体化
	无逆流并网光伏发电系统	一般住宅，建筑物，光伏建筑一体化
	切换型并网光伏发电系统	一般住宅，重要及应急负载，建筑物，光伏建筑一体化
	有储能装置的并网光伏发电系统	一般住宅，重要及应急负载，光伏建筑一体化，自然灾害避难所，高层建筑应急照明

7.2　太阳能光伏发电系统的设计

7.2.1　独立光伏发电系统

独立光伏发电系统也叫离网光伏发电系统。太阳能电池组件是独立光伏发电系统的核心部件，它将太阳的辐射能直接转换成电能，并通过控制器把太阳能电池产生的电能存储于蓄电池中。当负载用电时，蓄电池中的电能通过控制器合理地分配到各个负载上。太阳能电池所产生的电能为直流电，可以直接应用于直流负载，也可以用交流逆变器将其转换成为交流电，供交流负载使用。太阳能电池发出的电能可以即发即用，也可以用蓄电池等储能装置将电能存储起来，在需要时使用。因此，独立光伏发电系统根据用电负载的特点，可分为下列几种形式。

（1）无蓄电池的直流光伏发电系统

无蓄电池的直流光伏发电系统如图 7-1 所示。该系统的特点是用电负载是直流负载，对负载使用时间没有要求，负载主要在白天使用。太阳能电池与用电负载直接连接，有阳光时发电供负载工作，无阳光时就停止工作。系统不需要控制器，也没有蓄电池储能装置。该系统的优点是省去了能量通过控制器及在蓄电池的存储和释放过程中造成的损失，提高了太阳能的利用效率。这种系统最典型的应用是太阳能光伏水泵以及一些小型的太阳能电池计算器、玩具、日用品等。

（2）有蓄电池的直流光伏发电系统

有蓄电池的直流光伏发电系统如图 7-2 所示。该系统由太阳能电池、充放电控制器、蓄电池以及直流负载等组成。有阳光时，太阳能电池将光能转换为电能供负载使用，并同时向蓄电池充电存储电能。夜间或阴雨天时，则由蓄电池向负载供电。这种系统应用广泛，小到太阳能草坪灯、庭院灯，大到远离电网的移动通信基站、微波中转站，边远地区农村供电等。当系统容量和负载功率较大时，就需要配备太阳能电池方阵和蓄电池组了。

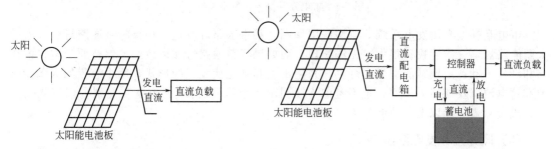

图 7-1　无蓄电池直流光伏系统　　　　图 7-2　有蓄电池的直流光伏发电系统

（3）交流及交、直流混合光伏发电系统

交流及交、直流混合光伏发电系统如图 7-3 所示。与直流光伏发电系统相比，交流光伏发电系统多了一个逆变器，用以把直流电转换成交流电，为交流负载提供电能。交、直流混合系统则既能为直流负载供电，也能为交流负载供电。这种系统可应用于太阳能光伏户用系统，无电地区小型光伏电站，移动通信基站，以及气象、水文、环境检测站等。

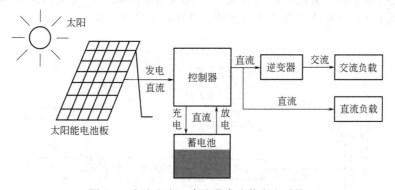

图 7-3　交流和交、直流混合光伏发电系统

（4）市电互补型光伏发电系统

所谓市电互补光伏发电系统，就是在独立光伏发电系统中以太阳能光伏发电为主，以普通 220V 交流市电补充电能为辅，如图 7-4 所示。这样光伏发电系统中太阳能电池和蓄电池的容量都可以设计得小一些，基本是当天有阳光，当天就用太阳能电池发的电，遇到阴雨天时就用市电能量进行补充。我国大部分地区基本上全年都有 2/3 以上的晴好天气，这样系统全年就有 2/3 以上的时间用太阳能电池发的电，其余时间用市电补充能量。这种形式既减少了太阳能光伏发电系统的一次性投资，又有显著的节能减排效果，是太阳能光伏发电在现阶

段推广和普及过程中的一个过渡性的好办法。这种形式的原理与下面将要介绍的无逆流并网型光伏发电系统有相似之处，但还不能等同于并网应用。

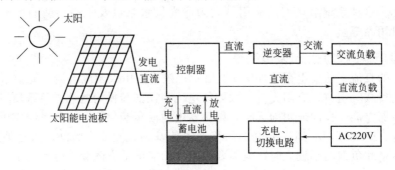

图 7-4　市电互补型光伏发电系统

　　市电互补型光伏发电系统的典型应用举例。某市区路灯改造，如果将普通路灯全部换成太阳能路灯，一次性投资很大，无法实现。而如果将普通路灯加以改造，保持原市电供电线路和灯杆不动，更换节能型光源灯具，采用市电互补光伏发电的形式，用小容量的太阳能电池和蓄电池（仅够当天使用，也不考虑连续阴雨天数），就构成了市电互补型太阳能光伏路灯，投资减少一半以上，节能效果显著。

(5) 风光互补发电系统

　　风力发电机将风能转换成电能，由风力发电机和光伏电池组件配合组成的混合发电系统，称为风光互补发电系统，如图 7-5 所示。太阳能与风能在时间上和地域上都有很强的互补性。白天太阳光最强时，可能风很小；晚上太阳落山后，光照很弱，但由于地表温差变化大而风能加强。在夏季，太阳光强度大而风小；冬季，太阳光强度弱而风大。风光互补发电系统同时利用太阳能和风能发电，可充分发挥各自的特性和优势，弥补了风力发电和光伏发电独立系统在资源上的缺陷，最大限度地利用好大自然赐予的风能和太阳能，是资源条件利用最好的独立电源系统。同时，风力发电和光伏发电系统在蓄电池组和逆变环节上可以通用，所以风光互补发电系统的造价可以降低，系统成本趋于合理。

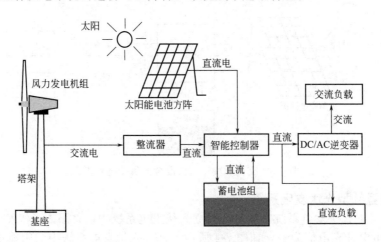

图 7-5　风光互补发电系统的组成

7.2.2　并网光伏发电系统

　　所谓并网光伏发电系统就是太阳能光伏组件产生的直流电经过并网逆变器转换成符合市

电电网要求的交流电之后直接接入公共电网。在配电网接入不超过 15％～20％ 的光伏发电系统，不需要对电网进行任何改造，仅是电网公司的负荷管理而已。并网光伏发电系统有集中式大型并网光伏系统和分散式小型并网光伏系统。

集中式大型并网光伏电站一般都是国家级电站，主要特点是将太阳能电池所发电能直接输送到电网，由电网统一调配向用户供电。但这种电站投资大、建设周期长、占地面积大，目前具有较快的发展趋势。

分散式小型并网光伏系统，特别是光伏建筑一体化发电系统，由于投资小、建设快、占地面积小、政策支持力度大等优点，是目前并网光伏发电的主流。住宅并网光伏发电系统峰值功率一般为 1～5kW，主要特点是所发的电能直接分配到住宅的用电负载上，多余或不足的电能通过电网调节，多余时向电网送电，不足时由电网提供。

常见并网光伏发电系统一般有下列几种形式。

（1）有逆流并网光伏发电系统

有逆流并网光伏发电系统如图 7-6 所示。当太阳能光伏系统发出的电能充裕时，可将剩余电能馈入公共电网，向电网供电（卖电）；当太阳能光伏系统提供的电力不足时，由电网向负载供电（买电）。由于"卖电"与"买电"的电流方向相反，所以称为有逆流光伏发电系统。

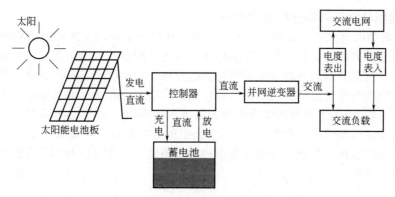

图 7-6　有逆流并网光伏发电系统

（2）无逆流并网光伏发电系统

无逆流并网光伏发电系统如图 7-7 所示。太阳能光伏发电系统即使发电充裕也不向公共电网供电，但当太阳能光伏系统供电不足时，则由公共电网向负载供电。

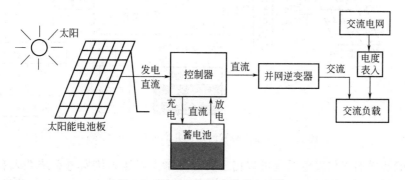

图 7-7　无逆流并网光伏发电系统

（3）切换型并网光伏发电系统

切换型并网光伏发电系统如图 7-8 所示。所谓切换型并网光伏发电系统，实际上是具有自动运行双向切换的功能。一是当光伏发电系统因多云、阴雨天及自身故障等导致发电量不足时，切换器能自动切换到电网供电一侧，由电网向负载供电；二是当电网因为某种原因突然停电时，光伏系统可以自动切换使电网与光伏系统分离，成为独立光伏发电系统工作状态。有些切换型光伏发电系统，还可以在需要时断开为一般负载的供电，接通对应急负载的供电。一般切换型并网光伏发电系统都带有储能装置。

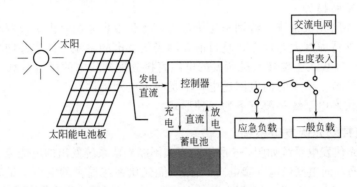

图 7-8　切换型并网光伏发电系统

(4) 有储能装置的并网光伏发电系统

图 7-9 是典型的有储能装置的并网型太阳能光伏发电系统的工作原理示意图。并网型光伏发电系统由太阳能电池组件方阵将光能转变成电能，配置蓄电池组存储直流电能，并经直流配电箱进入并网逆变器，并网逆变器由充放电控制、功率调节、交流逆变、并网保护切换等部分构成。经逆变器输出的交流电供负载使用，多余的电能通过电力变压器等设备馈入公共电网（可称为卖电）。当并网光伏系统因天气等原因发电量不足或自身用电量偏大时，可由公共电网向交流负载供电（称为买电）。系统还配备有监控、测试及显示系统，用于对整个系统工作状态的监控、检测及发电量等各种数据的统计，还可以利用计算机网络系统远程传输控制和显示数据。

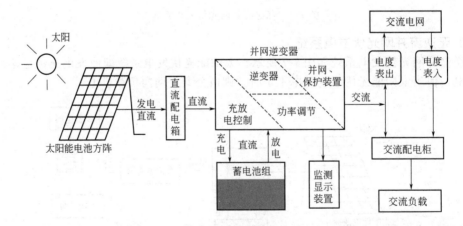

图 7-9　有储能装置的双向并网光伏发电系统

带有储能装置的光伏发电系统可根据需要随时将太阳能光伏发电系统并入和退出电网，主动性较强，当电网出现停电、限电及发生故障时，可独立运行，正常向负载供电。因此带有储能装置的并网光伏发电系统可作为紧急通信电源、医疗设备、加油站、避难场所指示及照明等重要或应急负载供电系统。

7.2.3　太阳能光伏发电系统的设计

7.2.3.1　太阳能光伏发电系统设计的影响因素

设计太阳能光伏系统并非易事，因为在设计过程中牵涉的因素很多，如太阳能辐射强度、气候、蓄电池性质、安装地点等等，而且许多因素又是随时间不断变化的。如果在设计中善于抓住主要因素，忽略一些次要因素，那么设计就变得比较容易了。太阳能光伏发电系统的设计需要考虑的主要因素：

①　太阳能光伏发电系统使用地点，该地太阳辐射能量；
②　系统的负载功率大小；
③　系统的输出电压的高低，直流还是交流；
④　系统每天需要工作小时数；
⑤　如遇到没有太阳光照射的阴雨天气，系统需连续供电天数；
⑥　负载的情况，纯电阻性、电感性还是电容性，启动电流的大小；
⑦　系统需求的数量。

7.2.3.2　独立光伏发电系统设计的技术条件

设计中的主要技术条件有负载性能、蓄电池的容量、太阳能辐射强度、太阳能电池方阵倾角、强度因子等。

(1) 负载性能

一般来说用户全天都要使用负载，白天使用的负载可由光伏系统直接供电，晚上再由光伏系统中蓄电池储存的电量供给负载。因此，白天使用的负载，其系统容量可以减小；晚上使用的负载，系统容量就应该增加。昼夜同时使用的负载，所需的容量取它们之间的值。如果月平均耗电量变化小于10%，可以看作是平均耗电量都相同的均衡性负载。

(2) 太阳能辐射强度

太阳能辐射强度具有随机性，受季节、气候的变化，很难获得太阳能电池方阵安装后各时段确切的数据，只得以当地气象台记录的历史资料作为参考。所以在决定光伏方阵的大小时，首先要了解当地太阳辐照情况，仅知道1~2年还不够，应该了解8~10年的平均值。对于一般的光伏系统，只要计算倾斜面上的月平均辐照量便可，无需计算瞬时值。太阳的年均总辐射能还应换算成峰值日照时数。

(3) 太阳能电池方阵的安装倾角

为了使光伏方阵表面接收到最多的太阳辐射能量，方阵表面最好是与太阳光线垂直。根据日地运行规律，这就要求设计太阳能电池方阵的最佳安装角度（方位角和倾角）或设置跟踪系统。

安装倾角：太阳电池方阵平面与水平地面的夹角，如图7-10所示。

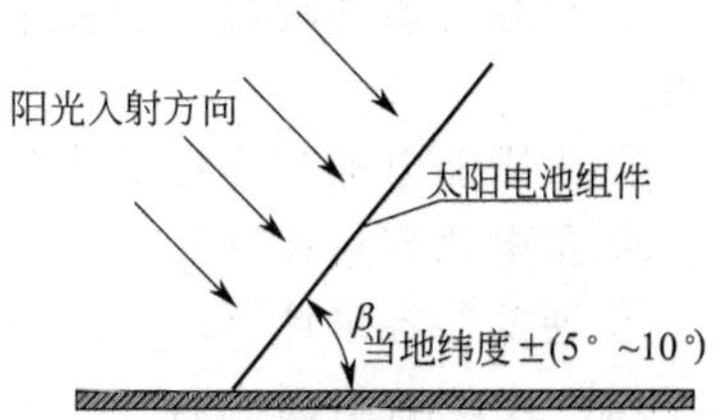

纬度不同，太阳光对地面的辐照方向角也不同，为了获得较大的太阳辐照度，光伏阵列的倾斜度也不同。根据当地的纬度可以粗略地给出光伏阵列的安装倾斜角 β：

图 7-10　太阳电池方阵安装倾角

纬度 $\phi = 0° \sim 25°$，光伏阵列的安装倾斜角 $\beta = \phi$；
纬度 $\phi = 26° \sim 40°$，光伏阵列的安装倾斜角 $\beta = \phi + (5° \sim 10°)$；
纬度 $\phi = 41° \sim 55°$，光伏阵列的安装倾斜角 $\beta = \phi + (10° \sim 15°)$；
纬度 $\phi > 55°$，光伏阵列的安装倾斜角 $\beta = \phi + (15° \sim 20°)$。

尽管这样确定方阵倾角不太严格（因为有些地区纬度相差不大，而水平地面上的太阳辐照量往往相差很大），但还是一种简易的近似确定光伏方阵倾角可行的方法。也可参照表 2-2 确定光伏方阵倾角，当然最好通过计算，在满足负载用电情况下，比较各种不同的倾角所需配置的电池方阵和蓄电池容量，再来决定方阵的最佳倾角。

（4）太阳能电池方阵的安装方位角

方位角：电池方阵的垂直面与正南方向的夹角（注意与太阳方位角区别），正南为 0°，（北半球）偏西为正，偏东为负。方阵方位角的计算公式：

$$方位角=[一天中负荷的峰值时刻(24h)-12]\times15+(经度-116)$$

我国处于北半球，太阳能电池的方位角一般都选择在正南方向，以使太阳能电池单位面积接受的太阳辐射能最多，发电量最大；偏正南 30° 时，发电量将减小约 10%～15%；偏正南 60° 时，发电量将减小约 20%～30%。如果受太阳能电池设置场所如屋顶、土坡、山地、建筑物结构及阴影等的限制时，则应考虑与它们的方位角一致，以求充分利用现有地形和有效面积，并尽量避开建筑物或树木等的阴影。只要在正南 ±20° 之内，都不会对发电量有太大的影响，条件允许的话，应尽可能偏西 20° 之内，使太阳能电池发电量的峰值出现在中午稍后某时刻，这样有利于冬季多发电。有些太阳能光伏建筑一体化发电系统设计时，当正南方向太阳能电池铺设面积不够时，也可将太阳能电池铺设在正东、正西方向。

（5）蓄电池容量

蓄电池容量是根据铅酸电池在没有光伏方阵电力供应条件下，完全由自身蓄存的电量供给负载用电的天数来确定的。

（6）温度因素

尽管夏季太阳辐射强度大，方阵发电量有余部分，完全可以弥补由于温度所减少的电能。而且太阳能电池标准组件（如 36 片太阳能电池串联成 12V 蓄电池充电的标准组成）已经考虑了夏季温升的影响。但是在温度较低时，如小于等于 0℃ 时，铅酸蓄电池由于硫酸电解液的黏度增大和温度降低，扩散困难，电阻加大，以及易形成致密的硫酸铅，致使活性物质内部的电化学难以进行，铅酸蓄电池的放电容量降低。因此，设计太阳能光伏发电系统时，还要考虑温度这一影响因素。

7.2.3.3　太阳能光伏发电系统的简易设计方法

（1）设计步骤

① 地理及气候信息：包括地理纬度、年平均总辐射量、平均气温及极端气温等。

② 负载类型和功耗：包括直流负载、交流负载（阻性负载、感性负载）功率，运行时间。

③ 太阳能电池方阵容量计算。

④ 蓄电池容量计算。

⑤ 逆变器容量计算。

（2）负载用电量测算

负载用电量的测算是光伏发电系统设计和造价的关键因素之一。负载用电量的测算步骤：

① 计算用电设备的总功率 P_L（W）

$$P_L=P_1+P_2+P_3+\cdots \tag{7-1}$$

② 计算各用电设备的用电量 Q_i（W·h）

$$Q_1 = P_1 \times t_1, Q_2 = P_2 \times t_2, Q_3 = P_3 \times t_3, \cdots \tag{7-2}$$

式中，Q_1，Q_2，Q_3，…为用电器 1，2，3，…的用电量；P_1，P_2，P_3，…为用电器 1，2，3，…的功率；t_1，t_2，t_3，…为用电器 1，2，3，…的日用电时间。

③ 计算所有用电设备的总用电量 Q_L（W·h）

$$Q_L = Q_1 + Q_2 + Q_3 + \cdots \tag{7-3}$$

（3）蓄电池容量的确定

蓄电池容量的计算方法一般用下式计算

$$C_W = \frac{Q_L d F}{K D} \tag{7-4}$$

式中，C_W 为蓄电池的容量，W·h；d 为最长无日照用电天数；F 为蓄电池放电容量的修订系数（＝充入安时数/放电安时数），通常 F 取 1.2；Q_L 为所有用电设备的总用电量，W·h；D 为蓄电池放电深度，通常 D 取 0.5；K 为包括逆变器在内的交流回路的损耗率，通常 K 取 0.8。

若按通常情况取系数，则式（7-4）可简化为

$$C_W = 3 \cdot d Q_L \tag{7-5}$$

然后选择系统的直流电压。根据负载功率确定系统的直流电压（即蓄电池电压）。确定的原则是：

① 在条件允许的情况下，尽量提高系统电压，以减少线路损失；

② 直流电压的选择要符合我国直流电压的标准等级，即 12V、24V、48V 等；直流电压的上限最好不要超过 300V，以便于选择元器件和充电电源。

用确定的系统电压（U）去除式（7-5），即可得到用 A·h 表示的蓄电池容量 C

$$C = 3 \cdot d Q_L / U \tag{7-6}$$

（4）太阳能方阵功率的确定

① 选择方阵倾角　按前面 7.2.3 节所述的原则确定。

② 计算平均峰值日照时数 T_m　峰值日照时数是将一般强度的太阳辐射日照时数折合成辐射强度为 1000W/m² 的日照时数。太阳方阵倾斜面上的平均峰值日照时数（在水平面辐射量）

$$T_m = \frac{K_{op} \times 年均太阳总辐射量}{3.6 \times 365} \tag{7-7}$$

式中，年均太阳总辐射量为当地气象部门提供的数据，MJ/m²·a；K_{op} 为斜面辐射最佳辐射系数；3.6 为单位换算系数，1kW·h＝1000(J/s)×3600s＝3.6×10⁶J＝3.6MJ，1MJ＝1kW·h/3.6。如果采用日均太阳总辐射量（MJ/m²），则式（7-7）分母应去掉 365。

③ 计算太阳能电池方阵的峰值功率 P_m（W）

$$P_m = \frac{Q_L F}{K T_m} \tag{7-8}$$

如前所述，$F = 1.2$，$K = 0.8$，则式（7-8）可简化为

$$P_m = \frac{1.5 \times Q_L}{T_m} \tag{7-9}$$

④ 计算太阳能电池组件的串联数 N_s

$$N_s = \frac{系统直流电压（蓄电池组电压）}{12V} \tag{7-10}$$

⑤ 计算太阳能电池组件的并联数 N_p

由太阳能电池方阵的输出总功率 $P_L = N_s U_m N_p I_m = N_s N_p P_m$，可得组件的并联数

$$N_p = \frac{P_L}{N_s P_m} \tag{7-11}$$

式中，U_m、I_m 为太阳能电池组件的峰值电压和峰值电流；P_m 为太阳能电池组件的峰值功率，$P_m = U_m I_m$。

(5) 逆变器的确定

$$逆变器的功率 = 阻性负载功率 \times (1.2 \sim 1.5) + 感性负载功率 \times (5 \sim 7) \tag{7-12}$$

逆变器的波形主要有正弦波、准正弦波和方波三种。方波逆变器和准正弦波逆变器大多用于 1kW 以下的小功率光伏发电系统；1kW 以上的大功率光伏发电系统，多数采用正弦波逆变器。

(6) 控制器的确定

① 控制器所能控制的太阳方阵最大电流

$$方阵短路电流 I_{Fsc} = N_p \times I_{sc} \times 1.25 \tag{7-13}$$

式中，I_{sc} 为组件的短路电流；1.25 为安全系数。

② 控制器的最大负载电流 I

$$I = \frac{1.25 \times P_L}{KU} \tag{7-14}$$

式中，P_L 为用电设备的总功率；U 为控制器负载工作电压（即蓄电池电压）；K 为损耗系数，K 取 0.8。则式(7-14) 可简化为

$$I = \frac{1.56 \times P_L}{U} \tag{7-15}$$

(7) 设计实例

某农户家庭所用负载情况如表 7-2 所示。当地的年平均太阳总辐射量为 $6210 MJ/m^2 \cdot a$，连续无日照用电天数为 3 天，试设计太阳能光伏供电系统。

表 7-2　400W 家庭电源系统

设　备	规　格	负　载	数　量	日工作时间/h	日耗电量/(W·h)
照明	节能灯	220V/15W	3	4	
卫星接收器		220V/25W	1	4	
电视	25in	220V/110W	1	4	
洗衣机(感性负载)	2L	220V/250W	1	0.8	
合　计					
系统配置 3 个阴雨天					

设计过程：

① 用电设备总功率

$$P_L = 15W \times 3 + 25W + 110W + 250W = 430W$$

② 用电设备的用电量 Q (W·h)

节能灯用电量：$Q_1 = 15W \times 3 \times 4h = 180W \cdot h$，

卫星接收器用电量：$Q_2 = 25W \times 4h = 100W \cdot h$，

电视机用电量：$Q_3 = 110W \times 4h = 440W \cdot h$，

洗衣机用电量：$Q_4 = 250W \times 0.8h = 200W \cdot h$，

总用电量：

$$Q_L = 180 + 100 + 440 + 200 = 920 (W \cdot h)$$

③ 光伏系统直流电压的确定

本系统功率较小，选择 12V。

④ 蓄电池容量

$$C_W = 3 \cdot dQ_L = 3 \times 3 \times 920 = 8280(W \cdot h)$$

蓄电池电压 $U=12V$，则其安时（$A \cdot h$）容量为

$$C = 3 \cdot dQ_L/U = 8280W \cdot h /12V = 690A \cdot h$$

⑤ 太阳能电池方阵功率的确定

a. 平均峰值日照时数（为简便起见，用水平面数据，而不用斜面数据）

$$T_m = 6210/(3.6 \times 365) = 4.72(h)$$

b. 太阳能电池方阵功率

$$P_m = 1.5 \times Q_L/T_m = 1.5 \times 920W \cdot h /4.72h \approx 392.4W$$

根据计算结果，蓄电池选用 12V/120A·h 的 VRLA 蓄电池 6 只并联；太阳能电池方阵选用 80W（36 片串联，电压约 17V，电流约 4.8A）组件 5 块并联。

⑥ 控制器的确定

a. 方阵最大电流（短路电流）

$$I_{Fsc} = N_p \times I_{sc} \times 1.25 = 5 \times 4.8A \times 1.25 = 30A$$

b. 最大负载电流

$$I = 1.56 \times P_L/U = 1.56 \times 430W/12V = 55.9A$$

⑦ 逆变器的确定

$$逆变器的功率 = 阻性负载功率 \times (1.2 \sim 1.5) + 感性负载功率 \times (5 \sim 7)$$
$$= 180W \times 1.5 + 250W \times 6 = 1770W$$

故控制器和逆变器可选用 2000V·A 的控制-逆变一体机，最好是正弦波。

7.2.3.4　系统优化的设计

系统优化的目标是，主要通过检验安装的实际日照强度、光反射度、外部环境温度、风力和光伏发电系统各个部件的运行性能以及之间的相互作用等方面，从而使光伏发电系统所发电量最大。

(1) 优化光伏电池入射光照强度

① 追踪太阳法　追踪太阳的轨迹可以明显增强光伏电池的日照强度。通过追踪太阳轨迹，光伏发电量一天可增加 10%～30%。尤其是在夏天可增加高达 25%～30%，冬天略有增加。为了更好地跟踪太阳的轨迹，不但要知道太阳的高度角和方位角，还要知道太阳运行的轨迹。这就要求追踪装置以固定的倾角从东往西跟踪太阳的轨迹。双轴追踪装置比单轴追踪装置好，因为双轴追踪装置还可以使方阵倾角随着太阳轨迹的季节性升高而变化。为了降低成本提高效率，可以采用人工跟踪，每天每隔 2～3h，对着太阳进行调节。

② 减少光反射法　由于太阳入射角大，太阳高，辐照度也大；反之入射角小，辐照度也小。最好使光线垂直入射，从而可以避免反射损失。然而，固定安装的光伏发电系统，光线基本上无法垂直入射，因此反射损失是无法避免的。低纬度地区，反射损失可高达 35%～45%，为了降低材料的反射率，提高吸收率，可以在材料的吸热体上制备一层黑色涂层。反射损失可以通过其它改变光伏电池表面属性的方法，去更好地匹配入射光线的折射系数。

③ 腐蚀光伏电池表面　目前光伏电池制造企业有意将光伏电池表面进行腐蚀，即有意让光伏电池表面凸凹不平，这样好让通过临近的相对侧面反射，重新入射至光伏电池表面，来减少电池表面的反射光散失。

④ 选择安装结构　入射角过小，辐照度也太小，表面看起来，太阳利用率不高，但可以选择安装结构（如 V 形安装结构），就能将无效入射光偏移至有效使用区。至于什么样的形状安装结构最好还得研究。

（2）替换建筑材料

对于光伏建筑系统，利用太阳能阳面墙发电，成本比较高，因为太阳能阳面墙除了日照强度较低（因为它不可能跟踪太阳）外，反射损耗也很大。在靠近赤道地区，太阳仰角很高，反射损耗达到入射日照强度的 42％。但是，使用太阳能阳面墙的费用（尤其目前过多强调阳面墙的装修情况下）比传统墙面加屋顶安装光伏电池的做法，更节约成本。如果在光伏电池表面形成不同的抗反射涂层使阳面墙外表呈现多种颜色，给人一种非常美丽、舒服的感觉，无疑会提高用户购买的欲望。

（3）提高光伏电池输出电量

要充分考虑纬度、光谱、温度、遮蔽、位置、接线等实际运行条件对光伏电池输出的影响，使光伏电池发电可行、适用、环保，效益也高。

（4）光伏发电系统模块化

通过控制光伏发电系统（机）的光学、温度以及电气参数，包括各光伏发电模块的接口等，引入新的理念来改善光伏发电系统（机）的安装，提高发电量。当然，新理念也体现在如何在控制成本最小的情况下替代建筑物的表面，实现很好的建筑物-光伏发电系统的集成。

（5）直流-交流转换，并网设备

从成本收益率的角度选择各种不同的方案（级联型逆变器、String 逆变器、集成逆变器模块等）。

7.3　太阳能光伏发电系统的安装调试

太阳能光伏发电系统是涉及多种专业领域的高科技发电系统，不仅要进行合理可靠、经济实用的优化设计，选用高质量的设备、部件，还必须进行严格、规范的安装施工和检测调试。系统容量越大，电压越高，安装调试工作就越重要。否则，轻则会影响光伏发电系统的发电效率，造成资源浪费；重则会频繁发生故障，甚至损坏设备。另外还要特别注意在安装施工和检测全过程中的人身安全、设备安全、电气安全、结构安全及工程安全问题，做到规范施工、安全作业，安装施工人员要通过专业技术培训合格，并在专业工程技术人员的现场指导和参与下进行作业。

7.3.1　太阳能光伏发电系统的安装施工

太阳能光伏发电系统的安装施工分为两大类，一是太阳能电池方阵在屋顶或地面的安装及配电柜、逆变器、避雷系统等电器设备的安装；二是太阳能电池组件间的连线及各设备之间的连接线路铺设施工。光伏发电系统安装施工的主要项目如图 7-11 所示。

7.3.1.1　太阳能电池组件及方阵的安装施工

（1）安装位置的确定

在光伏发电系统设计时，就要在计划施工的现场进行勘测，确定安装方式和位置，测量安装场地的尺寸，确定电池组件方阵的方位角和倾斜角。太阳能电池方阵的安装地点不能有建筑物或树木等遮挡物，如实在无法避免，也要保证太阳能方阵在上午 9 时到下午 4 时能接收到阳光。太阳能电池方阵与方阵的间距等都应严格按照设计要求确定。

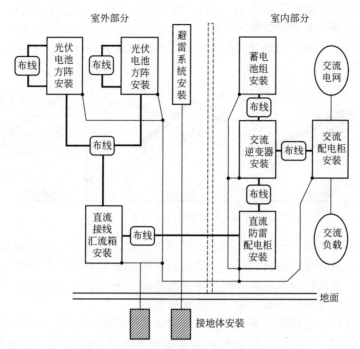

图 7-11 光伏发电系统安装施工项目示意图

（2）光伏电池方阵支架的设计施工

① 杆柱安装类支架的设计施工

杆柱安装类支架一般应用于各种太阳能路灯、庭院灯、高速公路摄像机太阳能供电等，设计时需要有太阳能电池组件的长宽尺寸及电池组件背面固定孔的位置、孔距等尺寸，还要了解使用地的太阳能电池组件最佳倾斜角或者在系统设计中确定的经过修正的最佳倾斜角等。设计支架可以根据需要设计成倾斜角固定、方位角可调，倾斜角和方位角都可调等。基本设计原理示意图如图 7-12 所示。

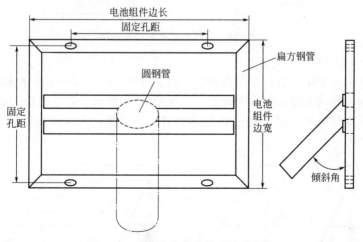

图 7-12 杆柱安装类支架设计示意图

② 屋顶类支架的设计施工

屋顶类支架的设计要根据不同的屋顶结构分别进行，对于斜面屋顶可设计与屋顶斜面平行的支架，支架的高度离屋顶面 10cm 左右，以利于太阳能电池组件的通风散热，也可以根据最佳倾斜角角度设计成前低后高的支架，以满足电池组件的太阳能最大接收量。平面屋顶一般要设计成三角形支架，支架倾斜面角度为太阳能电池的最佳接收倾斜角，三种支架设计示意如图 7-13 所示。

图 7-13　屋顶支架设计示意图

如果在屋顶采用混凝土水泥基础固定支架的方式时，需要将屋顶的防水层揭开一部分，抠开混凝土表面，最好找到屋顶混凝土中的钢筋，然后和基础中的预埋件螺栓焊接在一起。不能焊接钢筋时，也要使做基础部分的屋顶表面凸凹不平，增加屋顶表面与混凝土基础的附着力，然后对屋顶防水层破坏部分做二次防水处理。

对于不能做混凝土基础的屋顶一般都直接用角钢支架固定电池组件，支架的固定就需要采用钢丝绳（或铁丝）拉紧法、支架延长固定法等，如图 7-14 所示。三角形支架的电池组件的下边缘离屋顶面的间隙要大于 15cm 以上，以防下雨时屋顶面泥水溅到电池组件玻璃表面，使组件玻璃脏污。

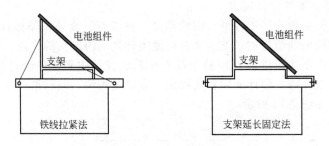

图 7-14　支架在屋顶的固定方法

③ 地面方阵支架的设计施工

地面用光伏方阵支架一般都是用角钢制作的三角形支架，其底座是水泥混凝土基础，方阵组件排列有横向排列和纵向排列两种方式，如图 7-15 所示，横向排列一般每列放置 3～5 块电池组件，纵向排列每列放置 2～4 块电池组件。支架具体尺寸要根据所选用的电池组件规格尺寸和排列方式确定。

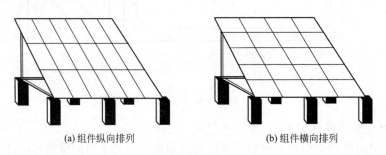

图 7-15　电池组件方阵排列示意图

太阳能电池方阵支架应采用热镀锌钢材或普通角钢（立柱选用圆钢管）制作，沿海地区可考虑采用不锈钢、耐腐蚀钢材制作。支架的焊接制作质量要符合国家标准《钢结构工程施工质量验收规范》（GB 50205—2001）的要求。普通钢材支架的全部及热镀锌钢材支架的焊接部位，要进行涂防锈漆或喷塑等防腐处理。

（3）光伏电池方阵基础的设计施工

首先进行场地平整挖坑，按设计要求的位置制作浇注光伏电池方阵的支架基础。基础预埋件要平整牢固。

① 杆柱类安装基础的设计施工

杆柱类安装基础和预埋件尺寸如图 7-16 所示，具体尺寸大小根据杆柱高度不同列于表 7-3。该基础适用于金属类电线杆、灯杆等，当蓄电池需要埋入地下时，按照图 7-16(b)设计施工。

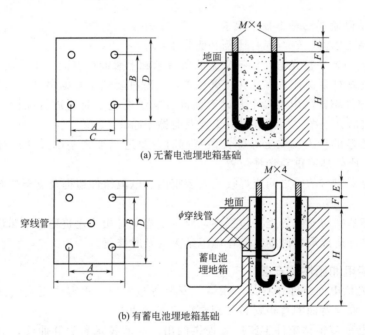

(a) 无蓄电池埋地箱基础

(b) 有蓄电池埋地箱基础

图 7-16　杆柱类安装基础尺寸示意图

表 7-3　杆柱类安装基础尺寸表

杆柱高度/m	$A \times B$/(mm×mm)	$C \times D$/(mm×mm)	E/mm	F/mm	H/mm	M/mm
3～4.5	160×160	300×300	40	40	≥500	14
5～6	200×200	400×400	40	40	≥600	16
6～8	220×220	400×400	50	50	≥700	18
8～10	250×250	500×500	60	60	≥800	20
10～12	280×280	600×600	60	60	≥1000	24

说明：A、B 为预埋件螺杆中心距离；C、D 为基础平面尺寸；E 为露出基础面的螺丝高度；F 为基础高出地面高度；H 为基础深度；M 为螺丝直径。穿线管直径 ϕ 根据需要在 25～40mm 之间选择。

② 地面方阵支架基础的设计施工

地面方阵支架的基础尺寸如图 7-17 所示，对于一般土质每个基础地面以下部分根据方阵大小一般选择 400mm×400mm×400mm（长×宽×高）和 500mm×500mm×400mm（长×宽×高）两种规格。对于在比较松散的土质地面做基础时，基础部分的长宽尺寸要适当放大，高度要加高，或者制作成整体基础。对于大型光伏发电系统的光伏方阵基础要根据 GB

50007—2011《建筑地基基础设计规范》中的相关要求进行勘察设计。

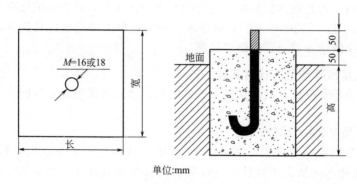

单位:mm

图 7-17 地面方阵支架基础尺寸示意图

③ 混凝土基础制作的基本技术要求

a. 基础混凝土水泥、砂石混合比例一般为 1：2；

b. 基础上表面要平整光滑，同一支架的所有基础上表面要在同一水平面上；

c. 基础预埋螺杆要保证垂直并在正确位置，单螺杆要位于基础中央，不要倾斜；

d. 基础预埋件螺杆高出混凝土基础表面部分螺纹在施工时要进行保护，防止受损；施工后要保持螺纹部分干净，如粘有混凝土要及时擦干净；

e. 在土质松散的沙土、软土等位置做基础时，要适当加大基础尺寸；对于太松软的土质，要先进行土质处理或重新选择位置。

太阳能电池支架与基础之间应焊接或安装牢固。电池组件边框及支架要与接地保护系统可靠连接。

在电池方阵基础与支架的施工过程中，应尽量避免对相关建筑物及附属设施的破坏，如因施工需要不得已造成局部破损，应在施工结束后及时修复。

(4) 太阳能电池组件的安装

① 太阳能光伏电池组件在存放、搬运、安装等过程中，不得碰撞或受损，特别要注意防止组件玻璃表面及背面的背板材料受到硬物的直接冲击。

② 组件安装前应根据组件生产厂家提供的出厂实测技术参数和曲线，对电池组件进行分组，将峰值工作电流相近的组件串联在一起，将峰值工作电压相近的组件并联在一起，以充分发挥电池方阵的整体效能。

③ 将分组后的组件依次摆放到支架上，并用螺钉穿过支架和组件边框的固定孔，将组件与支架固定。

④ 按照方阵组件串并联的设计要求，用电缆将组件的正负极进行连接。对于接线盒直接带有连接线和连接器的组件，在连接器上都标注有正负极性，只要将连接器接插件直接插接即可。电缆连接完毕，要用绑带、钢丝卡等将电缆固定在支架上，以免长期风吹摇动造成电缆磨损或接触不良。

⑤ 安装中要注意方阵的正负极两输出端，不能短路，否则可能造成人身事故或引起火灾。在阳光下安装时，最好用黑塑料薄膜、包装纸片等不透光材料将太阳能电池组件遮盖，以免输出电压过高影响连接操作或造成施工人员触电的危险。

⑥ 安装斜坡屋顶的建材一体化太阳能电池组件时，互相间的上下左右防雨连接结构必须严格施工，严禁漏雨、漏水，外表必须整齐美观，避免光伏组件扭曲受力。屋顶坡度超过10°时，要设置施工脚踏板，防止人员或工具物品滑落。严禁下雨天在屋顶面施工。

⑦ 太阳能电池组件安装完毕之后要先测量总的电流和电压，如果不合乎设计要求，就应该对各个支路分别测量。为了避免各个支路互相影响，在测量各个支路的电流与电压时，各个支路要相互断开。

（5）太阳能电池方阵前、后安装距离设计

为了防止前、后排太阳能电池方阵间的遮挡，太阳能电池方阵前、后排间应保持适当距离。图 7-18 为太阳能电池方阵前、后排间距的计算参考示意图。

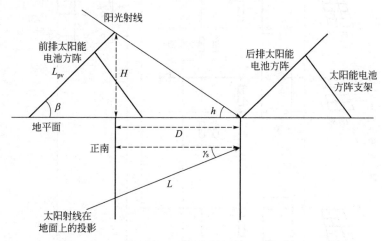

图 7-18 太阳能电池方阵前、后排间距的计算参考示意图

太阳能电池方阵间距 D，可以从下面 4 个公式求得：

$$D = L\cos\gamma_s \tag{7-16}$$

$$L = H/\tan h \tag{7-17}$$

$$h = \arcsin(\sin\phi\sin\delta + \cos\phi\cos\delta\cos\tau) \tag{7-18}$$

$$\gamma_s = \arcsin(\cos\delta\cos\tau/\cos h) \tag{7-19}$$

式中，D 为相邻两电池方阵间距；L 为太阳光在方阵后面的阴影长度；H 为电池板垂直高度；h 为太阳高度角；ϕ 为当地纬度；δ 为当地赤纬角；τ 为时角；γ_s 为方位角。电池板长度为 L_{pv}。

对于被遮挡物阴影长度，一般确定的原则是：冬至日当天上午 9 点至下午 3 点之间，后排的光伏方阵不被遮挡。因此用冬至日的赤纬：$\delta = -23.45°$ 和上午 9 点、下午 3 点的时角 $\tau = 45°$。于是：首先计算冬至日上午 9:00 太阳高度角和太阳方位角：

$$h = \arcsin(0.648\cos\phi - 0.399\sin\phi)$$

$$\gamma_s = \arcsin(0.917 \times 0.707/\cos h)$$

求出太阳高度角 h 和太阳方位角 γ_s 后，即可求出太阳光在方阵后面的阴影长度 L，再将 L 折算到前后两排方阵之间的垂直距离 D：

$$D = L\cos\gamma_s = H\cos\gamma_s/\tan h$$

例如，北京地区纬度 $\phi = 39.8°$，太阳能电池方阵高 2m，则太阳能电池方阵的间距为（取 $\delta = -23.45°$，$\tau = 45°$），

$$h = \arcsin(0.648\cos\phi - 0.399\sin\phi) = \arcsin(0.498 - 0.255) = 14.04°$$

$$\gamma_s = \arcsin(0.917 \times 0.707/\cos h) = \arcsin(0.917 \times 0.707/0.97) = 42.00°$$

$$D = H\cos\gamma_s/\tan h = 2 \times 0.743/0.25 = 5.94(\text{m})$$

7.3.1.2 直流接线箱的设计

直流接线箱也叫直流配电箱，主要是在中、大型太阳能光伏发电系统中，用于把太阳能电池

组件方阵的多路输出电缆集中输入、分组连接，不仅使连线井然有序，而且便于分组检查、维护，当太阳能电池方阵局部发生故障时，可以局部分离检修，不影响整体发电系统的连续工作。

　　直流接线箱由箱体、分路开关、总开关、防雷器件、防逆流二极管、端子板等构成。如图 7-19 所示。下面介绍直流接线箱的设计及部件选用。

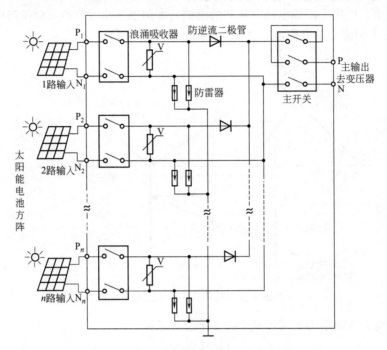

图 7-19　直流接线箱内部电路示意图

(1) 机箱箱体

　　机箱箱体的大小根据所有内部器件数量及排列所占用的位置确定，还要考虑布线排列整齐规范，开关操作方便，不宜搞得太拥挤。箱体根据使用场合的不同分为室内型和室外型，根据材料的不同分为铁制和不锈钢制或工程塑料制作。金属制机箱使用板材厚度一般为 1.0~1.6mm。机箱可以根据需要定制，也可以直接购买尺寸合适的机箱产品。

(2) 分路开关和主开关

　　设置在太阳能电池方阵输入端的分路开关是为了在太阳能电池方阵组件局部发生异常或需要维护检修时，从回路中把该路方阵组件切断，与方阵分离。

　　主开关安装在直流接线箱的输出端与交流逆变器输入端之间。对于输入路数较少的系统或功率较小的系统，分路开关和主开关可以合二为一，只设置一种开关。但必要的熔断器等依然需要保留。当接线箱要安装到有些不容易靠近的场合时，也可考虑把主开关与接线箱分离安装。

　　无论是分路开关还是主开关，都要采用能满足各自太阳能电池方阵最大直流工作电压和通过电流的开关器件，所选开关器件的额定工作电流要大于等于回路的最大工作电流，额定工作电压大于等于回路的最高工作电压。

　　但是目前市场上的各种开关器件大多是为用在交流电路生产的，当把这些开关器件用在直流电路中时，开关触点所能承受的工作电流约为交流电路的 1/2~1/3，也就是说，在同样工作电流状态下，开关能承受的直流电压是交流电压的 1/2~1/3。例如某开关器件的技术参数里，标明额定工作电流 5A，额定工作电压为 AC220V/DC110V 就是这个意思。因此，当系统直流工作电压较高时，应选用直流工作电压满足电路要求的开关，如没有参数合适的开关，也可以多用 1～2 组开关，并将开关按照如图 7-20 所示方法串联连接，这样连接后的开关将可以分别承受 450V 和 800V 的直流工作电压。

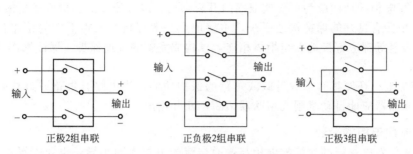

正极2组串联　　　　　　正负极2组串联　　　　　　正极3组串联

图 7-20　直流开关串联接法示意图

(3) 防雷器件

防雷器件是用于防止雷电浪涌侵入到太阳能电池方阵、交流逆变器、交流负载或电网的保护装置。在直流接线箱内，为了保护太阳能电池方阵，每一个组件串中都要安装防雷器件。对于输入路数较少的系统或功率较小的系统，也可以在太阳能电池方阵的总输出电路中安装。防雷器件接地侧的接线可以一并接到接线箱的主接地端子上。

关于防雷器件的具体内容，将在防雷接地系统的设计中详细介绍。

(4) 端子板和防反充二极管元件

端子板可根据需要选用，输入路数较多时考虑使用，输入路数较少时，则可将引线直接接入开关器件的接线端子上。端子板要选用符合国标要求的产品。

防反充二极管一般都装在电池组件的接线盒中，当组件接线盒中没有安装时，可以考虑在直流接线箱中加装。防反充二极管的性能参数已经在前面介绍过，可根据实际需要选用。为方便二极管与电路的可靠连接，建议安装前在二极管两端的引线上，焊接两个铜焊片或小线鼻子。

7.3.1.3　交流配电柜的设计

(1) 交流配电柜的结构和功能

交流配电柜是在太阳能光伏发电系统中，连接在逆变器与交流负载之间的接受和分配电能的电力设备，它主要由开关类电器（如空气开关、切换开关、交流接触器等）、保护类电器（如熔断器、防雷器等）、测量类电器（如电压表、电流表、电能表、交流互感器等）以及指示灯、母线排等组成。交流配电柜按照负荷功率大小分为大型配电柜和小型配电柜；按照使用场所的不同，分为户内型配电柜和户外型配电柜；按照电压等级不同，分为低压配电柜和高压配电柜。

中小型太阳能光伏发电系统一般采用低压供电和输送方式，选用低压配电柜就可以满足电力输送和分配的需要。大型光伏发电系统大都采用高压配供电装置和设施输送电力，并入电网，因此要选用符合大型发电系统需要的高低压配电柜和升、降压变压器等配电设施。

光伏发电系统用交流配电柜的技术要求：

① 选型和制造都要符合国标要求，配电和控制回路都要采用成熟可靠的电子线路和电力电子器件；

② 操作方便，运行可靠，双路输入时切换动作准确；

③ 发生故障时能够准确、迅速切断事故电流，防止故障扩大；

④ 在满足需要、保证安全性能的前提下，尽量做到体积小、重量轻、工艺好、制造成本低；

⑤ 当在高海拔地区或较恶劣的环境条件下使用时，要注意加强机箱的散热，并在设计时对低压电器元件的选用留有一定余量，以确保系统的可靠性；

⑥ 交流配电柜的结构应为单面或双面门开启结构，以方便维护、检修及更换电器元件；

⑦ 配电柜要有良好的保护接地系统，主接地点一般焊接在机柜下方的箱体骨架上，前后柜门和仪表盘等都应有接地点与柜体相连，以构成完整的接地保护，保证操作及维护检修人员的安全；

⑧ 交流配电柜还要具有负载过载或短路的保护功能，当电路有短路或过载等故障发生时，相应的断路器应能自动跳闸或熔断器熔断，断开输出。

(2) 交流配电柜的设计

太阳能光伏发电系统的交流配电柜与普通交流配电柜大同小异。也要配置总电源开关，并根据交流负载设置分路开关。面板上要配置电压表、电流表，用于检测逆变器输出的单相或三相交流电的工作电压和工作电流等，电路结构如图 7-21 所示。对于相同部分完全可以按照普通配电柜的模式进行设计，在此主要介绍光伏发电系统交流配电柜与普通配电柜的不同部分，供设计时参考。

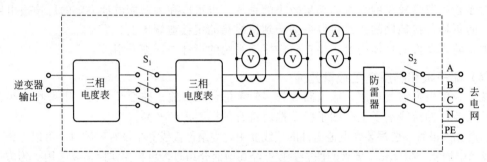

图 7-21　交流配电柜电路结构示意图

① 防雷器装置　太阳能光伏发电系统的交流配电柜中一般都接有防雷器装置，用来保护交流负载或交流电网免遭雷电破坏。防雷器一般接在总开关之后，具体接法如图 7-22 所示。

② 发电、用电计量电度表　在可逆流的太阳能并网光伏发电系统中，除了正常用电计量的电度表之外，为了准确地计量发电系统馈入电网的电量（卖出的电量）和电网向系统内补充的电量（买入的电量），就需要在交流配电柜内另外安装两块电度表进行用电量和发电量的计量，其连接方法如图 7-23 所示。

7.3.1.4　光伏控制器和逆变器的安装

(1) 控制器的安装

小功率控制器安装时要先连接蓄电池，再连接太阳能电池组件的输入，最后连接负载或逆变器，安装时注意正负极不要接反。中、大功率控制器安装时，由于长途运输的原因，要先检查外观有无损坏，内部连接线和螺钉有无松动等，中功率控制器可固定在墙壁或者摆放在工作台上，大功率控制器可直接在配电室内地面安装。控制器若需要在室外安装时，必须符合密封防潮要求。控制器接线时要将工作开关放在关的位置，先连接蓄电池组输出引线，再连接太阳能电池方阵的输出引线，在有阳光照射时闭合开关，观察是否有正常的直流电压和充电电流，一切正常后，可进行与逆变器的连接。

(2) 逆变器的安装

逆变器在安装前同样要进行外观及内部线路的检查，检查无误后先将逆变器的输入开关

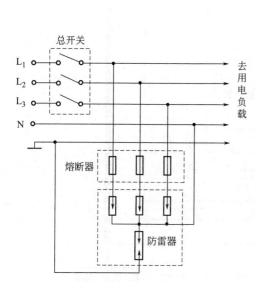

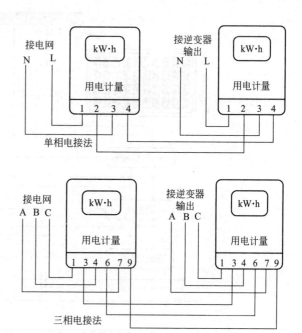

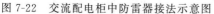

图 7-22　交流配电柜中防雷器接法示意图　　　　图 7-23　用电发电计量电度表接线示意图

断开，再与控制器的输出接线连接。接线时要注意分清正负极极性，并保证连接牢固。接线完毕，可接通逆变器的输入开关，待逆变器自检测正常后，如果输出无短路现象，则可以打开输出开关，检查温升情况和运行情况，使逆变器处于试运行状态。

逆变器安装位置的确定可根据其体积、重量大小分别放置在工作台面、地面等，若需要在室外安装时，必须符合密封防潮要求。

7.3.1.5　防雷与接地系统的设计与安装施工

由于光伏发电系统的主要部分都安装在露天状态下，且分布的面积较大，因此存在着受直接和间接雷击的危害。同时，光伏发电系统与相关电器设备及建筑物有着直接的连接，因此对光伏系统的雷击还会涉及相关的设备和建筑物及用电负载等。除了雷电能够产生浪涌电压和电流可能对系统造成危害外，在大功率电路的闭合与断开的瞬间、感性负载和容性负载的接通或断开的瞬间、大型用电系统或变压器等断开等也都会产生较大的开关浪涌电压和电流，同样会对相关设备、线路等造成危害。为了避免雷击对光伏发电系统的损害，就需要设置防雷与接地系统进行防护。

（1）太阳能光伏发电系统的防雷措施和设计要求

① 太阳能光伏发电系统或发电站建设地址选择，要尽量避免放置在容易遭受雷击的位置和场合。

② 尽量避免避雷针的太阳阴影落在太阳能电池方阵组件上。

③ 根据现场状况，可采用避雷针、避雷带和避雷网等不同防护措施对直击雷进行防护，减少雷击概率。并应尽量采用多根均匀布置的引下线将雷击电流引入地下。多根引下线的分流作用可降低引下线的引线压降，减少侧击的危险，并使引下线泄流产生的磁场强度减小。

④ 为防止雷电感应，要将整个光伏发电系统的所有金属物，包括电池组件外框、设备、机箱机柜外壳、金属线管等与联合接地体等电位连接，并且做到各自独立接地，图 7-24 是光伏发电系统等电位连接示意图。

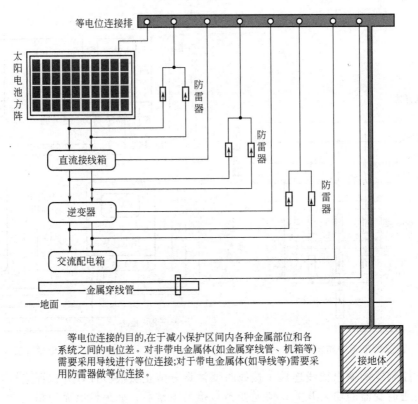

图 7-24　光伏发电系统等电位连接示意图

⑤ 在系统回路上逐级加装防雷器件，实行多级保护，使雷击或开关浪涌电流经过多级防雷器件泄流。一般在光伏发电系统直流线路部分采用直流电源防雷器，在逆变后的交流线路部分，使用交流电源防雷器。防雷器在太阳能光伏发电系统中的应用如图 7-25 所示。

(2) 光伏发电系统的接地类型和要求

① 防雷接地。包括避雷针（带）、引下线、接地体等，要求接地电阻小于 30Ω，并最好考虑单独设置接地体。

② 安全保护接地、工作接地、屏蔽接地。包括光伏电池组件外框、支架，控制器、逆变器、配电柜外壳，蓄电池支架、金属穿线管外皮及蓄电池、逆变器的中性点等，要求接地电阻$\leqslant 4\Omega$。

③ 接地电阻。当安全保护接地、工作接地、屏蔽接地和防雷接地等四种接地共用一组接地装置时，接地电阻按其中最小值确定；若防雷已单独设置接地装置时，其余三种接地宜共用一组接地装置，其接地电阻不应大于其中最小值。

④ 条件许可时，防雷接地系统应尽量单独

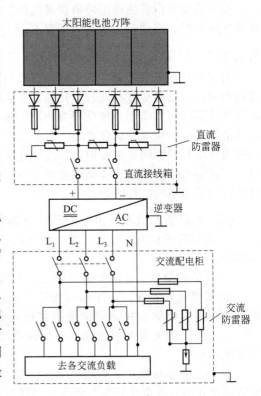

图 7-25　防雷器在光伏发电系统应用示意图

设置，不与其它接地系统共用。并保证防雷接地系统的接地体与公用接地体在地下的距离保持 3m 以上。

（3）防雷器的安装

① 安装方法。防雷器的安装比较简单，防雷器模块、火花放电间隙模块及报警模块等，都可以非常方便地组合并直接安装到配电箱中标准的 35mm 导轨上。

② 安装位置的确定。一般来说，防雷器都要安装在根据分区防雷理论要求确定的分区交界处。B 级（Ⅲ级）防雷器一般安装在电缆进入建筑物的入口处，例如安装在电源的主配电柜中。C 级（Ⅱ级）防雷器一般安装在分配电柜中，作为基本保护的补充。D 级（Ⅰ级）防雷器属于精细保护级防雷，要尽可能地靠近被保护设备端进行安装。防雷分区理论及防雷器等级是根据 DIN VDE 0185 和 IEC 61312—1 等相关标准确定的。

③ 电气连接。防雷器的连接导线必须保持尽可能短，以避免导线的阻抗和感抗产生附加的残压降。如果现场安装时连接线长度无法小于 0.5m 时，则防雷器的连接方式必须使用 V 字形方式连接，如图 7-26 所示。同时，布线时必须将防雷器的输入线和输出线尽可能地保持较远距离的排布。

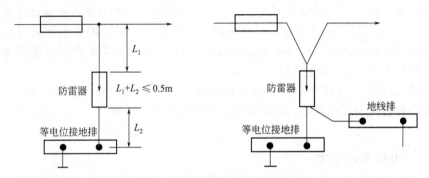

图 7-26　防雷器连接方式示意图

另外布线时要注意将已经保护的线路和未保护的线路（包括接地线），绝对不要近距离平行排布，它们的排布必须有一定空间距离或通过屏蔽装置进行隔离，以防止从未保护的线路向已经保护的线路感应雷电浪涌电流。

防雷器连接线的截面积应和配电系统的相线及零线（L_1、L_2、L_3、N）的截面积相同或按照表 7-4 中的方式选取。

表 7-4　防雷器连接线截面积选取对照表

导线类型	导线（材质：铜）截面积/mm²		
主电路导线	≤35	50	≥70
防雷器接地线	≥16	25	≥35
防雷器连接线	10	16	25

④ 零线和地线的连接。零线的连接可以分流相当可观的雷电流，在主配电柜中，零线的连接线截面积应不小于 16mm²，当在一些用电量较小的系统中，零线的截面积可以选择较小些。防雷器接地线的截面积一般取主电路截面积的一半，或按照表 7-4 中的方式选取。

⑤ 接地和等电位连接。防雷器的接地线必须和设备的接地线或系统保护接地可靠连接。如果系统存在雷击保护等电位连接系统，防雷器的接地线最终也必须和等电位连接系统可靠连接。系统中每一个局部的等电位排也都必须和主等电位连接排可靠连接，连接线的截面积必须满足接地线的最小截面积要求。

⑥ 防雷器的失效保护方法。基于电气安全的原因，任何并联安装在市电电源相对零或

相对地之间的电气元件，为防止故障短路，必须在该电气元件前安装短路保护器件，例如空气开关或保险丝。防雷器也不例外，在防雷器的入线处，也必须加装空气开关或保险丝，目的是当防雷器因雷击保护击穿或因电源故障损坏时，能够及时切断损坏的防雷器与电源之间的联系，待故障防雷器修复或更换后，再将保护空气开关复位或将熔断的保险丝更换，防雷器恢复保护待命状态。

为保证短路保护器件的可靠起效，一般 C 级防雷器前选取安装额定电流值为 32A（C 类脱扣曲线）的空气开关，B 级防雷器前可选择额定电流值约为 63A 的空气开关。

（4）接地系统的安装施工

① 接地体的埋设。在进行配电室基础建设和太阳能电池方阵基础建设的同时，在配电机房附近选择一地下无管道、无阴沟、土层较厚、潮湿的开阔地面，一字排列挖直径 1m、深 2m 的坑 2～3 个（其中 1 个或 2 个坑用于埋设电气设备保护等地线的接地体，另一个坑用于单独埋设避雷针地线的接地体），坑与坑的间距应不小于 3m。坑内放入专用接地体或自行设计制作的接地体，接地体应垂直放置在坑的中央，其上端离地面的最小高度应大于等于 0.7m，放置前要先将引下线与接地体可靠连接。

将接地体放入坑中后，在其周围填充接地专用降阻剂，直至基本将接地体掩埋。填充过程中应同时向坑内注入一定的清水，以使降阻剂充分起效。最后用原土将坑填满整实。电器、设备保护等接地线的引下线最好采用截面积 $35mm^2$ 接地专用多股铜芯电缆连接，避雷针的引下线可用直径 8mm 圆钢连接。

② 避雷针的安装。避雷针的安装最好依附在配电室等建筑物旁边，以利于安装固定，并尽量在接地体的埋设地点附近。避雷针的高度根据要保护的范围而定，条件允许时尽量单独接地。

7.3.1.6　蓄电池组的安装

在小型光伏发电系统中蓄电池的安装位置应尽可能靠近太阳能电池和控制器。在中、大型光伏发电系统中，蓄电池最好与控制器、逆变器及交流配电柜等分室而放。蓄电池的安装位置要保证通风良好，排水方便，防止高温，环境温度应尽量保持在 10～25℃ 之间。

蓄电池与地面之间应采取绝缘措施，一般可垫木板或其它绝缘物，以免蓄电池与地面短路而放电。如果蓄电池数量较多时，可以安装在蓄电池专用支架上，且支架要可靠接地。

蓄电池安装结束后，要测量蓄电池的总电压和单只电压，单只电压大小要相等。要注意的是，接线时辨别清楚正负极，保证接线质量。

蓄电池极柱与接线之间必须紧密接触，并在极柱与连接点涂一层凡士林油膜，以防天长日久腐蚀生锈造成接触不良。

7.1.3.7　线缆的铺设与连接

（1）太阳能光伏发电系统连接线缆铺设注意事项

① 不得在墙和支架的锐角边缘铺设电缆，以免切割、磨损伤害电缆绝缘层引起短路，或切断导线引起断路。

② 应为电缆提供足够的支撑和固定，防止风吹等对电缆造成机械损伤。

③ 布线的松紧度要适当，过于张紧会因热胀冷缩造成断裂。

④ 考虑环境因素影响，线缆绝缘层应能耐受风吹、日晒、雨淋、腐蚀等。

⑤ 电缆接头要特殊处理，要防止氧化和接触不良，必要时要镀锡或锡焊处理。

⑥ 同一电路馈线和回线应尽可能绞合在一起。

⑦ 线缆外皮颜色选择要规范，如火线、零线和地线等颜色要加以区分。

⑧ 线缆的截面积要与其线路工作电流相匹配,截面积过小,可能使导线发热,造成线路损耗过大,甚至使绝缘外皮熔化,产生短路甚至火灾。特别是在低电压直流电路中,线路损耗尤其明显。截面积过大,又会造成不必要的浪费。因此系统各部分线缆要根据各自通过电流的大小进行选择确定。

⑨ 当线缆铺设需要穿过楼面、屋面或墙面时,其防水套管与建筑主体之间的缝隙必须做好防水密封处理,建筑表面要处理光洁。

(2) 线缆的铺设与连接

太阳能光伏发电系统的线缆铺设与连接主要以直流布线工程为主,而且串联、并联接线场合较多。因此施工时要特别注意正负极性。

① 在进行光伏电池方阵与直流接线箱之间的线路连接时,所使用导线的截面积要满足最大短路电流的需要。各组件方阵串的输出引线要做编号和正负极性的标记,然后引入直流接线箱。线缆在进入接线箱或房屋穿线孔时,要做如图7-27所示的防水弯,以防积水顺电缆进入屋内或机箱内。

② 当太阳能电池方阵在地面安装时要采用地下布线方式,地下布线时要对导线套线管进行保护,掩埋深度距离地面在0.5m以上。

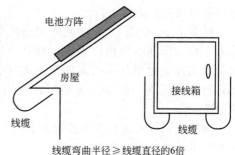

图 7-27 线缆防水弯示意图

③ 交流逆变器输出的电气方式有单相二线制、单相三线制、三相三线制和三相四线制等,连接时注意相线和零线的正确连接。

7.3.2 太阳能光伏发电系统的检查测试

太阳能光伏发电系统安装完毕后,需要对整个系统进行检查和必要的测试,使系统能够长期稳定的正常运行。

7.3.2.1 光伏发电系统的检查

光伏发电系统的检查主要是对各个电器设备、部件等进行外观检查,内容包括电池组件方阵、基础支架、接线箱、控制器、逆变器、系统并网装置和接地系统等。

(1) 电池组件及方阵的检查

检查组件的电池片有无裂纹、缺角或变色;表面玻璃有无破损、污物;边框有无损伤、变形等。

检查方阵外观是否平整、美观,组件是否安装牢固,引线是否接触良好,引线外皮有否破损等。检查组件或方阵支架是否有生锈和螺丝松动之处。

(2) 直流接线箱和交流配电柜的检查

检查外壳有无腐蚀、生锈、变形;内部接线有无错误,接线端子有无松动,外部接线有无损伤。

(3) 控制器、逆变器的检查

检查外壳有无腐蚀、生锈、变形;接线端子是否松动,输入、输出接线是否正确。

(4) 接地系统的检查

检查接地系统是否连接良好,有无松动;连接线是否有损伤;所有接地是否为等电位连接。

(5) 配线电缆的检查

太阳能光伏发电系统中的电线电缆在施工过程中很可能出现碰伤和扭曲等，这会导致绝缘被破坏以及绝缘电阻下降等。因此在工程结束后，在做上述各项检查的过程中，同时对相关配线电缆进行外观检查，通过检查确认电线电缆有无损伤。

7.3.2.2 光伏发电系统的测试

(1) 电池方阵的测试

一般情况下，方阵组件串中的太阳能电池组件的规格和型号都是相同的，可根据电池组件生产厂商提供的技术参数，查出单块组件的开路电压，将其乘以串联的数目，应基本等于组件串两端的开路电压。

通常由 36 片或 72 片电池片制造的电池组件，其开路电压约为 21V 或 42V 左右。如有若干块太阳能电池组件串联，则其组件串两端的开路电压应约为 21V 或 42V 的整数倍。测量太阳能电池组件串两端的开路电压是否基本符合，若相差太大，则很可能有组件损坏、极性接反或是连接处接触不良等问题。可逐个检查组件的开路电压及连接状况，找出故障。

测量太阳能电池组件串的短路电流，应基本符合设计要求，若相差较大，则可能有的组件性能不良，应予以更换。

若太阳能电池组件串联的数目较多，可能开路电压很高，测量时要注意安全。

所有太阳能电池组件串都检查合格后，进行太阳能电池组件串并联的检查。在确认所有的太阳能电池组件串的开路电压基本上都相同后，方可进行各串的并联。并联后电压基本不变，总的短路电流应大体等于各个组件串的短路电流之和。在测量短路电流时，也要注意安全，电流太大时可能跳火花，会造成设备或人身事故。

若有多个子方阵，均按照以上方法检查合格后，方可将各个方阵输出的正、负极接入汇流箱或控制器，然后测量方阵总的工作电流和电压等参数。

(2) 绝缘电阻的测试

为了了解太阳能光伏发电系统各部分的绝缘状态，判断是否可以通电，需要进行绝缘电阻测试。绝缘电阻的测试一般是在太阳能光伏系统施工安装完毕准备开始运行前、运行过程中的定期检查以及确定出现故障时进行。

绝缘电阻测试主要包括对太阳能电池方阵以及逆变器系统电路的测试。由于太阳能电池方阵在白天始终有较高电压存在，在进行太阳能电池方阵电路的绝缘电阻测试时，要准备一个能够承受太阳能电池方阵短路电流的开关，先用短路开关将太阳能电池阵列的输出端短路。根据需要选用 500V 或 1000V 的绝缘电阻计（兆欧表），然后测量太阳能电池阵列的各输出端子对地间的绝缘电阻。绝缘电阻值根据对地电压的不同，其标准如表 7-5 所示。具体测试方法如图 7-28 所示。当电池方阵输出端装有防雷器时，测试前要将防雷器的接地线从电路中脱开，测试完毕后再恢复原状。

逆变器电路的绝缘电阻测试方法如图 7-29 所示。根据逆变器额定工作电压的不同选择 500V 或 1000V 的绝缘电阻计进行测试。

逆变器绝缘电阻测试内容主要包括输入电路的绝缘电阻测试和输出电路的绝缘电阻测试。输入电路的绝缘电阻测试时，首先将太阳能电池与接线箱分离，并分别短路直流输入电路的所有端子和交流输出电路的所有输出端子，然后分别测量输入电路与地线间的绝缘电阻和输出电路与地线间的绝缘电阻。逆变器的输入、输出绝缘电阻值测定标准参照表 7-5。

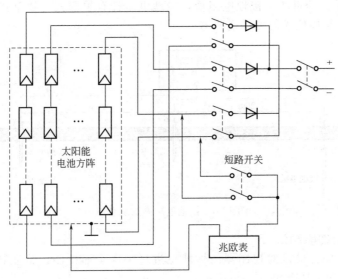

图 7-28　太阳能电池方阵绝缘电阻的测试方法示意图

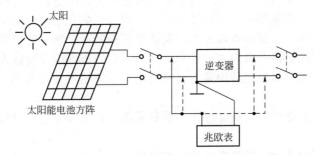

图 7-29　逆变器的绝缘电阻测试方法示意图

表 7-5　绝缘电阻测定标准

对地电压/V	绝缘电阻/MΩ
≤150	≥0.1
150～300	≥0.2
>300	≥0.4

(3) 绝缘耐压的测试

对于太阳能电池方阵和逆变器，根据要求有时需要进行绝缘耐压测试，测量太阳能电池方阵电路和逆变器电路的绝缘耐压值。测量的条件和方法与上面的绝缘电阻测试相同。

进行太阳能电池方阵电路的绝缘耐压测试时，将标准太阳能电池方阵的开路电压作为最大使用电压，对太阳能电池方阵电路加上最大使用电压的 1.5 倍的直流电压或 1 倍的交流电压，测试时间为 10min 左右，检查是否出现绝缘破坏。绝缘耐压测试时一般要将防雷器等避雷装置取下或从电路中脱开，然后进行测试。

在对逆变器电路进行绝缘耐压测试时，测试电压与太阳能电池方阵电路的测试电压相同，测试时间也为 10min，检查逆变器电路是否出现绝缘破坏。

(4) 接地电阻的测试

接地电阻一般使用接地电阻计进行测量，接地电阻计还包括一个接地电极引线以及两个辅助电极。接地电阻的测试方法如图 7-30 所示。测试时接地电极与两个辅助电极的间隔各为 20m 左右，并成直线排列。将接地电极接在接地电阻计的 E 端子，辅助电极接在电阻计的 P 端子和 C 端子，即可测出接地电阻值。接地电阻计有手摇式、数字式及钳型式等，详细使用方法可参考具体仪表的使用说明书。

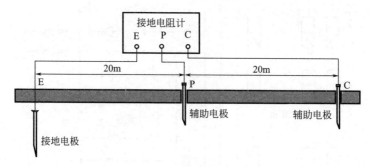

图 7-30　接地电阻测试示意图

(5) 控制器的性能测试

对于有条件的场合最好对控制器的性能也进行一次全面检测，验证其是否符合 GB/T 19064—2003 规定的具体要求。

对于一般的离网光伏系统，控制器的主要功能是防止蓄电池过充电和过放电。在与光伏系统连接前，最好先对控制器单独进行测试。可使用合适的直流稳压电源，为控制器的输入端提供稳定的工作电压，并调节电压大小，验证其充满断开、恢复连接及低压断开时的电压是否符合要求。有些控制器具有输出稳压功能，可在适当范围内改变输入电压，测量输出是否保持稳定。另外还要测试控制器的最大自身耗电是否满足不超过其额定工作电流的 1% 的要求。

若控制器还具备智能控制、设备保护、数据采集、状态显示、故障报警等功能，也可进行适当的检测。

对于小型光伏系统或确认控制器在出厂前已经调试合格，并且在运输和安装过程中并无任何损坏，在现场也可不再进行这些测试。

7.3.3　太阳能光伏发电系统逆变器的调试

7.3.3.1　离网逆变器调试

检查逆变器的产品说明书和出厂检验合格证书是否齐全。

有条件时最好对逆变器进行全面检测，其主要技术指标应符合 GB/T 19064—2003 的要求。

测量逆变器输出的工作电压，检测输出的波形、频率、效率、负载功率因数等指标是否符合设计要求。测试逆变器的保护、报警等功能，并做好记录。

7.3.3.2　并网逆变控制器调试

并网逆变控制器是并网光伏系统最重要的部件之一，事关光伏系统能否正常工作和电网的安全运行，调试工作必须十分仔细，绝对不能掉以轻心。

并网逆变控制器必须具备产品说明书和出厂检验合格证书。

(1) 性能测试

在并网逆变控制器连接到光伏系统之前，应对其输出的交流电质量和保护功能进行单独测试。

① 电能质量测试。测试电能质量可采用图 7-31 所示的电能质量测试电路图。

如果电网的电压和频率的偏差可以保持在最高允许偏差的 50% 以内，则可以省略 3，直接将系统接入电网进行测试。

连接好线路后，即可进行以下参数的测量：

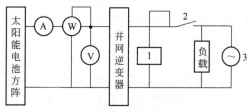

图 7-31　电能质量测试电路图
1—电能质量分析仪；2—电网解列点；
3—电压和频率可调的净化交流电源（模拟电网）
（可提供的电流容量至少是光伏系统提供电流的 5 倍）

a. 工作电压和频率：在光伏系统并入电网（或模拟电网）后，现场测量 3 次解列点处的电压和频率，分别记录测试结果，判断光伏系统对电网的影响是否符合《电能质量 供电电压偏差》（GB/T 12325—2008）的要求。

b. 电压波动和闪变：使光伏系统并网（或模拟电网）工作，按照《电能质量 电压波动和闪变》（GB 12326—2008）的规定，在电网接口处测量电网电压的波动和闪变，记录测试结果，判断光伏系统对电网的影响是否符合标准的要求。

c. 谐波和波形畸变：在光伏系统并入电网之前，用电能质量分析仪测量电网（或模拟电网）谐波电流并做记录，在光伏系统并入电网之后，用电能质量分析仪测量光伏系统的谐波电流，判断是否符合《电能质量公用电网谐波》（GB/T 14549—1993）的要求。

d. 功率因数：并网运行的前后，当光伏系统输出大于逆变器额定功率的 50% 时，调节逆变器的输出和相位，用电能质量分析仪连续测量解列点处光伏系统的输出功率和功率因数，记录测量结果，判断是否符合设备和系统技术条件的要求。

e. 输出电压不平衡度（适用于三相输出）：在光伏系统并入电网的前后，用电能质量分析仪现场测量解列点处的三相电压不平衡度，分别记录测试结果，判断是否符合《电能质量 三相电压允许不平衡》（GB/T 15543—2008）以及用户与电力监管部门签订合同的要求。允许值为 2%，短时不得超过 4%。

f. 输出直流分量检测：光伏系统并网运行时，用电能质量分析仪在不同输出功率（33%，66%，100%）条件下，检测直流电流分量应≤1% 输出电流。当直流分量大于限定值时光伏系统应自动与电网解列。

② 保护功能测试。可使用净化交流电源进行电网保护功能的检测，主要有以下内容：

a. 过电压/欠电压保护：按照《光伏系统并网技术要求》（GB/T 19939—2005）中表 3 的指标，逐项改变净化交流电源的电压值，测量并网系统保护装置的动作值和动作时间，应符合标准的要求。

b. 过/欠频率：按照《光伏系统并网技术要求》（GB/T 19939—2005）的规定，改变净化交流电源的频率（变化速率不能快于 0.5Hz/s），测量并网系统保护装置的动作值和动作时间，应符合标准的要求。

c. 防孤岛效应：光伏系统并网运行时，使模拟电网失压，防孤岛效应保护应在 2s 内动作，将光伏系统与电网断开。

d. 电网恢复：在过/欠电压、过/欠频率、防孤岛效应保护检测时，由于模拟电网的指标越限或电网失压使光伏系统停机或与电网断开后，恢复净化交流电源正常工作范围，具有自动恢复并网功能的并网光伏系统应在规定的时段内再并网。

e. 短路保护：在解列点处模拟电网短路，测量光伏系统的输出电流及解列时间，应符合《光伏系统并网技术要求》（GB/T 19939—2005）的要求。电网短路时，逆变器的过电流应不大于额定电流的 150%，并在 0.1s 以内将光伏系统与电网断开。

f. 反向电流保护：当光伏系统设计为非逆流方式运行时，应试验其反向电流保护功能。

反向电流保护参考试验电路如图 7-32 所示，光伏系统通过隔离变压器并网运行，由大到小调节加在光伏系统侧的变压器交流负载，或调整光伏系统的输出功率，直到光伏系统侧变压器出现反向电流，记录光伏系统中断电力输出或光伏系统与电网断开的动作值和动作时间，应符合设计要求。当检测到供电变压器二次侧的逆流为逆变器额定输出的 5% 时，逆向功率保护应在 0.5～2s 内将光伏系统与电网断开。

若确定所使用的并网逆变控制器在出厂前已经进行过以上测试并合格，在运输和安装过程中并无任何损坏，在现场也可不再进行这些测试。

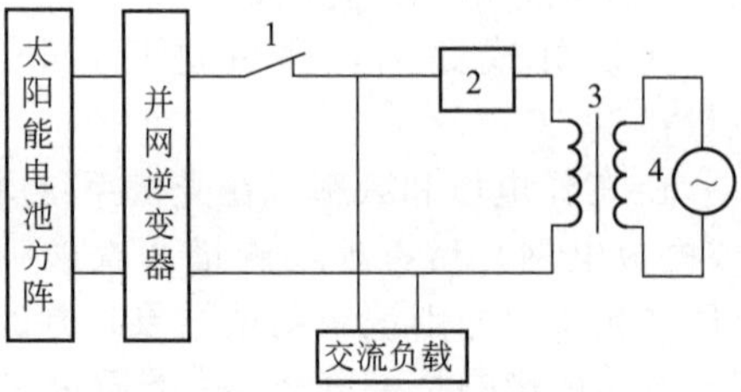

图 7-32 反向电流保护参考试验电路
1—电网解列点；2—逆向电流检测装置；
3—隔离变压器；4—电网或模拟电网

（2）线路连接

先将并网逆变控制器与太阳能电池方阵连接，测量直流端的工作电流和电压、输出功率，若符合要求，可将并网逆变控制器与电网连接，测量交流端的电压、功率等技术数据，同时记录太阳辐照强度、环境温度、风速等参数，判断是否与设计要求相符合。

若光伏系统各个部分均工作正常，即可投入试运行。定时记录各种运行数据，正常运行一定时间后，如无异常情况发生，即可进行竣工验收。

7.4 太阳能光伏发电系统的维护管理

7.4.1 太阳能光伏发电系统的运行维护

7.4.1.1 太阳能光伏发电系统的日常检查和定期维护

太阳能光伏发电系统的运行维护分为日常检查和定期维护，其运行维护和管理人员都要有一定的专业知识、高度的责任心和认真负责的工作态度，每天检查光伏发电系统的整体运行情况，观察设备仪表和计量检测仪表的显示数据，定时巡回检查，做好检查记录。

（1）光伏发电系统的日常检查

在光伏发电系统的正常运行期间，日常检查是必不可少的，一般对于大于 20kW 容量的系统应当配备专人巡检，容量 20kW 以内的系统可由用户自行检查。日常检查一般每天或每班进行一次。

日常检查的主要项目如下。

① 观察电池方阵表面是否清洁，及时清除灰尘和污垢，可用清水冲洗或用干净抹布擦拭，但不得使用化学试剂清洗。检查了解方阵有无接线脱落等情况。

② 注意观察所有设备的外观锈蚀、损坏等情况，用手背触碰设备外壳检查有无温度异常，检查外露的导线有无绝缘老化、机械性损坏，箱体内有否进水等情况。检查有无小动物对设备形成侵扰等其它情况。设备运行有无异常声响，运行环境有无异味，如有应找出原因，并立即采取有效措施，予以解决。

若发现严重异常情况，除了立即切断电源，并采取有效措施外，还要报告有关人员，同时做好记录。

③ 观察蓄电池的外壳有无变形或裂纹，有无液体渗漏。充、放电状态是否良好，充电电流是否适当。环境温度及通风是否良好，并保持室内清洁，蓄电池外部是否有污垢和灰尘等。

（2）光伏发电系统的定期维护

光伏发电系统除了日常巡检以外，还需要专业人员进行定期的检查和维护，定期维护一般每月或每半月进行一次，主要包括以下内容。

① 检查、了解运行记录，分析光伏系统的运行情况，对于光伏系统的运行状态做出判断，如发现问题，立即进行专业的维护和指导。

② 设备外观检查和内部的检查，主要涉及活动和连接部分导线，特别是大电流密度的导线、功率器件、容易锈蚀的地方等。

③ 对于逆变器应定期清洁冷却风扇并检查是否正常，定期清除机内的灰尘，检查各端子螺丝是否紧固，检查有无过热后留下的痕迹及损坏的器件，检查电线是否老化。

④ 定期检查和保持蓄电池电解液相对密度，及时更换损坏的蓄电池。

⑤ 有条件时可采用红外探测的方法对光伏发电方阵、线路和电器设备进行检查，找出异常发热和故障点，并及时解决。

⑥ 每年应对光伏发电系统进行一次系统绝缘电阻和接地电阻的检查测试，以及对逆变控制装置进行一次全项目的电能质量和保护功能的检查和试验。

所有记录特别是专业巡检记录应存档妥善保管。

总之，光伏发电系统的检查、管理和维护是保证系统正常运行的关键，必须对光伏发电系统认真检查，妥善管理，精心维护，规范操作，发现问题及时解决，才能使得光伏发电系统处于长期稳定的正常运行状态。

下面简要介绍光伏发电系统各部位的主要检查和维护内容。

7.4.1.2 太阳能光伏组件方阵的检查维护

(1) 要保持太阳能电池组件方阵采光面的清洁，如积有灰尘，可用干净的线掸子进行清扫。如有污垢清扫不掉时，可用清水进行冲洗，然后用干净的抹布将水迹擦干。切勿用有腐蚀性的溶剂清洗或用硬物擦拭。遇有积雪时要及时清理。

(2) 要定期检查太阳能电池方阵的金属支架有无腐蚀，并定期对支架进行油漆防腐处理。方阵支架要保持接地良好。

(3) 使用中要定期（如1~2个月）对太阳能电池方阵的光电参数及输出功率等进行检测，以保证电池方阵的正常运行。

(4) 使用中要定期（如1~2个月）检查太阳能电池组件的封装及连线接头，如发现有封装开胶进水、电池片变色及接头松动、脱线、腐蚀等，要及时进行维修或更换。

(5) 对带有极轴自动跟踪系统的太阳能电池方阵支架，要定期检查跟踪系统的机械和电气性能是否正常。

7.4.1.3 蓄电池（组）的检查维护

(1) 保持蓄电池室内清洁，防止尘土入内；保持室内干燥和通风良好，光线充足，但不应使阳光直射到蓄电池上。

(2) 室内严禁烟火，尤其在蓄电池处于充电状态时。

(3) 维护蓄电池时，维护人员应佩戴防护眼镜和身体防护用品，使用绝缘器械，防止人员触电，防止蓄电池短路和断路。

(4) 经常进行蓄电池正常巡视的检查项目。

(5) 正常使用蓄电池时，应注意请勿使用任何有机溶剂清洗电池，切不可拆卸电池的安全阀或在电池中加入任何物质，电池放电后应尽快充电，以免影响电池容量。

7.4.1.4 光伏控制器和逆变器的检查维护

光伏控制器和逆变器的操作使用要严格按照使用说明书的要求和规定进行。开机前要检查输入电压是否正常；操作时要注意开关机的顺序是否正确，各表头和指示灯的指示是否正常。

控制器和逆变器在发生断路、过电流、过电压、过热等故障时，一般都会进入自动保护而停止工作。这些设备一旦停机，不要马上开机，要查明原因并修复后再开机。

逆变器机箱或机柜内有高压，操作人员一般不得打开机箱或机柜，柜门平时要锁死。

当环境温度超过 30℃ 时，应采取降温散热措施，防止设备发生故障，延长设备使用寿命。经常检查机内温度、声音和气味等是否异常。

控制器和逆变器的维护检修：严格定期查看控制器和逆变器各部分的接线有无松动现象（如保险、风扇、功率模块、输入和输出端子以及接地等），发现接线有松动要立即修复。

7.4.1.5　配电柜及输电线路的检查维护

检查配电柜的仪表、开关和熔断器有无损坏；各部件接点有无松动、发热和烧损现象；漏电保护器动作是否灵敏可靠；接触开关的触点是否有损伤。

配电柜的维护检修内容主要有：定期清扫配电柜，修理更换损坏的部件和仪表；更换和紧固各部件接线端子；箱体锈蚀部位要及时清理并涂刷防锈漆。

定期检查输电线路的干线和支线，不得有掉线、搭线、垂线、搭墙等现象；不得有私拉偷电现象；定期检查进户线和用户电表。

7.4.1.6　防雷接地系统的检查维护

① 每年雷雨季节前应对接地系统进行检查和维护。主要检查连接处是否紧固、接触是否良好、接地体附近地面有无异常，必要时挖开地面抽查地下隐蔽部分锈蚀情况，如果发现问题应及时处理。

② 接地网的接地电阻应每年进行一次测量。

③ 每年雷雨季节前应利用防雷器元件老化测试仪对运行中的防雷器进行一次检测，雷雨季节中要加强外观巡视，发现防雷模块显示窗口出现红色及时更换处理。

7.4.2　太阳能光伏发电系统的故障排除

（1）太阳能电池组件与方阵的常见故障

太阳能电池组件的常见故障有：外电极断路、内部断路、旁路二极管短路、旁路二极管反接、热斑效应、接线盒脱落、导线老化、导线短路、背膜开裂、EVA 与玻璃分层进水、铝边框开裂、电池玻璃破碎、电池片或电极发黄、电池栅线断裂、太阳能电池板被遮挡等。可根据具体情况检查更换或修理。

（2）蓄电池的常见故障及解决方法

阀控密封蓄电池常见故障有外壳开裂、极柱断裂、螺丝断裂、失水、漏液、胀气、不可逆硫酸盐化、电池内部短路等，可归纳为表 7-6～表 7-9 中所示的几种情况。

表 7-6　蓄电池外观故障

故障现象	故障原因	故障后果	解决方法
电池壳裂纹或破裂	运输或撞击损坏	电池液干涸或接地故障	更换损坏的电池
电池爆炸，壳盖碎裂	电池内短路产生火花点燃电池内部或外在原因累积的气体	不能支持负载，严重时易造成设备损坏	更换损坏的电池
	超期服役和维护不良的蓄电池都有爆炸的隐患		不使用超期服役的电池
电池端子上有腐蚀	制造过程残留的电解液或电池端子密封不严渗漏的电解液腐蚀了端子	增加了接触电阻，连接部位发热并加大电位降	拆下连接线，清洁连接面再安装，并涂保护油脂，渗漏严重时必须更换蓄电池

续表

故障现象	故障原因	故障后果	解决方法
电池端子上有熔化的油脂痕迹	因为连接松动或接触面有污物造成接触不良,使连接处发热	输出电压下降,使用时间缩短。端子损坏	重新拧紧松动连接,清除连接处污物后再连接
电池壳发热膨胀	因为高温环境,过大的浮充电压或充电电流,或上述故障的组合,造成热失控	电池失水严重,缩短使用寿命,严重时电池外壳熔化,释放臭鸡蛋或硫化氢气味	改善环境条件,纠正导致热失控的项目,换掉膨胀严重的电池
	蓄电池超期服役	电池内阻增大,有爆炸危险	更换超期服役的电池

表 7-7　电池温度升高故障

故障现象	故障原因	故障后果	解决方法
电池温度升高	环境温度升高	缩短电池使用寿命	降低环境温度
	未安装空调		安装空调
	电池柜通风不良		改善通风条件
	浮充电压过高		纠正充电系统
	浮充电流过大		更换短路电池
	电池内部短路		更换短路电池

表 7-8　蓄电池组浮充总电压过高或过低故障（12V 蓄电池）

故障现象	故障原因	故障后果	解决方法
25℃时,系统浮充电压平均大于 13.8V/只,即电池单体>2.3V	电池板输出设计不正确,控制器输出设置不正确,控制器内部电路或元件故障	过度充电会导致蓄电池析出气体过多和电解液干涸及发生热失控危险	重新核实电池板输出电压;调整控制器的输出设置;检修或更换控制器
25℃时,系统浮充电压平均小于 13.5V/只,即电池单体<2.25V	电池板输出设计不正确,控制器输出设置不正确,控制器内部电路或元件故障	充电不足会缩短负载工作时间或使蓄电池容量逐步丧失,严重时会造成电池失效	重新核实电池板输出电压;调整控制器的输出设置;检修或更换控制器
	个别电池单格短路	故障电池发热并影响该电池组的充电电压	更换故障电池

表 7-9　单只蓄电池浮充电压过高或过低故障（12V 蓄电池）

故障现象	故障原因	故障后果	解决方法
电池浮充电压<13.2V,即电池单体<2.2V	该电池可能有单格短路的现象	缩短负载工作时间,浮充电路增大,放电时单格发热,潜在的热失控危险	更换故障电池
个别电池浮充电压>14.3V/只,即电池单体>2.43V	该电池存在没有完全断路的单体,使电池虚连接	无法为负载正常供电,并可能产生引爆电池内部气体的电弧	更换故障电池

(3) 光伏控制器的常见故障

光伏控制器的常见故障有：因电压过高造成损坏，蓄电池极性反接损坏，因雷击造成损坏，工作点设置不对或漂移造成充放电控制错误，空气开关或继电器触点拉弧，功率开关晶体管器件损坏等。可根据具体情况维修或更换控制器系统。

(4) 逆变器的常见故障

逆变器的常见故障有：因运输不当造成损坏，因极性反接造成损坏，因内部电源失效损坏，因遭受雷击而损坏，功率开关器件损坏，因输入电压不正常造成损坏，输出保险损坏等。可根据具体情况检修或更换逆变器系统。

7.5　太阳能光伏发电的应用

7.5.1　太阳能光伏发电技术的应用优势

　　太阳能资源无处不有，即使没有高低压网线，太阳能光伏发电系统仍然可以照常工作。太阳能光伏发电作为独立电源使用，成本低，位于边远地区的村庄作为家用供电系统、太阳能电池水泵系统以及大部分的通信电源系统等都属此类。太阳能光伏发电系统还可以同其它发电系统组成混合供电系统，如风-光混合系统、风-光-油混合系统等。由于风力发电系统成本低，风能和太阳能在许多地区具有互补性，从而可以大大减少蓄电池的存储容量，因此风-光混合系统的投资一般比独立太阳能光伏发电系统少 1/3 左右。最有发展前景的是太阳能光伏发电系统与电网相联构成联网发电系统。联网系统是将太阳能电池发出的直流电通过并网逆变器馈入电网。联网发电系统分为被动式联网系统和主动式联网系统。被动式联网系统中不带储能系统，馈入电网的电力完全取决于日照的情况，不可调度；主动式联网系统带有储能系统，可根据需要随时将太阳能光伏发电系统并入或退出电网。实践证明，联网太阳能光伏电站可以对电网调峰、提高电网末端的电压稳定性、改善电网功率因数和有效地消除电网杂波，应用前景广阔，是大规模利用太阳能电池发电的发展方向。

　　太阳能电池及光伏发电系统现在已经广泛应用于工业、农业、科技、国防及人们生活的方方面面，预计到 21 世纪中叶，太阳能光伏发电将成为重要的发电方式，在可再生能源结构中占有一定比例。太阳能光伏发电的具体应用主要有以下几个方面。

　　① 通信领域的应用。主要包括无人值守微波中继站，光缆通信系统及维护站，移动通信基站，广播、通信电源系统，卫星通信和卫星电视接收系统，农村载波电话光伏系统、小型通信机、士兵 GPS 供电等。

　　② 公路、铁路、航运等交通领域的应用。如铁路和公路信号系统，铁路信号灯，交通警示灯、标志灯、信号灯，公路太阳能路灯，太阳能道钉灯、高空障碍灯，高速公路监控系统，高速公路、铁路无线电话亭，无人值守道班供电，航标灯灯塔和航标灯电源等。

　　③ 石油、海洋、气象领域的应用。如石油管道和水库闸门阴极保护太阳能电源系统，石油钻井平台生活及应急电源，海洋检测设备，气象和水文观测设备、观测站电源系统等。

　　④ 农村及边远无电地区应用。在高原、海岛、牧区、边防哨所等农村和边远无电地区应用太阳能光伏户用系统、小型风光互补发电系统等解决日常生活用电问题，如照明、电视、手机、MP3 等的用电，发电功率大多在十几瓦到几百瓦。应用 1～5kW 的独立光伏发电系统或并网发电系统作为村庄、学校、医院、饭馆、旅社、商店等的供电系统。应用太阳能光伏水泵，解决无电地区的深水井饮用、农田灌溉等用电问题。另外还有太阳能喷雾器、太阳能电围栏、太阳能黑光灭虫灯等应用。

　　⑤ 太阳能光伏照明方面的应用。太阳能光伏照明包括太阳能路灯、庭院灯、草坪灯，太阳能景观照明，太阳能路标标牌、信号指示、广告灯箱照明等，还有家庭照明灯具及手提灯、野营灯、登山灯、垂钓灯、割胶灯、节能灯、手电等。

　　⑥ 大型光伏发电系统（电站）的应用。大型光伏发电系统（电站）是 10kW～50MW 的地面独立或并网光伏电站、风光（柴）互补电站、各种大型停车场充电站等。

　　⑦ 太阳能光伏-建筑一体化（BIPV）并网发电系统。BIPV 将太阳能发电与建筑材料相结合，充分利用建筑物的屋顶和外立面，使得大型建筑能实现电力自给、并网发电，这将是今后的一大发展方向。

⑧ 太阳能电子商品及玩具的应用。包括太阳能收音机、太阳能钟、太阳能帽、太阳能充电器、太阳能手表、太阳能计算器、太阳能玩具等。

⑨ 其它领域的应用。包括太阳能电动汽车、电动自行车，太阳能游艇，电池充电设备，太阳能汽车空调、换气扇、冷饮箱等；还有太阳能制氢加燃料电池的再生发电系统，海水淡化设备供电，卫星、航天器、空间太阳能电站等。

7.5.2 太阳能光伏发电技术的应用实例

7.5.2.1 太阳能路灯和庭院灯

太阳能路灯和庭院灯由太阳能电池组件、蓄电池、控制器、照明灯、灯杆等组成。为了美观、安全、高效，灯杆要有足够的强度，太阳能电池组件最好采用高效率的晶体硅太阳能电池，同时也最好选用低功耗、高亮度的直流照明灯（通常选用 LED 灯）。

太阳能路灯的控制器除了要具备一般光伏系统的防反充、防过充和过放、防短路和反接等功能以外，还要具有自动开关照明灯的功能。通常使用定时和光控两种方法来对太阳能路灯的工作时间进行控制。定时控制可以是模拟线路或单片机控制两种方法，可以根据实际需要，事先设定路灯每天晚上的工作时间，调整电子或者机械计时器的接通或断开时刻，到时路灯便可以自动开关。如果全年工作时间的长短不作调整，这种定时太阳能路灯在设计时就可当作全年日平均耗电量相同的均衡性负载来处理。另外一种控制方式是光控，可以单独安装光敏器件，也可以利用太阳能电池本身作为光敏器件，即在周围环境暗到一定程度时自动开灯，一直到天亮时再自动关灯。显然，这样每天工作时间长短不一样，夏天工作时间短，冬天工作时间长。

因为太阳能路灯完全工作在自然环境下，环境温度的变化会影响蓄电池的性能。温度每上升 1℃，单节蓄电池的电压下降 3～6mV。因此在设计电路时必须对蓄电池的充放电电压做温度补偿。单片机控制器一般采用温度传感器做温度补偿，模拟电路控制器采用温敏电阻做温度补偿元件。

太阳能路灯和庭院灯可以说是集光、电、机械、控制等技术于一体的艺术品，常常与周围的优美环境融为一体。在设计时，除了要着重考虑其外形美观、结构合理、与环境协调以外，还要进行细致、科学的优化设计，合理地确定太阳能电池组件、蓄电池的容量以及负载功率的大小，以保证系统稳定可靠地工作，又能达到最好的经济效益。

（1）太阳能路灯的配置

SL-3510 型太阳能路灯实例如图 7-33 所示，产品详细说明如下。

高度：6～8m；

太阳能电池板：30W（单晶/多晶），使用寿命 25 年以上；

光源：2×6W 大功率超高亮 LED，低光衰，寿命 10000h 以上；

蓄电池：12V/24A·h（太阳能专用免维护胶体电池，使用寿命 3 年以上）；

控制器：SOOLN 牌智能控制器，防过充、

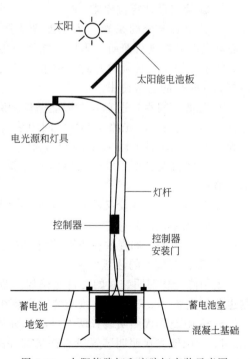

图 7-33 太阳能路灯和庭院灯安装示意图

过放保护功能，防电子短路，防反接保护功能，光控＋时控功能，采用 IC 芯片控制；

工作时间：6～8h/d 连续可调，遇阴雨天可连续工作 3～5 天；

抗风等级：≥35m/s；

适合安装间距：25～30m；

灯体材质：Q235；

表面处理：热镀锌处理，灯体表面喷涂防腐环保户外塑。

LED 太阳能路灯典型配置方案如表 7-10、表 7-11 所示。

表 7-10　30W 太阳能 LED 路灯典型配置方案

序号	配件名称	型号规格	单位	数量	备注
1	太阳能电池组件	120W	块	1	单晶或多晶硅
2	蓄电池	12V/130A·h	只	1	VRLA 蓄电池
3	光源	30WLED	盏	1	
4	控制器	12V/5A	个	1	过充、过放等保护
5	灯杆	6m	根	1	Q235 热镀锌、喷塑

注：每日连续工作 6～8h，阴雨天连续工作 2～3d。

表 7-11　40W 太阳能 LED 路灯典型配置方案

序号	配件名称	型号规格	单位	数量	备注
1	太阳能电池组件	160W	块	1	单晶或多晶硅
2	蓄电池	12V/200A·h	只	1	VRLA 蓄电池
3	光源	40WLED	盏	1	
4	控制器	24V/15A	个	1	过充、过放等保护
5	灯杆	10m	根	1	Q235 热镀锌、喷塑

注：每日连续工作 6～8h，阴雨天连续工作 2～3d。

（2）太阳能路灯的安装

① 安装的设计定位原则

a. 必须有充分的采光　太阳能光伏照明装置是通过太阳能电池板将光能转化为电能，从而点亮电光源进行照明。因此，能否采集到阳光是太阳能光伏照明装置设计定位时首先要考虑的主要因素，必须避开高大树木、高大建筑物和其它影响采光的物体，才能保证太阳能路灯和庭院灯的正常使用。

b. 距离（间距）适宜　太阳能路灯和庭院灯的电光源一般功率都不大，根据实践经验，灯杆高 5m 左右，电光源为 18W，间距最大以 30m 的距离为宜；灯杆高 6～8m 左右，电光源为 35W，间距最大以 35m 的距离为宜。

c. 整体协调美观　要注意整体的美观，注意与周围景观的统一、协调，尽量避免出现不和谐现象。

d. 注意安全　在交叉路口、交通要道等人员来往频繁位置设计灯位时，必须考虑灯在运行过程中的安全性等。

e. 尊重习俗　如在农村不要将灯位对着居民家大门等。

② 安装与施工的注意事项

太阳能光伏照明装置的硬件是确保工程高质量的基础，但安装施工、工程管理和质量控制也非常重要。太阳能光伏照明装置安装在室外，应当注意如下问题：

a. 太阳能光伏照明装置所有外露部分的防腐性；

b. 太阳能光伏照明装置所有连接部件的抗风性；

c. 太阳能电池板的防鸟；

d. 太阳能电池板的防盗；

e. 照明系统的进出线和控制室的防雨；

f. 蓄电池的冬季保温和夏季降温；

g. 蓄电池室的透气、防水、防盗；

h. 电光源和灯具的防雨、防虫、防雹；

i. 电光源和灯具要便于维修和更换；

j. 控制器要便于维修和检测。

（3）太阳能路灯和庭院灯工程的管理和质量控制

太阳能路灯的安装和施工普遍具有时间紧、地处偏远、运输条件差、零部件多、技术性强、易碎易损件多等特点，组织管理和质量控制至关重要。

工程管理和质量控制包括下列各点：

① 通过实地考察选择优良部件生产企业生产的优质产品；

② 所有产品必须经过权威部门的检测；

③ 产品发货前要进行质量抽检，不合格不能发货；

④ 所有产品的到货，必须办理检验和交接手续，不合格的产品立即退货；

⑤ 对于关键部件（如光源和控制器）要进行必要的老化试验；

⑥ 严格库房管理，合格品和待检品要分开放置，不让任何未检验的产品进入现场；

⑦ 严格安装和施工人员的培训，包括光伏电池板安装、立灯杆、接导线、蓄电池安装、基础施工及施工程序等；

⑧ 控制器的安装和调试必须由专业技术人员完成；

⑨ 为每盏灯建立档案，包括系统配置及部件生产厂家、型号、规格、技术参数、安装时间等，每盏灯具有唯一的编号，并绘制安装平面图，以便于在最短时间内对灯进行维修。

7.5.2.2　太阳能草坪灯

图 7-34　太阳能草坪灯

太阳能草坪灯是一种集节能环保、照明与美化环境于一体的新型的绿色能源景观照明灯具。太阳能草坪灯采用高效率单晶硅太阳能电池组件，白天可将太阳光光能转换成电能储存于蓄电池，夜晚天黑后则自动点亮灯管照明，广泛适用于公园草坪、花园别墅、广场绿地、旅游景点、度假村、高尔夫球场、企业工厂绿地亮化美化、住宅小区绿地照明、各种绿化带等的景观点缀、景观照明。SL-4406 太阳能草坪灯实例如图 7-34 所示，产品详细说明：

材质，优质不锈钢；

高度，110cm（可根据用户要求定做尺寸）；

光源，4PCS 超高亮 LED（橙、红、黄、蓝、绿、白、七彩任选），寿命可达 10000h 以上；

太阳能电池板，ϕ103mm（单晶/多晶），工作寿命 25 年以上；

蓄电池，镍氢/镍镉电池；

控制器，智能光控控制功能；

工作时间，每天照明≥10h。

7.5.2.3　太阳能光伏电站

太阳能光伏电站是太阳能光电应用的主要形式之一。在我国西部的边远无电地区，交通不便，贫穷落后，但太阳能资源丰富。光伏电站安装灵活、快速、运行可靠，加之相对成熟的遥测遥控技术，使得人们可以在很远的地方对电站的运行状况进行监测和控制，免去了很多麻烦。虽然光伏电站的初期投资相对较大，但其运行和维护费用很低，其价格和环保优势在使用过程中会逐渐得以体现。

（1）西藏阿里地区革吉县独立型 10kW 光伏试验示范电站

"世界屋脊"西藏阿里地区革吉县独立型 10kW 光伏试验示范电站，建立在海拔高达4000m 以上的西藏高原。阿里地区位于青藏高原的西部边陲，是藏族聚居、以牧为主的少数民族地区，交通不便，能源奇缺，经济落后，人民生活贫困。长期以来，这里的能源供应十分紧张，主要商品能源是从远达 2000km 的新藏公路运入的汽油、柴油和焦炭，价格十分昂贵。当时，该地区的绝大部分农牧区无电，严重影响了经济的发展、人民生活的改善、科学文化的普及。极少量的用电，来源于柴油发电机组。而柴油机发电，不但油料缺乏，并且单位电能成本高，供电不稳定，时有时无，电压忽高忽低，设备维护量大；尤其是由于高原供氧不足，燃烧不完全，其发电效率仅为 50% 左右。全地区 1988 年国家补贴在居民用电上的费用高达 400 多万元，油电成本达 2.50～3.00 元/(kW·h) 以上。

为促进该地区的经济发展，提高人民的物质文化生活水平，增强民族团结，解决这里的人民生活用电问题，实为当务之急，十分迫切。

阿里地区平均海拔高度在 4500m 以上，是我国太阳辐射量最多的地区，年辐射量达794.2kJ/cm^2，比我国同纬度的平原地区约高 1/3～1 倍。日照时数也是全国最高值的中心，全年平均日照时数高达 3400h。因此，因地制宜地利用这里得天独厚的太阳能资源解决生活用电问题，是比较理想的选择。

为了摸索利用太阳能光伏发电解决边远无电县用电的经验，受西藏阿里专署的委托，1988 年 3 月，由原国家计委能源研究所与电子工业部第六研究所合作组成工程组，在 1987年 6～8 月国家计委能源研究所组织专家组赴阿里现场考察的基础上，编制提出了《西藏阿里地区 10kW 光伏试验示范电站可行性研究报告》。1988 年 8 月，国家计委批准立项，下达了在革吉县建设 10kW 光伏试验示范电站的计划。

工程组在有关领导机关和工厂的大力支持下，协作攻关，克服困难，经过两年左右的努力工作，建成了我国首座 10kW 级的光伏电站，于 1990 年 6 月 8 日投运发电。

电站由太阳能电池方阵系统、贮能系统、测量控制系统、逆变系统、配电系统等 5 大部分组成，太阳能电池组件的总功率为 10088W。电站的总体框图如图 7-35 所示。

电站建成以后，为革吉县的县委机关、县政府机关、医院、商店、邮电局、银行、武警中队、公安局、小学校、电视差转台等和县城内 100 多户居民解决了照明和看电视的用电问题。

该电站至今已运行发电达 30 余年，未发生大的故障，安全可靠，发电正常，经受住了长期运行的考验。现已扩大装机容量。

1990 年 12 月 25 日，中国科学院主持召开了技术鉴定会。鉴定结论称："在海拔4300m、条件十分艰苦的地区成功地建起当今世界上海拔最高的光伏电站，是一个创举，国际上未见先例。它的建成标志着我国光伏发电技术向前跨进了一步，为我国在边远地区开发利用新能源起到了示范和宣传作用，有较深远的影响。""该电站是我国自行设计和建造的目前我国功率最大的光伏电站。""电站总体方案合理，技术先进，功能齐全，并有保护措施"。"该电站的建成填补了我国一项空白，其技术水平在国内居领先地位，接近当前国际上同类规模光伏电站的先进水平，对于我国开发利用新能源是一大贡献。"

该项目于 1991 年 10 月获得中国科学院科技进步三等奖，于 1992 年 12 月获得机电部科技进步二等奖。

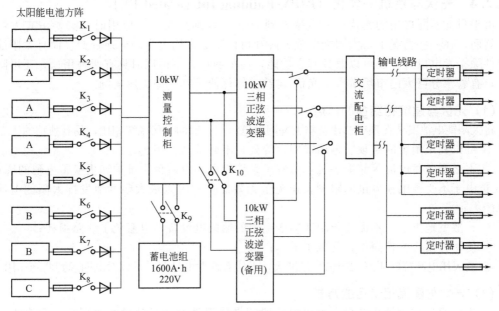

图 7-35　革吉县 10kW 独立型太阳能光伏电站总体框图

目前，我国已建成 25kW～200MW 各类光伏电站多座，根据国家能源局官宣数据，截至 2019 年三季度，中国光伏电站累计装机规模已突破 190GW。技术更先进，功能更齐全，度电成本更低，在太阳能利用中起到非常好的示范作用。

(2) 格尔木 200MW 并网光伏电站（获中国电力优质工程奖，2012）

中电投青海格尔木 200MW 并网光伏电站（图 7-36）占地面积 5.64km²，是目前世界上单体规模、总装机容量最大的光伏电站之一。电站每年将 31720 万千瓦时的绿色能源送入千家万户，相当于年节约标准煤 118558t，减少碳排放 53423t，减少粉尘排放 1540t。站内布置有电池阵列，逆变器室，箱式变、升压站，生产楼等，总投资 32.6 亿元。工程于 2011 年 6 月开始，9 月底具备并网条件。共完成支架基础 344616 个、组件支架 11630 吨、电池组件 81.7 万块、汇流箱 3072 台，电缆 2172km。2011 年 10 月 29 日 14 时 58 分进入并网调试及试运行期，设计生产运行期为 25 年，创下了世界光伏电站建设最快纪录。

图 7-36　格尔木 200MW 并网光伏电站

7.5.2.4　光伏与建筑一体化（BIPV-Building Integerated PV）

由于目前实际应用的光伏组件效率不到 20%，特别是在大量应用时，需要占有大量土地。然而，在一些情况下，太阳能电池方阵却可以不必占用宝贵的土地资源。而且太阳能电池组件除了发电以外，还可以兼具其它功能，一举两得，不但同时具有两种用途，还可降低成本，有着十分巨大的市场潜力。光伏-建筑一体化便是其典型应用实例。

（1）光伏与建筑相结合的优点

将太阳能电池安装在现成的建筑物上并网发电，与一般的光伏系统相比，具有独特的优点：
① 可以利用闲置的屋顶、幕墙或阳台等处，不必单独占用土地；
② 不必配备蓄电池等储能装置，节省了系统投资，也避免了维护和更换蓄电池的麻烦；
③ 由于不受蓄电池容量的限制，避免了无效能量，可以最大限度地发挥太阳能电池的发电能力；
④ 分散就地供电，不需要长距离输送电力的输配电设备，也避免了线路损耗；
⑤ 使用方便，维护简单，降低了成本；
⑥ 夏天用电高峰时正好太阳辐照强度大，光伏系统发电量多，可以对电网起到调峰作用。

（2）光伏与建筑相结合的方式

① 光伏组件与建筑相结合　可以将一般的光伏组件安装在建筑物的屋顶或阳台上，其逆变控制器输出端与公共电网并联，共同向建筑物供电，也可以做成离网系统，完全由光伏系统供电，这是光伏系统与建筑相结合的初级形式。

② 光伏器件与建筑相结合　光伏器件与建筑材料融为一体——BIPV 组件，采用特殊的材料和工艺手段，使光伏组件可以直接作为建筑材料使用，既能发电，又可作为建材，能够进一步降低发电成本。

与一般的平板式光伏组件不同，BIPV 组件既然兼有发电和建材的功能，就必须满足建材性能的要求，如隔热、绝缘、抗风、防雨、透光、美观，还要具有足够的强度和刚度，不易破损，便于施工安装及运输等，此外还要考虑使用寿命是否相当。根据建筑工程的需要，目前已经生产出多种满足屋顶瓦片、幕墙、遮阳板、窗户等性能要求的太阳能电池组件。其外形不单有标准的矩形，还有三角形、菱形、梯形，甚至是不规则形状。也可以根据要求，制作成组件周围是无边框的，或者是透光的，接线盒可以不安装在背面而在侧面。为了满足建筑工程的要求，已经研制出了多种颜色和不同透明程度的彩色太阳能电池组件，供建筑师选择，使得建筑物色彩与周围环境更加协调。

（3）开展 BIPV 应当注意的几个问题

德国虽然已经完成了 10 万光伏屋顶计划，取得了丰富的经验，但也发现了不少的问题。德国大多数光伏建筑都是由专业建筑师设计的，在外观上、在建筑功能上以及在透光性和与建筑和谐一致上，的确设计得无可挑剔。但是这些建筑师也忽略了或者说不了解太阳能电池的发电特性，如太阳能电池方阵的朝向、被遮挡和温升等问题。

① 太阳能电池方阵安装的朝向　太阳能电池方阵与建筑相结合，有时不能自由选择安装的朝向。不同朝向的太阳能电池方阵的发电量是不同的，不能按照常规方法进行发电量计算。根据图 7-37 可以对不同朝

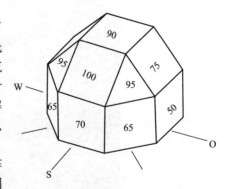

图 7-37　太阳能电池方阵不同朝向的相对发电量

向太阳能电池方阵的发电量进行基本估计：

◆ 假定向南倾斜纬度角安装的太阳能电池方阵发电量为 100；

◆ 其它朝向全年发电量均有不同程度的减少；

◆ 在不同的地区，不同的太阳辐射条件下，减少的程度是不同的。

② 太阳能电池方阵的遮挡　太阳能电池方阵与建筑相结合，有时也不可避免地会受到遮挡。遮挡对于晶体硅太阳能电池的发电量影响大，而对于非晶硅太阳能电池的影响小。一块晶体硅太阳能电池组件被遮挡 1/10 的面积，功率损失将达 50％，而非晶硅太阳能电池组件受到同样的遮挡，功率损失只有 10％。因此，如果太阳能电池组件不可避免会被遮挡，应当尽量选用非晶硅太阳能电池组件。

③ 太阳能电池方阵的温升和通风

太阳能电池方阵与建筑相结合还应当注意太阳能电池方阵的通风设计，以避免太阳能电池方阵温度过高造成发电效率降低（晶体硅太阳能电池组件的结温超过 25℃时，每升高 1℃功率损失大约 4％）。太阳能电池方阵的温升与安装位置和通风情况相关，德国太阳能学会就此种情况专门进行了测试，得出不同安装方式和不同通风条件下太阳能电池方阵的实测温升与功率损失情况：

◆ 作为立面墙体材料，没有通风，温升非常高，功率损失 9％；

◆ 作为屋顶建筑材料，没有通风，温升很高，功率损失 5.4％；

◆ 安装在南立面，通风较差，温升很高，功率损失 4.8％；

◆ 安装在倾斜屋顶，通风较差，温升很高，功率损失 3.6％；

◆ 安装在倾斜屋顶，有较好的通风，温升较高，功率损失 2.6％；

◆ 安装在平屋顶，通风较好，温升较低，功率损失 2.1％；

◆ 普通方式安装在屋顶，有很大的通风间隙，温升损失最小。

思考题与习题

7-1 简述太阳能光伏发电系统的主要组成部件及其工作原理。

7-2 什么叫做离网光伏发电系统和并网光伏发电系统，试用简图画出这两种系统的能量传送的过程。

7-3 太阳能光伏发电系统的设计需要考虑哪些因素？独立光伏系统设计的技术条件包括哪些内容？

7-4 系统优化设计的目的是什么？为什么太阳能电池阵列需要及时跟踪太阳？

7-5 为了避免反射光的损失，太阳光的入射角最好是多少？在材料的吸热体上制备一层黑色涂层有什么用途？

7-6 太阳能并网系统的安装要考虑哪些因素？

7-7 在某一地区（由读者任意选择一地区，如读者所在学校或出生地）某一住所，采用 3 支 40W 的灯每天使用时间 4h，一台电冰箱 200W，每天使用时间为 12h；一台计算机 150W，每天使用 3h，问如何采用太阳能光伏系统供电？（一般保证使用时间为 5 天，当地太阳峰值日照时间查表 2-2；考虑最佳日照效果，根据当地纬度确定光伏阵列倾角。）

7-8 如果你的家庭具体所用负载情况如表 7-12、表 7-13 所示，试根据你的家庭所在地的不同来选择你们家应购买多大功率的太阳能电池板和什么规格的免维护铅酸蓄电池以及控制器构成太阳能光伏发电系统。

表 7-12　200W 家庭电源系统

设备	规格	负载/W	数 量	日工作时间/h	日耗电量/W·h
照明	节能灯	15	3	4	
卫星接收器		25	1	4	
电视	21in	70	1	4	
风扇	14in	65	1	4	
合计					
系统配置 5 个阴雨天					

表 7-13　400W 家庭电源系统

设备	规格	负载/W	数 量	日工作时间/h	日耗电量/W·h
照明	节能灯	15	4	4	
卫星接收器		25	1	4	
电视	21in	70	1	4	
洗衣机	2L	250	1	0.8	
风扇	14in	65	1	4	
合计					
系统配置 5 个阴雨天					

（根据家庭所在地查太阳能相关资料；蓄电池放电深度按 0.5 考虑，系统其它系数按常规设置）

7-9 一套离网型光伏供电系统给某地通信基站供电，该系统的负载有两个：负载一，工作电流为 1.5A。每天工作 24h；负载二，工作电流为 3A。每天工作 8h。该系统所处地点的 24h 平均最低温度为 5℃，系统的自给时间为 5 天，使用深度循环（DOD=0.8）工业用蓄电池。试计算所用蓄电池的容量。

7-10 某太阳能路灯，灯泡负载功率为 50W，工作电压为 12V，每晚开灯 8h，蓄电池放电深度为 50%，输出回路效率为 $\eta_2=0.9$，该地区最长阴雨天为 3 天，假定阴雨天前蓄电池处于充满状态，为保证阴雨天负载正常工作，蓄电池组容量至少应该为多少安时（A·h）？

7-11 容量为 1MW 的光伏电站，其能效比为 0.8，方阵面上接收到的平均太阳辐照量为 $4kW·h/m^2·d$。请问该光伏电站的最大年发电量是多少？

7-12 在西宁地区建造一座 10MW 晶体硅光伏电站，若性能衰减率 $r=0.8\%$，能效比 PR $=0.8$，寿命周期为 25 年，方阵按最佳倾角安装，试计算其历年发电量及总发电量。

7-13 上海市部分海堤倾斜面正好朝南，海堤长度约 60km，海面以上海堤斜长 10m，如果全部用耐海水腐蚀的、组件效率为 15% 的塑钢框架型太阳电池组件铺设海堤，估计年总发电量为多少千瓦时？设定光伏发电系统的能效比为 75%，海堤斜面上平均太阳辐照量为 $4800 MJ/m^2·a$，海堤斜面的面积利用率为 95%。

7-14 有一用户购入 150W 光伏组件 20 块和一台 3kW 的并网逆变器，建造光伏用户系统。组件最佳工作电压为 19.2V，开路电压为 23V，逆变器耐压 400V，MPPT 工作范围为 170～300V，试问组件应如何串、并联才能达到安全、高效的设计目标？

7-15 广州某气象监测站监测设备，工作电压 24V，功率 55W，每天工作 18h，当地最大连续阴雨天数为 15 天，两段最大连续阴雨天之间的最短间隔天数为 32 天。选用深循环放电型蓄电池，选用峰值输出功率为 50W 的太阳能电池组件，其峰值电压 17.3V，峰值电流 2.89A，计算蓄电池组容量及太阳能电池方阵功率。

7-16 兰州地区的纬度为北纬 36.03°，方阵高度为 1.6m，面积为 3m×3m，朝向正南以倾角 25°安装，试求两方阵之间的最小距离。

7-17 北纬 32.5°某地安装光伏阵列，当阵列面板长度为 1.2m 时，按照顺长度方向安装，与地面水平面的夹角为 30°，试求最小的阵列间距。

7-18 某地区纬度 $\phi=31.7°$，光伏阵列高 $H=1.6m$。光伏阵列的安装间距 D。（取 $\delta=-23.45°$，$\tau=45°$）

第 **8** 章

风光互补发电系统*

风光互补发电系统（风能与太阳能互补发电系统）同时利用太阳能和风能发电，因此对气象资源的利用更加充分，可实现昼夜发电。在适宜气象条件下，风光互补系统可提高系统供电的连续性和稳定性。由于通常夜晚无阳光时恰好风力较大，所以互补性好，可以减少系统的太阳能电池板配置，从而大大降低系统造价，单位容量的风光互补发电系统初投资和发电成本均低于独立的光伏发电系统。

8.1 风力发电系统的组成

风电具有绿色、低碳、可持续性。根据国家能源局数据，2020 年，我国风力发电新增装机容量为 71.67GW；风力发电累计装机容量达 281.53GW；2021 年，我国风力发电新增装机容量为 47.57GW，风力发电累计装机容量达 328.48GW，同比增长 16.7%。我国风电累计装机容量占全球 39.2%，稳居世界第一。而且，目前国产风电设备市场占有率已达 95% 以上。

风力发电的原理是：风能使风力机转动带动发电机工作，是利用风力带动风车叶片旋转，再通过增速机将旋转的速度提升，来带动发电机发电（风力发电机组）。依据目前的风车技术，大约 3m/s 的微风，便可以开始发电。风力发电机输出的交流电经整流后直接给直流负载供电，并将多余的电能向蓄电池充电；若负载为交流负载，则通过逆变器将直流电转换为交流电给负载供电。

风力发电系统有两种运行方式，独立供电的离网运行系统和并网运行系统。风力发电系统的基本设备是风力发电机组。从能量转换角度看，风力发电机组包含风力机和发电机两大部分。风力机的功能是将风能转换为机械能，发电机的功能是将机械能转换为电能。风力发电机组的单机容量由几百瓦到几兆瓦。国际上通常按容量的大小将风力发电机组分为大型（1MW 以上）、中型（100kW～1MW）和小型（1～100kW）。我国将容量小于 1kW 的风力发电机组列为微型。

本章所介绍的风力发电系统为独立运行的微小型风力发电系统，主要由风力发电机组、整流器、智能控制器、蓄电池组、逆变器、耗能负载、交直流负载等组成，图 8-1 所示为其主要组成结构示意图。

8.1.1 风力发电机组

8.1.1.1 风力机类型

风力机将风能转变成机械能的主要部件是受风力作用旋转的风轮，故依据其风轮结构和风轮在气流中的位置可以分为两大类：水平轴风力机和垂直轴风力机。目前主要以水平轴风

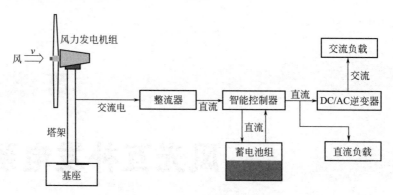

图 8-1 独立运行风力发电系统

力机为主。

水平轴风力机的风轮围绕一个水平轴旋转，工作时风轮的旋转平面与风向垂直，如图 8-2 所示。风轮上的叶片径向安装，与旋转轴相垂直，并与风轮的旋转平面成一角度。风力机叶片数一般为 2～4 片（多数为 3 片）。叶片数多的风力机通常为低速风力机，叶片数少的风力机通常为高速风力机。

水平轴风力机随风轮与塔架相对位置的不同有上风向与下风向之分。风轮在塔架的前面迎风旋转，称为上风向风力机。风轮安装在塔架的下风位置，则称为下风向风力机。上风向风力机必须有某种调向装置来保持风轮正面迎风，下风向风力机则可以自动对准风向而免除了调向装置。

图 8-2 水平轴风力机

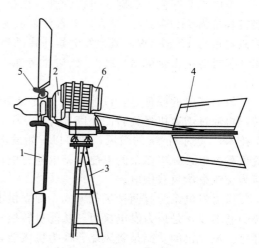

图 8-3 小型风力发电机的基本组成

1—风轮（集风装置）；2—传动装置；3—塔架；

4—调向器（尾翼）；5—限速调速装置；6—发电机

8.1.1.2 风力发电机的结构和组成

风力发电机的组成各异，但其原理和结构基本一致。主要由以下几个部分组成：风轮、传动机构（增速箱）、发电机、机座、塔架、调速器或限速器、调向器、刹车制动器等，如图 8-3 所示。

（1）风轮

风力机区别于其它机械的最主要特征就是风轮。它一般由轮毂和 2～3 片叶片组成，功能是将风能转换为机械能。叶片的材料一般为高强度工程塑料或者玻璃钢。

风力机叶片都装在轮毂上。轮毂是风轮的枢纽，也是叶片根部与主轴的连接件。所有从叶片传来的动力，都通过轮毂传递到传动系统，再传到风力机驱动的对象。同时轮毂也是控制叶片桨距（使叶片做俯仰转动）的所在，如图 8-4 所示。

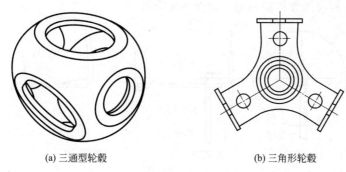

(a) 三通型轮毂　　　　　　　　　(b) 三角形轮毂

图 8-4　风力机轮毂

（2）发电机

叶片接收风能而转动最终传给发电机，发电机是将风能最终转换成电能的设备。独立运行的容量在 10kW 以下的风力发电机组多采用永磁式或无刷自激式交流发电机，经整流后向负载供电和向蓄电池充电。容量在 10kW 以上的风力发电机组，则多采用同步发电机和异步发电机。

风能 P 与风速 v 间满足下列关系：

$$P = Av \cdot \frac{\rho v^2}{2} = \frac{1}{2}\rho A v^3 \tag{8-1}$$

式中，P 为风能，W；v 为风速，m/s；A 为受风面积，m^2；ρ 为空气密度，kg/m^3，ρ 基本恒定，$1.225 kg/m^3$。当 A 一定时，风能 P 正比于 v^3。

风力发电机输出功率 P_w 与风能 P 基本呈线性关系。某 3000W 风力发电机输出功率与风速的实验测试曲线如图 8-5 所示。

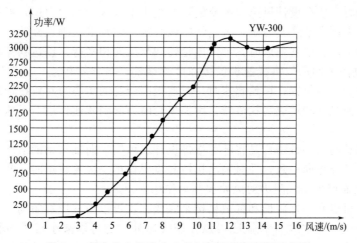

图 8-5　风力发电机输出功率与风速的实验测试曲线

（3）调速或限速装置

多数情况下，风力发电机的转速需保持恒定或不超过某一限定值，为此必须采用调速或限速装置。风速高时，这些装置还用来限制功率，并减小作用在叶片上的力。调速或限速装置原理有：使风轮偏离主风向；利用气动阻力；改变叶片的桨距角。

① 偏离风向超速保护　对于小型风力机，为了使其结构简单化，其叶片一般固定在轮毂上。为了避免在超过设计风速的强风时风轮超速或叶片被损毁，通常使风轮水平或垂直转动而偏离风向，达到超速保护的目的，如图 8-6 所示。

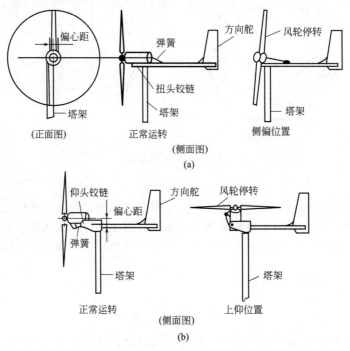

图 8-6　偏心距超速保护

这种装置关键就是将风轮轴设计成偏离轴心一个水平或垂直距离，从而产生一个偏心矩。相对的一侧安装弹簧，一端系在与风轮构成一体的偏转体上，一端固定在机座底盘或尾杆上。预调弹簧力，使在设计风速内风轮偏转力矩小于或等于弹簧力矩。当风速超过设计风速时，风轮偏转力矩大于弹簧力矩，风轮将向偏心矩一侧水平或垂直旋转，直到风轮受力力矩与弹簧力矩相平衡。遇到强风时，可使风轮转到与风向相平行，以达到停转。

② 利用气动阻力制动　将减速板铰接在叶片端部，与弹簧相连。正常情况下，减速板保持在与风轮轴同心的位置；风轮超速时，减速板因所受的离心力对铰接轴的力矩大于弹簧张力的力矩，从而绕轴转动成为扰流器，增加风轮阻力起到减速作用。风速降低后又回到原来的位置。

利用空气制动的另一种结构是将叶片端部设计成可绕径向轴转动的活动部件。正常运行时，叶尖与其它部分方向一致，并对输出扭矩起重要作用。风轮超速时，叶尖可以绕控制轴转 60°或 90°，从而产生空气阻力对风轮起制动作用。

叶尖的旋转可以利用螺旋槽和弹簧机构来完成，也可以由液压缸驱动。

③ 变桨距调速　采用桨距控制除可以控制转速外，还可以减小转子和驱动链中各个部件的压力，并允许风力机在很大的风速下运行。在中、小型风力机中，采用离心调速方式较为普遍，利用桨叶或安装在风轮上的配重所受的离心力来进行控制。风轮转速增加，旋转配重或桨叶的离心力随之增加并压缩弹簧，使叶片的桨距角改变，从而使受到的风力减小，以降低转速。当离心力等于弹簧张力时，达到平衡位置。在大型风力机中，常采用电子控制的液压机来控制叶片的桨距。

（4）调向装置

风力发电机靠风的能量发电，风轮捕获风能的大小与风轮的垂直迎风面积成正比。对于某一个风轮，当它垂直风向时（正面迎风）捕获的风能就多；而当它不是正面迎风时，所捕获的风能相对就少；当风轮与风向平行时；就捕获不到风能。所以，风力发电机必须设置调向机构，使风轮最大限度地保持迎风状态，以获取尽可能多的风能，从而输出较大的电能。

下风向风力发电机的风轮能自然地对准风向，因此一般不需要进行调向控制。上风向风力发电机则必须采用调向装置，常见装置如下。

① 尾翼　尾翼主要用在微、小型风力发电机上，由尾翼梁、尾翼板等组成，一般安装在主风轮后面，并与主风轮回转面垂直。其调向原理是：风力发电机工作时，尾翼板始终顺着风向，也就是与风向平行。这是由尾翼梁的长度和尾翼板的顺风面积决定的，当风向偏转时尾翼板所受风压作用而产生的力矩足以使机头转动，从而使风轮处在迎风位置。

图 8-7（a）为旧式风力发电机使用的形式，图 8-7（b）是（a）的改进型，图 8-7（c）对风向的变化最敏感，灵敏度高，是最好的形状。图 8-7（c）尾翼有最大的翼展弦长比，这种尾翼的设计和滑翔机翼一样，能充分地利用上升的气流，实际上尾翼的翼展与弦长的比为 2～5。

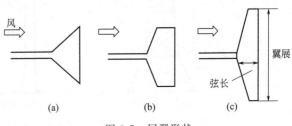

图 8-7　尾翼形状

② 侧风轮　在机舱的侧面安装一个小风轮，其旋转轴与风轮主轴垂直。若主风轮没有对准风向，则侧风轮会被风吹动，产生偏向力，通过蜗杆机构使主风轮转到对准风向为止。

③ 电动机驱动的风向跟踪系统　多数大型风力发电机组，一般采用电动机驱动的风向跟踪系统。整个偏航系统由电动机及减速机构、偏航调节系统和扭缆保护装置组成。

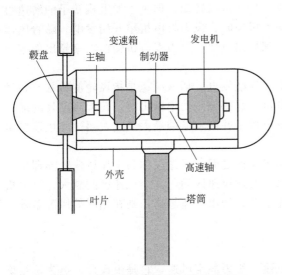

图 8-8　风力发电机传动结构示意图

（5）传动机构

风力发电机的传动机构一般包括主轴（低速轴）、高速轴、变速箱、制动器等，如图 8-8 所示。有些风力机的轮毂直接连接到变速箱上，不需要低速轴。也有一些风力机，特别是微小型风机，设计成无齿轮箱，风轮直接连接到发电机轴上，简化了风机的结构，提高了风机的可靠性。

目前，大中型风力发电机一般不采用尾翼结构，而是利用风速传感器和风向传感器与功率控制模块调节风电机组的运行，运行的稳定性更好。

（6）塔架

风机的塔架除了要支撑风机的重量外，还要承受吹向风机和塔架的风压，以及风机运行中的动载荷。其刚度和风机的振动有密切关系，塔架对大、中型风机的影响是不可忽视的。塔越高，风速越大。通常 600kW 风机的塔高为 40～60m。它可以为管状的塔，也可以是格子状的塔。管状的塔对于维修人员更为安全，因为他们可以通过内部的梯子到达塔顶。格状的塔的优点在于它比较便宜。

水平轴风机的塔架主要可分为桁架型和圆筒型两类，如图8-9所示。桁架型塔架常用于中、小型风机，其特点是造价低，运输方便。但是桁架型塔架会使下风向风机的叶片产生很大的紊流，而且缺乏美感，稳定性较差。圆筒型塔架采用钢管或钢筋混凝土管柱，主要用于大中型风机，它对风的阻力较小，特别是对下风向风机，产生紊流的影响要比桁架型塔架小。目前看到的风机塔架，以圆筒型为主。近来，又有人提出混合型塔架结构（见图8-9）。

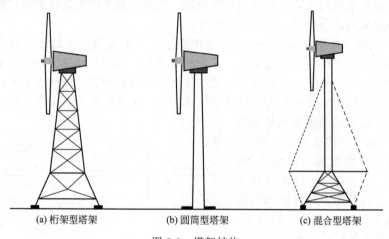

(a) 桁架型塔架   (b) 圆筒型塔架   (c) 混合型塔架

图 8-9　塔架结构

8.1.1.3　风力发电机组的性能

风力发电机组的性能不仅决定于设计制造的水平和质量，还与机组使用地区的气候条件和运行方式紧密相关。风力发电机组的性能直接与如下参数有关。

（1）切入风速与切出风速

在低风速（启动风速）下，发电机组的风轮虽然可以转动，但由于发电机转子的转速很低，并不能有效地输出电能，当风速上升到切入风速时，风力发电机组开始发电。随着风速的不断升高，发电机输出功率增大，风速上升到切出风速，风力发电机输出功率超出额定功率，在控制系统的控制下机组停止发电。

启动风速是风轮开始转动的风速，此时不一定能发电；切入风速是指风轮旋转并开始发电时轮毂高度处的最低风速。切出风速是风电机组保持额定功率输出时，轮毂高度处的最高风速，实际是来源于并网发电概念，指风力发电机组并网发电的最大风速，超过此风速机组将切出电网。

目前的风力发电机组厂家将切入风速与切出风速之间的风速段称为工作风速，亦即切入风速与切出风速之间是风力发电机组实际发电的有效风速区间，这个风速区间越大，风电机组吸收的风能也越多。故若风电机组切入风速越低，切出风速越高，则在相同的风况条件下可以发出更多的电能。

（2）额定风速与额定输出功率

风力发电机产出额定输出功率时的最低风速，称为额定风速，它是由设计人员为机组确定的一个参数。在额定风速下，风力发电机产出的功率，称为额定输出功率。故额定风速低的风力机性能较优。

（3）最大输出功率与安全风速

最大输出功率是风力发电机组运行在额定风速以上时，发电机能够发出的最大功率值。最大输出功率高，表明风力发电机组的发电机容量具有较大的安全系数。但是最大输出功率值过高，安全性虽好，而经济性下降。

安全风速是风力发电机组在保证安全的前提下，所能承受的最大风速，安全风速高，表明此机组强度高，安全性好，一般不要求机组在安全风速下运行发电。

（4）调速机构和制动系统

评价风力发电机组的质量水平，安全性始终是最重要的。与独立运行风力发电机组安全性密切相关的是风机的调速机构和制动系统。

① 调速机构 独立运行风力发电机组在高风速下的安全平稳运行，主要依靠调速机构的限速功能。小型风力发电机组实现调速功能的方法有多种，如变距、侧偏调速等，变距可分为离心式和螺旋槽式等。

无论哪种类型的调速机构都应满足下述要求：调速功能可靠；调速反应灵敏；调速过程平稳；调速误差应在系统可接受的范围。

由于调速机构类型不同，技术性能要求不完全一样，具体内容可参考相应类型调速机构的标准或规范。

② 制动系统 在机组超速或发生紧急情况时，独立运行风力发电机组必须紧急停车，此项功能由风力机制动系统来完成。实现小型风力机制动的方法有多种，按供能方式分为人力制动系统、动力制动系统和伺服制动系统；按传动方式分为气压制动系统、液压制动系统、电磁制动系统、机械制动系统及组合制动系统等。

无论哪种型式的制动系统都应满足下述要求：制动功能可靠；制动反应灵敏；制动过程平稳；制动时限应在风机系统可接受的范围。

由于制动系统类型不同，技术性能要求尚有许多差异，具体内容可参考相应类型制动系统的标准或规范。

（5）对环境的适应能力

我国地域辽阔，各地气候差异很大，因此风力发电机组对恶劣天气和环境的适应能力很重要。对于特殊的环境，如沙尘暴、盐雾、低温、高温、积冰、雷电和长期阴雨天气等，应对风力发电机组提出特殊的防护要求。

（6）安装和维护的简易性

我国发展光伏发电和风力发电的地区，大多数处于边远、多山地带，经济欠发达，文化水平较低，交通运输不便。因此，在上述地区使用的风力发电机组必须便于安装、维护简单，否则不仅给用户带来麻烦，而且也给厂家的售后服务带来很大困难。

8.1.2 其它设备

（1）整流器

将发电机发出的 $13 \sim 25V$ 变化的交流电经整流后转换为直流电，以便对蓄电池充电储能，形成稳定电能。

（2）智能控制器

系统的控制装置，主要对储能设备的充电和放电进行控制保护，同时对系统的输入、输出功率进行调节和分配。

（3）蓄电池组

由于风能是一种不稳定的能源，所以需要一种储能装置将其所发的电储存起来，在风力发电机不发电时对外输出稳定的能量。通常由若干只电压和容量相同的蓄电池通过串联、并联组成。构成系统所需要的电压和容量。

（4）逆变器

若用电负载为交流负载，则必须将直流电转换为交流电，这一过程由逆变器完成。

（5）耗能负载

持续的大风可能使风力发电机发出较多的电能，耗能负载用于消耗风力发电机组产生的多余电能（泄荷）。

（6）交流负载

使用交流电的动力装置或设备。

8.1.3　垂直轴风力发电机简介

垂直轴风力发电机是一种高效美观的先进风力发电机组，如图 8-10 所示。垂直轴风力发电机功率一般较小，常用于独立发电系统或风光互补发电系统。垂直旋转不受风向的影响，无需对风调向控制系统，结构更简单，发电效率比水平旋转（现有）提高 1.8%；固定式发电机工作避免了绞线；发电机可以安装在塔架下部，操作维护方便；工作时无噪音，是一种静音风力发电机，所以使用安装场地不受限制，比如可以安装在房屋顶、船上、冰雪地、水上灯标等不良环境。

某型号两种规格垂直轴风力发电机参数如表 8-1 所示。

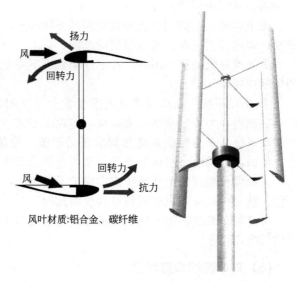

风叶材质:铝合金、碳纤维

图 8-10　垂直轴风力发电机

表 8-1　垂直轴风力发电机参数

设计理念	运用流体力学、空气动力学、新型 CDF 设计方案	
启动风速	1.2m/s	1.5m/s
工作风速	1.5～45m/s	2.0～45m/s
额定功率	300W	1.5kW
最大功率	500W	2kW
安全风速	45m/s	45m/s
抗风能力	60m/s	60m/s
输出电压	12V/24V	12V/24V
风叶材质	铝合金、碳纤维	

8.2　风光互补发电系统及其组成

由于太阳能电池是将光能转换成电能的一种半导体器件，将太阳能电池组件与风力发电机有机地组成一个系统，可充分发挥各自的特性和优势，最大限度地利用好大自然赐予的风能和太阳能。对于用电量大、用电要求高，而风能资源和太阳能资源又较丰富的地区，风光互补供电无疑是一种最佳选择。太阳能与风能在时间上和地域上都有很强的互补性。白天太阳光最强时，可能风很小，晚上太阳落山后，光照很弱，但由于地表温差变化大而风能加强。在夏季，太阳光强度大而风小；冬季，太阳光强度弱而风大。太阳能和风能在时间上的互补性使风光互补发电系统在资源上具有最佳匹配性，风光互补发电系统是利用资源条件最好的独立电源系统。

由风力发电和光伏发电配合组成的混合发电系统，称为风光互补发电系统。由于太阳能与风能的互补性强，风光互补发电系统在资源上弥补了风力发电和光伏发电独立系统在资源上的缺陷。同时，风力发电和光伏发电系统在蓄电池组和逆变环节上可以通用，所以风光互补发电系统的造价可以降低，系统成本趋于合理。

风光互补发电系统主要由风力发电机组、光伏方阵、风光互补控制器等组成，如图8-11所示。

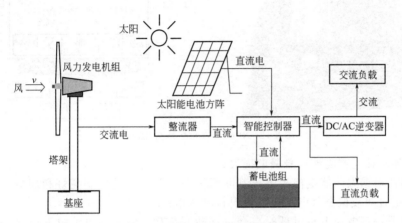

图8-11　风光互补发电系统的组成

8.2.1　风光互补控制器

风光互补控制器是专门为风能、太阳能发电系统设计的，集风能、太阳能控制于一体的智能型控制器。智能控制器控制风力发电和光伏发电对蓄电池的充电和放电，并对设备进行保护。同时可以对系统的输入和输出功率进行调节和分配。可以采用风力发电和光伏发电独立用控制器，也可用风光一体控制器。对所发的电能进行调节和控制，把调整后的能量送往直流负载或交流负载，把多余的能量送往蓄电池组储存。当所发的电不能满足负载需要时，控制器又把蓄电池的电能送往负载。蓄电池充满电后，控制器控制蓄电池不被过充电，当蓄电池所储存的电能不够时，控制器控制蓄电池不被过放电，保护蓄电池。控制器的性能对蓄电池的使用寿命有极大影响。

两款智能型风光互补路灯控制器如图8-12所示。

智能型风光互补路灯控制器适用于风光互补供电系统，可以将风力发电机和太阳能电池产生的电能对蓄电池进行充电，供给路灯、监控系统及小型用电设备等使用，尤其适合于风光互补路灯系统，不仅能够高效率地转化风力发电机和太阳能电池所发出的电能，而且还提供了强大的控制功能。可以智能设置开、熄灯时间，并且可以根据蓄电池剩余电量自动调整亮灯持续时间。

(1) 主要特点

① 风力、太阳能发电可单独分别输入或互补组合输入；

② 采用自适应功率控制技术，在低风速时进行升压，使风机在较低转速时即可对蓄电池充电；高风速时限制输出功率，以免损坏蓄电池；

③ 具有稳压、稳流精度高、纹波小、效率高、输入电压范围宽等特点；

④ 对蓄电池严格按限流恒压方式充电，确保蓄电池既可以充满，又不会损坏，并保持

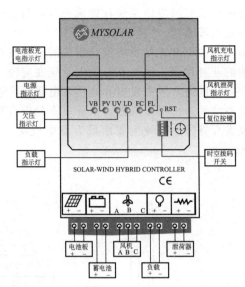

图 8-12 智能型风光互补路灯控制器

恒压浮充，随时补充蓄电池自身漏电损失；

⑤ 控制器根据太阳能电池板电压判断天黑与天明，自动控制亮灯和熄灯，亮灯持续时间可设为固定时间或根据蓄电池电量情况自动调整；

⑥ 控制器在蓄电池电量过低时，会自动断开负载，防止蓄电池过度放电损坏；待蓄电池补充电量后，自动恢复接通负载；

⑦ 控制器具有完善的保护功能，如太阳能电池反接保护，蓄电池过压、欠压保护，蓄电池电量过低保护，风力发电机输入/输出过压保护，风力发电机输入/输出过流保护，风力发电机超风速飞车保护等。

(2) 主要技术参数

① 风机输入，三相 $AC \leqslant 50V$，$P \leqslant 300W$；

② 光伏电池输入，$DC 35.0V_{pm}$，$I \leqslant 15A$；

③ 控制器输出电压，$DC 28.8V$；

④ 风力发电机输入过压保护值，$AC(50 \pm 5)V$；

⑤ 风力发电机输出过流保护值，$DC(11 \pm 1)A$；

⑥ 适用蓄电池，$24V/(100 \sim 200)A \cdot h$；

⑦ 负载端最大输出电流，每路 $I < 15A$；

⑧ 蓄电池欠压保护启动电压，$DC(21.0 \pm 0.3)V$；

⑨ 蓄电池欠压保护恢复电压，$DC(23.0 \pm 0.3)V$；

⑩ 蓄电池充满保护电压，$DC(28.8 \pm 0.2)V$；

⑪ 外形尺寸，$260mm \times 150mm \times 80mm$；

⑫ 工作环境，环境温度 $-10 \sim +50℃$，相对湿度 $0 \sim 90\%$。

8.2.2 风光互补发电系统的特点

相对于独立风能发电系统和独立光伏发电系统，风光互补发电系统具有如下特点。

① 风光互补发电系统可以同时利用风能和太阳能进行发电，充分利用了自然气象资源，白天可能具有较好的太阳能资源，夜间则可能具有较丰富的风能资源。在合适的气象资源条件下，风光互补发电系统可以大大提高系统供电的连续性和稳定性，使得整个供电系统更加

可靠。

② 相同容量系统的初投资和发电成本均低于独立的光伏发电系统。如果电站所在地太阳资源和风力资源具有较好的互补性，则可以适当地减少蓄电池容量，降低系统成本。

③ 在太阳能和风能都比较丰富，且互补性较好的条件下，可以对系统组成、运行模式及负荷调度方法等进行优化设计，负载只要靠风光互补发电系统就可获得连续、稳定的电力供应。这样的风光互补系统会具有更好的经济效益和社会效益。

④ 风光互补发电系统不足之处在于：风光互补发电系统与风电、光伏独立系统相比，其系统的设计较为复杂，系统的控制要求较高；风力发电具有一些可动部件，设备需要定期进行维护，增加了较多的工作量。

8.3　风光互补发电系统的设计和安装

8.3.1　风光互补发电系统的设计

(1) 风光互补发电系统的设计原则

风光互补发电系统的设计最好用计算机软件进行。以下仅对一般性原则进行介绍。

① 根据当地资源决定风力发电机和太阳能电池的使用与否及数量。

② 大部分地区的风能和太阳能是互补的，但也有些地方是一致的。

③ 当项目点同时具有风能和太阳能资源时，太阳能的配置一般不超过 30%，否则系统的经济性会变得很差。

(2) 风光互补发电系统的设计步骤

① 分析当地的风能和太阳能资源。

② 了解经纬度、海拔、地貌、沿海内陆等地理信息。

③ 负载分析，确定直流负载、交流负载、阻性负载和感性负载的功率及运行时间。

④ 确定系统类型，选择光伏和风机的规模。

⑤ 选择蓄电池。

⑥ 选择逆变器和控制器。

(3) 风力发电系统的设计

风力发电系统的设计，首先是计算负荷用电量，其次是计算蓄电池组容量，最后确定风力发电机组等设备的选型。以下以设计一个利用风力发电机组获得电能、采用蓄电池组储存电能、通过逆变器实现输出供电的独立型风力发电系统为例，介绍如何进行容量计算与设备选型。

① 设计目标　为 20 户家庭供电，每户平均耗电 200W，平均每天使用 5h。

② 风力资源情况　假定系统所在地风速 $v_1 > 6m/s$ 的时间 $T_1 = 7h/d$，风速 $v_2 > 9m/s$ 的时间 $T_2 = 2.5h/d$。

③ 系统组成　系统由风力发电机组、蓄电池组、整流充电器、逆变器和控制器组成。系统中，风力发电机组输出的交流电能，经整流充电电路变换为直流对蓄电池组充电，通过逆变器将直流电能转换为交流向负载供电，控制器提供对蓄电池充电和放电过程的控制管理和故障检测与保护。

④ 负载用电量计算　按照 20 户居民户均耗电 200W 计算。

用电器总功率 P_L：$P_L = 200W \times 20 = 4kW$

日总耗电量 W_L：$W_L = 4kW \times 5h = 20kW \cdot h$

⑤ 风力发电机组功率计算　风力发电机组一般只有系列值，所以在选用机型时，要根

据当地的平均风速和风力发电机组输出功率特性曲线来确定。风力机组的实际输出功率计算公式为

$$P_{w} = (v/v_0)^3 \times P_0 \qquad (8\text{-}2)$$

式中，P_w 为风电机组在风速为 v 时的输出功率，W；v 为实际风速，m/s；v_0 为额定风速，m/s；P_0 为在额定风速 v_0 时风电机组的额定功率，W。

风力发电机组输出能量为

$$W_w = \sum P_{wi} \cdot T_i \qquad (8\text{-}3)$$

式中，W_w 为风电机组输出总能量，kW·h；P_{wi} 为平均风速为 v_i 时机组的输出功率，W；T_i 为平均风速为 v_i 时的时间，h。

根据系统所在地风能资源情况，如果选用额定功率 $P_0 = 5$kW、额定风速 $v_0 = 9$m/s 的风力发电机组，根据公式有：

$$P_{w1} = (v_1/v_0)^3 \times P_0 = (6/9)^3 \times 5 = 1.48(\text{kW})$$
$$P_{w2} = (v_2/v_0)^3 \times P_0 = (9/9)^3 \times 5 = 5(\text{kW})$$
$$W_w = P_{w1} \times T_1 + P_{w2} \times T_2 = 1.48 \times 7 + 5 \times 2.5 = 10.36 + 12.5 = 22.86(\text{kW·h}) \qquad (8\text{-}4)$$

即风力发电机组每天大约发电 23kW·h，超过总耗电量 20kW·h，满足用电要求。

⑥ 蓄电池容量计算 已知 $W_L = 20$kW·h，假定系统直流电压（蓄电池组电压）$U = 48$V，蓄电池放电深度 $D = 50\%$，根据蓄电池容量计算公式，则蓄电池容量 C 为

$$C = W_L/U \div D = 20000/48 \div 0.5 \approx 833(\text{A·h}) \qquad (8\text{-}5)$$

实际可选用 1000A·h。这样，系统需用 24 只 2V/1000A·h 的蓄电池进行串联构成蓄电池组。

⑦ 逆变器和控制器的选型 根据负载需要，逆变器容量应大于或等于总用电功率，因此可选用 5～6kV·A 的正弦波逆变器。可选用保护功能齐全的 5kW 控制器。

一般情况下，应确定阻性负载和感性负载的功率。

逆变器容量＝阻性负载功率×1.5＋感性负载功率×（3～5）

(4) 风力发电机选型注意事项

① 比较风力发电机应在相同风速下比较一年的总发电量。不同的风力发电机的功率可能标定在不同的额定风速上，比较应在同一风速下进行。

② 可靠性和运行寿命是最重要的指标。由于服务成本太高，选择设备时可靠性是第一位，价格次之。可靠性是整个系统运行寿命成本的一个主要因素，也是度电成本的主要因素。可靠性高即等于系统技术上的使用寿命长。应注意了解设计是否简洁，叶片是否采用玻璃纤维材料，是否直接驱动、有无电刷，什么样的发电机，防腐设计是否到位，外观如何等。

③ 各个风力发电机的性能和控制方法不完全一样，应当选择配套的控制器。

④ 询问已经使用过该风机的用户，了解使用情况。

⑤ 尽量选择信誉较好的品牌产品。

⑥ 较好的风机应该无需经常维护保养，能在无人看管的情况下连续运行 3～6 年。风机典型的设计寿命为 30 年。

(5) 光伏发电系统的设计

请参阅本书有关章节。

8.3.2 风力发电机位置的选择

(1) 间接估计风资源

① 现场观察植物，见图 8-13。

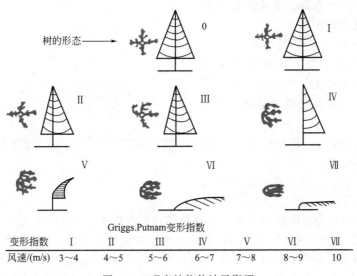

图 8-13　观察植物估计风资源

② 通过观察进行风速估计，见表 8-2。

表 8-2　风速估计

观察到的现象	风速/(m/s)	观察到的现象	风速/(m/s)
平静,烟垂直向上	0.0~0.2	旗子展开	3.4~5.4
烟随着风向偏移	0.3~1.5	树叶和纸被卷起来	5.5~7.9
脸上感到有风	1.6~3.3		

(2) 不同地形的风场特点及风力发电机位置的选择

在风能的利用中，人们遇到的一个重要问题是如何选择好风机的安装位置。安装位置选择的好坏，对能否达到风能利用的预期目的起到关键的作用。在风机选址的各项工作中，首要的是确定盛行风向（即出现频率最高的风向），从而考虑地形的影响，采取相应对策，找到风机最合理的安装地点，避免由于安装地点的选择不当，而达不到预期效果。

① 平坦地形　在风机位址周围 4~6km 半径范围内，其地形高度差小于 50m，同时地形最大坡度小于 3°，可定义为平坦地形。实际地形分类时，在场地周围，特别是场址的盛行风的上风方向，没有大的山丘或悬崖之类地形时，仍可视为平坦地形。

a. 粗糙度与风速的垂直变化　平坦均匀地形下，在选址地区范围内，同一高度上的风场分布可以认为是均匀的，可以直接使用附近气象站风速观测资料来对站区进行风能估算。在这种均匀地形下，风的垂直方向上的廓线与地面粗糙度有直接和相对简单的关系。在均匀地形下提高风机输出功率的唯一方法是增加塔架高度。在近地层中，风速随高度的不同有显著的变化，造成这种风在近地层中垂直变化的主要原因有：动力因素，主要来源于地面的摩擦效应，即地面的粗糙度；热力因素，主要与温度层结构及近地层大气的垂直稳定度有关。

b. 障碍物的影响　由于气流流过障碍物时，在其下游会形成尾流扰动区。在尾流中不仅风速降低，而且有很强的湍流，对风机的运行十分不利。因此在选择安装风机地点时必须注意避开障碍物的尾流区。尾流的大小及强弱与障碍物的大小和形状有关。

图 8-14 为小型障碍物实体对气流产生的影响。在障碍物下风方向 20 倍障碍物高度的地区是强尾流扰动区，安装风机时应尽量避开这个区域。同时尾流扰动区高度可以达到障碍物高度的 2 倍，如果必须在这个区域内安装风机，其安装高度至少应高出地面 2 倍障碍物高度。由于障碍物的阻挡，在上风向以及障碍物的外侧也会形成湍流涡动区。一般风机安装地

点若在障碍物的上风方向，也应距障碍物2～5倍障碍物高度的距离。

根据以上分析，根据风向和风速关系，如果在风向最多的上风侧没有障碍物，一般都可以认为这个地点为平地。所谓在平地上安装风力发电机的情况，应考虑以下两个条件：

以设置地点为中心，在半径为1km的圆内，应没有障碍物；

假使有障碍物时，风力机的高度应为障碍物最高处高度的3倍以上，此条件极

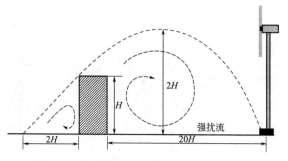

图 8-14　小型障碍物实体对气流产生的影响

为严格，但对小型风力发电机可以放宽些（例如也可以把半径定为400m）。

② 复杂地形　除平坦地形以外的各种地形为复杂地形，可以分为隆升地形和低凹地形。

a. 山区风的水平分布和特点　在河谷内，当风向与河谷走向一致时，风速将比平地大；当风向与河谷走向近于垂直时，气流受到地形的阻碍，河谷的风速就大为减弱。

对于山谷地形，由于山谷风的影响，风速会出现明显的日或季节变化。在谷地选择场址时，要考虑山谷风走向是否与当地盛行风向一致，而不能按山谷本身局部地形的风向确定。要考虑山谷中的收缩部分，这里容易产生狭管效应，两侧的山越高，风也越强。但是，由于地形变化剧烈，会产生很强的风切变和湍流，对风机不利。

b. 山丘、山脊地形的风场　对于山丘、山脊等隆起地形，主要利用其高度抬升和对气流的压缩作用，来选择安装风机的有利地形。孤立的山丘或山峰由于山体较小，气流流过时主要形成绕流运动。同时山丘本身又相当于一个巨大的塔架，为比较好的风机安装场址。国内外的研究和观测表明，在山丘盛行风相切的两侧上半部是最佳场址位置，这里气流得到最大的加速，再者是山丘的顶部。然而应避免在整个背风面及山麓选择场址，因为这些区域不但风速明显降低，还有明显的湍流。

c. 海、陆对风的影响　由于海面摩擦比陆地要小，在气压梯度力相同的条件下，低层大气中海面上的风速比陆地上大。故大型风机位置的选择，一是在山顶上，多数远离电力消耗的集中地；二是近海，这里的风能潜力比陆地大50%左右，故很多国家在近海建立风力发电场。

③ 风力发电机场址选择原则　根据以上所述，风力发电机场址选择原则如下。

a. 场址应选择风能丰富区，风力发电机安装地点的年平均风速越大越好。大型风机要求至少平均风速在5～6m/s才可能使用，最好在6m/s以上，微小型风机在平均风速为4m/s以上就能工作。

b. 场址应具有较稳定的盛行风向。

c. 风机高度范围内"风切变"（风剪切）要小。"风切变"是指短距离内风速、风向的较大变化。风机如安在强切变区，叶片将在不等速风中旋转，叶片受载不均匀，降低性能，缩短风机使用寿命。所以风机应避开强切变区，安装在迎风坡上，或提高塔架。

d. 考虑气象因素的影响。

ⓐ 紊流。所谓紊流是指气流速度的急剧变化，包括风向的变化。通常这两种因素混在一起出现。紊流能影响风力发电机功率的输出，同时使整个装置振动，损坏风机。小型紊流多数是因地面障碍物的影响而产生的，因此在安装风力发电机时，必须躲开这种地区。

ⓑ 极强风。海上风速可达30m/s以上，内陆有时也大于20m/s，称为极强风。风力发电机的安装场址当然要选择风速大的地方，但在易出现极强风的地区使用风机，要求机组具有足够的强度，一旦遇有极强风，风力发电机便成为被袭击的对象。

ⓒ 结冰和粘雪。在山地和海陆交界处设置的风力发电机,容易结冰和粘雪。叶片一旦结了冰,其重量分布便会发生变化,同时翼形的改变,又会引起激烈的振动,甚至发生损坏。

ⓓ 雷击。因为风力发电机在没有障碍物的平坦地区安装得较高,所以经常发生雷击事故,为此风机最好增设防雷装置。

ⓔ 盐雾损害。在距海岸线 10～15km 以内的地区安装风力发电机,必须采取防盐雾损害的措施。因为盐雾能腐蚀叶片等金属部分,并且会破坏装置内部的绝缘体。

ⓕ 沙尘。在沙尘多的地区,风力发电机叶片寿命明显缩短。其防护的方法,通常是防止桨叶前缘的损伤,对前缘表面进行处理。可是沙尘有时也能侵入机械内部,使轴承和齿轮机构等机械零件受到破坏。在工厂区,空气中浮游着的有害气体,也会腐蚀风机的金属部分,应加以注意。

如需在障碍物附近安装风机,在条件许可的情况下应尽可能地远离障碍物,以充分利用风能,离障碍物的距离要求如图 8-15 所示。

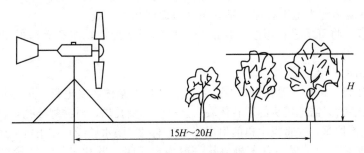

图 8-15　风机安装距离障碍物的要求

如果要在障碍物之上架设风机,风机的安装高度应使风轮的下缘至少高出障碍物的最高点 2m,如图 8-16 所示。

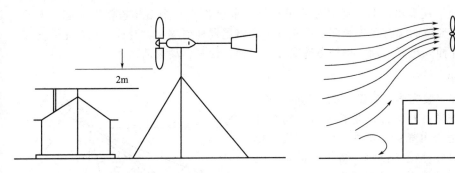

图 8-16　风机安装距离障碍物高度的要求　　　图 8-17　建筑物上安装风力发电机

如果风力发电机组就安装在建筑物上,则风力发电机塔架(或风机轮毂中心)距建筑物顶的距离至少要等于建筑物的高度,如图 8-17 所示。由图中可看出,若风力发电机离地面高度小于 $2H$ 则不能利用气流加速(伯努利效应)的效果了。

8.3.3　光伏场地的选址

请参阅本书有关章节。

8.3.4　风光互补发电系统的安装

(1) 小型风力发电机安装准备

① 安装小型风力发电机前,按装箱清单对准备安装的风力发电机逐一进行清点验收,

清点验收合格后可进行下一步工作。

　　② 安装前仔细阅读小型风力发电机使用说明书，熟悉图纸，掌握有关安装尺寸和全部技术要求。

　　③ 按使用说明书的要求准备安装器材和必要的物资（如水泥、杉木、牵引绳等）。

　　④ 准备安装需要的普通工具。

　　⑤ 安装时应严格按照使用说明书的要求和程序进行。

（2）小型风力发电机的安装

　　小型风力发电机安装比较简单，按厂家说明书要求安装即可。下面仅作简单介绍。

　　① 立柱拉索式支架的安装

　　a. 塔基的安装　塔基安装位置应保证水平，塔基安装位置确定后，用长钉砸入地面固定，容量较大的风机塔基需要做混凝土基础。

　　b. 地锚的安装　地锚共有四个，其中两个应与主风向一致，另两个位于垂直线上，通过地锚传动杆将地锚砸入地下，注意砸入角度与绷绳角度一致。

　　c. 连接管塔　将管塔进行组装，提前安装好绷绳及配件，注意管塔的组装顺序和绷绳的安装位置。

　　② 风电机组的安装

　　a. 机头的安装　机头一般在出厂时已经是装配好的整体，发电机、风轮轮毂、回转体均装配在一起，安装时只需把机头的回转体装入立柱的上端孔内，对准螺栓孔，在螺栓上涂胶加弹簧垫圈，把螺栓拧紧，并将发电机的引出线与输电线（防水胶线）按正负极连接好即可。

　　b. 风轮的安装　小型风力发电机风轮一般为定桨距三叶片风轮。风轮出厂时，叶片为散件包装，三个叶片都是选配好的，每个叶片根部（柄部）有三个螺栓孔，安装时只需与轮毂相应的三孔对准螺栓并放好弹簧垫拧紧，严格保持三个叶片的空间对称性，以保风机转动平稳。有的叶片有箭头标志，注意不要装反。

　　c. 尾翼的安装　尾翼出厂时，尾翼板和尾翼杆一般已作为一个整体连接在一起，安装时应检查其各连接部位的螺钉是否紧固。检查好后，将尾翼杆前端长轴套放入机头尾翼连接耳内，对准销孔并插入尾翼销轴，销轴下部穿好开口销，使其转动灵活。

（3）竖立风机

　　以上项目全部安装完毕，应做一次认真的检查：看固定部位是否拧紧，转动部位是否灵活，刹车杆件和各连接部位是否可靠；输电线（防水胶线）正负极是否接好，做好标记。目前，制造厂将输电线全部采用插接的方式连接，只要插进去，正、负极就不会搞错。以上全部无误后，即可立机。

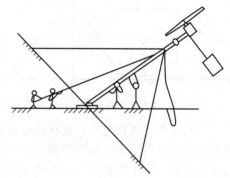

图8-18　竖立风机

　　① 100W，200W 机型立机，只要两人拉牵引绳（四根拉索的其中一根），另外两个人，一人在下扛机身，另一个人用双手举机身，这样四人共同协作，便能很顺利地将风机立起，如图8-18所示。

　　② 300～1000W 机型立机　三根拉索上部与风机上立柱连接好，下边先将两根拉索与地锚连接固定，另一根作牵引绳，牵引时可用人拉（4～5 人），也可用小型拖拉机拉，然后再用 4～5 人支撑机身。边牵引边扶立，直至立起为止。

　　风机立起后，调整拉索紧线器，使风机立柱保持铅直位置，并使每根拉索均处于拉紧状态。

（4）光伏方阵的安装

请参阅本书有关章节。

（5）系统连线

① 连线前保证所有开关处于断开位置。

② 将风力发电机输出线、光伏方阵输出线分别接在控制器风能、太阳能输入端子。

③ 按照说明书要求将蓄电池组接于控制器蓄电池接线端子。

④ 用电器的连接：目前小型风光互补发电系统的用电器主要有灯泡、电视机、收录机、小型冰箱和洗衣机等。一般风光互补控制逆变器上都设有直流（12V 或 24V）和交流（220V）电压制插座，在使用用电器时应严格按照用电器所要求的电压制选用相应插座，不能插错。

（6）小型风力发电机安装注意事项

① 安装塔架所使用的杉木等，质地要结实。绳索的强度要符合要求，安全系数一定要大，其长度要有适当的余量。起吊操作时要规定信号，做到统一指挥。

② 风力发电机主要零部件的安装（如起吊零部件等）要听从统一指挥。操作人员不准站在塔身下或正在举升的零部件下面，以防意外。

③ 安装风力发电机的工作，只能在风速不超过 4m/s（三级风）的情况下进行，以保证操作安全。

④ 用绞盘起吊时，应逐圈均匀地盘绕，否则外圈绳索容易从内圈滑下，致使吊件突然下落。起重绳绕在绕盘上时，也不要使绳做纵向扭曲，因为绳子扭曲后，一是通过滑轮时不容易通过，二是会降低其抗拉强度。

⑤ 风力发电机安装好并检查无误后，可进行试运转。试运转前，塔架上的人员必须下来并离开塔架，以免风向变化时，风轮旋转或发生意外事故。

8.4　风光互补发电系统调试运行

8.4.1　风力发电机组的调试

小型风力发电机组的调试很简单，以下仅做简单介绍。

① 机组吊装就位后，为安全起见，不要急于松闸启动，而应再进行一次全面检查。当确认电气设备绝缘合格，接线无误，相序相位正确，蓄电池组和逆变器完好，所有螺栓没有松动，而风速又在 4～6m/s 之间时，方可进行首次试运转。

② 特别注意风轮的工作状况。假如传动装置与风轮运行平稳、振动正常、无异常声响，则可开始检查对风装置和调速机构的性能，并进行电气方面的常规试验。否则，应紧急停机，查明原因，而不允许继续运转。

③ 当对风装置及调速机构调整合格，空载运行又未出现任何异常后，机组即可开始试带负荷运行。

④ 机组试带负荷运行正常后，即可进行动态性能检查。所谓动态性能检查，实际上就是验证卸负荷后限速机构或保安装置能否正常动作，而不使机组超速飞车。为安全起见，可先卸半负荷，当确认转速没有严重飞升后，再卸全负荷。

8.4.2　光伏系统的调试

请参阅本书有关章节。

8.4.3　风光互补发电系统的运行

当风力发电机组运行正常，光伏方阵输出正常，即可打开逆变器交流输出开关向负载供电，系统进入运行状态。

8.5　风光互补发电系统的维护保养

8.5.1　小型风力发电机的维护保养

小型风力发电机组的工作环境非常恶劣，对风力发电机组的正确维护保养，是保证机组正常运转、延长使用寿命的重要工作。维护保养包括日常维护保养和定期维护保养。

（1）小型风力发电机组的日常维护保养

所谓日常维护保养，就是平时要经常检查风力发电机的各部件，通过看、听、查，发现问题，及时排除。

小型风力发电机组的日常维护保养应按说明书要求进行，一般可按表 8-3 进行。

表 8-3　小型风力发电机组日常维护保养内容

序号	项目		检查时间	不正常状态	措施
1	地钉、地锚		大风前、大风后	松动	加固，地钉内侧打进砖石
2	钢丝绳夹		阴雨后，春季冰冻	松动	调紧线扣
3	紧线扣		开化期间	松动	将"O"形环与地锚用铁丝绑紧
4	发电机		经常	剧烈抖动，有异常杂声	立即停机排除
5	刹车机构		经常	刹车不灵	停机排除
6	电压表	24V 制式	每天	≥28.5V	停止向蓄电池充电
				≤21.5V	停止用电，立即充电
		12V 制式		≥15V	停止向蓄电池充电
				≤10.2V	停止用电，立即充电

（2）小型风力发电机组的定期维护保养

小型风力发电机组运转一年后，对各紧固部位、连接部位进行一次全面检修。对各回转部件进行润滑保养。紧固部位主要是指风轮与发电机轴的连接，叶片与轮毂的连接，尾翼板、尾翼杆与机头的连接等部位。如有松动应及时紧固；如有损坏要及时更换；各紧固部位为减缓其锈蚀可涂以少许润滑油再紧固。连接部位主要是指支架部件中，立杆与底座的销轴连接，地锚、铁钉、钢丝绳夹、立杆分段部位等。如发现立杆不稳固而又必须立在这一位置时，可加辅助立柱把立杆固定住。立杆一般分为两段或三段，为了不使连接部位锈死，在保养时，把分段部位拔开，涂上润滑油再安装好。钢丝绳夹上的螺纹如果发现槽扣要立即更换。

8.5.2　光伏方阵的维护

请参阅本书有关章节。

8.5.3　控制逆变器维护

控制逆变器是自动化程度很高的电子设备，大多由程序控制，一般都设有断路、过流、过压、过热等自动保护项目，运行过程中不需要人进行干预，需要的维护量很少。主要是检查控制逆变器输出/输入接线及端子是否牢固，有无松动现象。如发生不易排除的事故，或事故的原因不清，应做好事故的详细记录，并及时通知生产厂商给予解决。对于单独的控制器，控制蓄电池充放电的预置电压阀值，不得任意调整，以防调乱，使控制失灵。只有在出现蓄电池充放电状态失常时，方可请有关生产厂商进行检查和调整。

程序控制的控制逆变器有完善的信息显示，日常可注意一些重要参数，若发现异常可参照技术文件进行检查。

8.5.4 蓄电池的维护保养

风光互补发电系统在使用中的主要问题是蓄电池过放电造成蓄电池效率降低，容量减少，寿命缩短。主要原因是，用电设备耗电经常大于风能与太阳能的发电量。由于风的不稳定性、间歇性，所以用户在用电时不能像使用常规电网那样，恒定用电，而应根据风况及太阳辐照条件掌握用电，即条件好时可适当多用电，条件差时要节省用电，连续无风无太阳辐照时要尽量少用电或暂停用电，此时要特别注意蓄电池不要过放电。

① 经常检查导线与接线柱之间的接合处是否松动或腐蚀。若有松动的地方应重新紧固，腐蚀严重的接头要重新更换。为了防止接头处腐蚀，紧固好的极柱表面应涂一层凡士林。

② 蓄电池表面要保持清洁干燥。常用抹布擦净蓄电池外表及盖上的灰尘，以防因表面不清洁而漏电。

③ 蓄电池顶部不允许放置金属导电物，以防发生短路事故。

④ 经常注意观察控制器上电压表的指示值，以了解蓄电池的充放电情况。若控制器上的电压表不灵，无法判断蓄电池是否正常时，可用万用表的电压挡测量蓄电池的电压；也可找一只与蓄电池电压一致的灯泡，将其接在电池上，通过观察灯泡的明暗程度来判断蓄电池是否正常。

8.5.5 常见故障及排除

风力发电机的常见故障因不同类型的机组而异。具体的故障诊断和排除故障的方法应按照生产厂商提供的产品说明书进行。

(1) 机械类故障及处理

机械类故障及处理见表8-4。

表8-4　机械类故障

故障	原因	诊断	处理
风力发电机抖动明显	①拉索松动 ②尾翼固定螺钉松动		①收紧并固定拉索 ②拧紧松动部位
风轮转速明显降低	发电机多年不润滑、不保养		润滑、保养
风轮调向、对风不好	机座回转体内油泥过多		润滑、保养
异常杂音	①各紧固部位有松动之处 ②发电机轴承部位松动 ③发电机轴承损坏 ④发电机扫膛		①放倒风机，检查并采取相应措施 ②更换轴承，重新安装端盖 ③更换轴承 ④更换或修复轴承部位
风轮不平衡，引起风力机转动时轻微来回摆动	①导流罩松动 ②发电机轴承磨损 ③目测检查结冰情况	检查导流罩的紧固件是否松动、螺栓孔是否变大	拧紧或调换零件；如果导流罩上的螺栓孔变大，则可用环氧树脂胶填补
机身有大块油渍	漏油	检查所有含油的部件	修理或调换相关部件

(2) 电气系统故障

电气系统部分的常见故障见表8-5。

表 8-5　电气系统故障

故障	原因	诊断	处理
蓄电池电压太高	控制器调节电压值设得太高		与生产厂家售后服务部联系,了解调压步骤
蓄电池达不到充满电状态	①控制器调节电压值设得太低 ②负载太大	拆除最大的负载。如果电池组达到较高充电状态,则可断定为系统负载太大	与生产厂家售后服务部联系,了解调压步骤,咨询解决的办法
风轮转动,但控制器上表明正常工作的指示灯不亮	控制器电路出现故障	按使用说明书检查控制器电路板上的电压输出点有无电压输出;检查电压输入点有无输入电压,此电压应与蓄电池电压相同	测试后与生产厂家售后服务部联系,分析故障原因和处理办法
风轮转动,但控制器上的黄指示灯不亮	①隔离开关可能断开 ②控制器出现故障	按使用说明书检查隔离开关是否可靠接通;按使用说明书检查控制器的输入交流电压,如果此时风速高于6.7m/s,而有交流电压,则表明控制器不工作	关掉开关;与生产厂家售后服务部联系,进行诊断和处理
风轮转动,控制器上表明蓄电池已满的指示灯亮	蓄电池充满	按使用说明书用万用表检查蓄电池电压是否达到最高调节电压。如属于正常情况,无需处理	与生产厂家售后服务部联系处理故障

　　注意：未经培训和授权的人员，不应擅自拆开机器或打开控制器内部以试图检修。擅自拆卸机器或打开控制器，有可能导致不必要的设备损坏，还可能导致设备保修的终止。

8.5.6　风光互补发电系统应用

（1）风光互补路灯

　　风光互补路灯照明系统，是风光互补发电系统的典型应用，如图 8-19 所示，它充分利用绿色清洁能源，实现零耗电、零排放、零污染，产品广泛应用于道路、景观、小区照明及监控、通信基站、船舶等领域。风光互补路灯具有不需铺设输电线路，不需开挖路面埋管，不消耗电网电能等特点，风光互补路灯独特的优势在城市道路建设、园林绿化等市政照明领域十分突出。全国各地已将风光互补路灯照明系统纳入了市政道路照明设计范畴，并开始大规模应用推广。晴天光照强，阴雨天风力较大；夏天太阳照射强，冬天风力较大，利用太阳能和风能的互补性，通过风光互补路灯的太阳能和风能发电设备集成系统供电，白天储存电能，晚上通过智能 控制系统实现风光互补路灯供电照明。

　　某系列风光互补路灯技术资料如表 8-6 所示。

表 8-6　风光互补路灯系列技术参数

名称	系列 8m 40W 风光互补路灯	系列 10m 80W 风光互补路灯
太阳能电池组件	单晶太阳能电池组件,转换率 15% 以上,寿命 20~25 年	
	峰值功率:120W	峰值功率:240W
风力发电机组	系列 SN-400WL 风力发电机,美国西南风电 Air-X 风力发电机,使用寿命 20 年以上,三年质保期	
	输出 12V	输出 24V
蓄电池	高性能、免维护铅酸/胶体风光互补路灯专用电池	
	12V(150A·h/200A·h)	12V(150A·h/200A·h)×2 块
风光互补控制器	具有过充电保护,过放电保护,防雷,光控与时控等功能	
	12V 10A	24V 10A
LED 照明光源	使用寿命大于 50000 小时	
	压铸铝合金 30W/40WLED 灯(12V)	压铸铝合金 60W LED 灯(24V)

续表

名称	系列 8m 40W 风光互补路灯	系列 10m 80W 风光互补灯
风光互补路灯灯杆	优质 Q235 锥型钢管,热浸镀锌,喷户外氟碳漆	
	杆高 8m,厚度 4.0mm	杆高 10m,厚度 4.5mm
电缆	2.5/4/6mm² 电缆	
太阳能板支架	4×4 角钢热镀锌喷漆	
工作模式	工作时间 1~14 小时自行组合	
连续工作天数	连续阴雨天气工作 5~7 天	
风速及辐照量温度范围	常年风速:3.5m/s 以上,常年日照时间:4.5h/d,温度范围:-30~50℃	

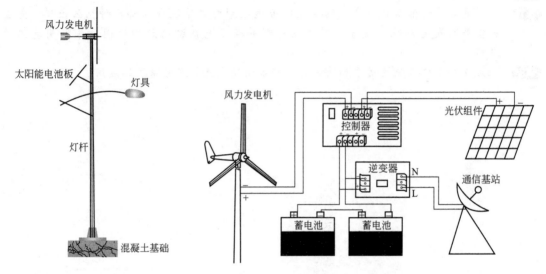

图 8-19　风光互补路灯　　　　图 8-20　风光互补通信基站结构及其安装示意图

(2) 风光互补通信基站

风光互补通信基站供电系统主要由风电机组、太阳能光伏组件、蓄电池、风光互补控制器、逆变器等组成,其结构和安装图如图 8-20 所示,技术参数如表 8-7 所示。

表 8-7　风光互补通信基站供电系统技术参数

序号	项目	指标	序号	项目	指标
1	型号	SW600-24P	15	光控范围	无级调整
2	功率	600W	16	时控	是
3	风光功率比	1.5:1	17	时控范围	1~15h
4	电池电压	24V	18	电池反接保护	是
5	风力发电机充电电流	20A	19	负载过流保护	是
6	太阳能电池充电电流	15A	20	外壳	铝
7	负载额定放电电流	15A	21	风机保护	手动/自动
8	风力发电机充电终止电压	29.5V	22	故障导向安全	是
9	太阳能电池充电终止电压	28.8V	23	电池脱机风机保护	是
10	放电终止电压	21.6V	24	尺寸	215mm×115mm×50mm
11	放电恢复电压	24.6V	25	环境温度	-20~55℃
12	温度补偿	是	26	海拔	<5500m
13	太阳能电池反接保护	是	27	冷却方式	强制智能风冷
14	光控	是			

思考题与习题

8-1 为什么光伏发电与风力发电有很好的互补性？

8-2 光伏发电系统与风力发电系统主要区别在哪里？

8-3 什么是风电机组的切入风速和切出风速？

8-4 风电机组的调向装置的作用是什么？主要有哪些调向方法？

8-5 风电机组的调速装置的作用是什么？主要有哪些调速方法？

8-6 如何选择风光互补发电系统的安装位置以充分发挥其发电效率？

8-7 并网发电系统根据其所产生的电能能否返送到电力系统分成哪几种？画出风、光互补型并网发电系统和直流、交流互补型并网发电系统的结构简图，并说明其工作过程。

8-8 风光互补发电系统的功率如何配置？并说明风光互补发电系统的应用。

部分参考答案

第2章

2-4 太阳高度角 $h=59.33°$（成都）

2-5 时角 $\tau=-37.5°$，$60°$

2-6 （成都地区纬度 $\phi=30.67°$，5月16日赤纬角 $\delta=19.0°$）。

正午12时，太阳高度角 $h=78.33°$，方位角 $\gamma_s=0°$；上午8时，$h=34.94°$，$\gamma_s=-87.2°$；

夏至日太阳赤纬角 $\delta=23.45°$，日出时角 $\tau_{\theta出}=-75.08°$，日落时角 $\tau_{\theta没}=75.08°$，全天日照时间 $T=10.01h$

2-7 日出时角 $\tau_{\theta出}=-69°$，日落时角 $\tau_{\theta没}=69°$，全天日照时间 $T=9.2h$；$\gamma_s=29.46°$

2-8 $h=46.1°$，$\gamma_s=-45.97°$，$\theta_z=43.9°$

2-11 太阳常数值 $I_0=(1367\pm7)$ W/m^2

2-13 $m=1.5$（AM1.5），$\theta_z=60°$

第3章

3-17 $E=1.9eV$

3-18 $E=1.04eV$，不能激发出电子而产生光伏效应

3-19 $U_{50}=30.38V$

3-20 光电转换效率 $\eta=15\%$

3-21 转换效率 $\eta=16.7\%$

3-22 封装功率损失为95.4W；光伏组件的转换效率，$\eta=11.78\%$

3-23 $\eta=15.5\%$，$FF=0.818$

3-24 $I_{sc}=5.2A$

3-25 12V充电，需3块之间并联，每块组件需25片电池片串联，共需75片电池片，电气连接图略；

17V充电，需2块之间并联，每块组件需36片电池片串联，共需72片电池片。

3-26 电池片数量均为18片；

为12V蓄电池充电的光伏电池组件的峰值电压需17～18V，则组件需峰值电压为0.49V的电池片的串联数为 $17.5\div0.49\approx36$ 片，将18片156mm×156mm电池片两等分切割为36小片（156mm×78mm），则4×9板型的玻璃尺寸为788mm×670mm，6×6板型的玻璃尺寸为986mm×548mm；

还可将18片156mm×156mm电池片4等分切割为72小片（78mm×78mm），电池片分为两个36片串联组件后再并联，再板型和组件尺寸。

3-27 电池组件并联数 $n_p=14.49\approx15$，电池组件并联数 $n_s=2$；电池方阵设计为2串、15并的形式，方阵的总功率为 $P=125W\times2\times15=375W$；电气连接图略。

第4章

4-12 电压为110V，容量为250A·h；电压为2V，容量为2500A·h。电压为110V，

容量为 500A·h。

4-13 负载消耗电能 $Q_L=4A·h$，蓄电池剩余容量 $C_r=6A·h$。

4-14 蓄电池需提供的最大能量 $Q_L=960W·h$，选用蓄电池应有的容量 $C_t=94.12A·h$，可选用 2 只 12V/100A·h 蓄电池串联。

4-16 需配备 48V/250A·h 容量的蓄电池组。

第6章

6-13 考虑增加 5% 的预期负载余量

(1) 需太阳能电池方阵的发电电流 $I=28.24A$

(2) 太阳能电池方阵的总功率 $P_m=1939W$

选用峰值功率 100W、峰值电压 34.5V（为 24V 蓄电池充电的电压）、峰值电流 2.89A 的太阳能电池组件 20 块，2 块串联、10 串并联组成电池方阵，总功率为 $P=2000W$。

(3) 蓄电池组的容量 $C=1182A·h$

选用 2V/600A·h 铅酸蓄电池 48 块，24 块串联、2 串并联组成蓄电池组，总电压 48V，总容量 1200A·h。

第7章

7-7 以成都为例。

(1) 所有负载总功率 $P_L=470W$，负载日耗电量为 $Q_L=4050W·h$

(2) 成都地区平均峰值日照时数 $=2.86h$

负载工作电压均为 220V 交流，确定使用直流工作电压为 48V 的逆变器，蓄电池组电压也应为 48V，太阳能电池方阵的发电电流 $I=44.99A$

(3) 太阳能电池方阵的总功率 $P≈3088W$

太阳能电池方阵选用 100W 电池组件 32 块（单个组件 36 片串联，电压约 17.4V，电流 I_{sc} 约 5.8A），4 串 8 并组成的电池方阵，输出峰值电压 69.6V（为 48V 蓄电池组充电），电流 46.4A，总功率 3200W。

(4) 光伏阵列的安装倾斜角 $β=32.67°$（成都地区）

7-8 蓄电池放电深度按 0.5 考虑，系统其它系数按常规设置

表 7-12 用电负载系统设计（家庭所在地为成都）

(1) 用电设备总功率 $P_L=205W$

(2) 用电设备的总用电量 $Q_L=820W·h$

(3) 光伏系统直流电压选择 12V。

(4) 蓄电池容量 $C_W=12300W·h$，蓄电池安时容量为 $C=1025A·h$

(5) 成都地区平均峰值日照时数 $T_m=2.86h$

需太阳能电池方阵功率 $P_m≈430.7W$

蓄电池选用 12V/120A·h 的 VRLA 蓄电池 9 只并联；太阳能电池方阵选用 75W（36 片串联，电压约 17V，电流约 4.2A）组件 6 块并联。

(6) 控制器的确定：方阵最大电流 $I_{Fsc}=31.5A$，最大负载电流 $I=26.65A$

(7) 逆变器的功率 $=600W$

故控制器和逆变器可选用 1000V·A 的控制-逆变一体机，最好是正弦波。

(8) 光伏组件最佳倾角

成都地区纬度 $φ=30.67°$，光伏阵列的安装最佳倾斜角 $β=32.67°$。

表 7-13 用电负载系统设计（家庭所在地为江苏南通）

(1) 用电设备总功率 $P_L=470W$

（2）用电设备的总用电量 $Q_L = 1080 \text{W} \cdot \text{h}$

（3）光伏系统直流电压选择 12V

（4）蓄电池容量 $C_W = 16200 \text{W} \cdot \text{h}$，蓄电池电压 $U = 12\text{V}$，则其安时（A·h）容量为 $C = 1350 \text{A} \cdot \text{h}$

（5）南通（查南京）平均峰值日照时数为 $T_m = 3.95\text{h}$，太阳能电池方阵功率 $P_m \approx 410.1\text{W}$

蓄电池选用 12V/120A·h 的 VRLA 蓄电池 12 只并联；太阳能电池方阵选用 75W（36 片串联，电压约 17V，电流约 4.2A）组件 6 块并联。

（6）控制器的确定：方阵最大电流 $I_{Fsc} = 31.5\text{A}$，最大负载电流 $I = 61.1\text{A}$

（7）逆变器的功率 $= 2122.5\text{W}$

控制器和逆变器可选用 2500V·A 的控制-逆变一体机，最好是正弦波。

（8）光伏组件最佳倾角

南通（查南京）地区纬度 $\phi = 32°$，光伏阵列的安装最佳倾斜角 $\beta = 37°$。

7-9　蓄电池容量为 536 A·h

7-10　蓄电池组容量为 222.2 A·h

7-11　最大年发电量 $Q_m = 1.168 \times 10^6$ kW·h

7-12　初始年发电量 $Q_0 \approx 1.34 \times 10^7$ kW·h

20 年中历年发电量 $Q_n = Q_0 (1-0.008)^n$（$n = 0, 1, 2, \cdots, 19$）

20 年总发电量 $Q_{总} = \sum\limits_{n=0}^{19} Q_0 (1-0.008)^n$

7-13　年总发电量为 1.14×10^8 kW·h/a

7-14　可采用 10 串、2 并连接方式

7-15　广州地区的平均峰值日照时数为 $12702 \div 3600 = 3.52\text{h}$，斜面修正系数 K_{op} 为 0.885。

（1）蓄电池组容量 = 990A·h；

（2）太阳能电池组件串联数 = 2 块；

（3）太阳能电池组件平均日发电量 = 7.2A·h；

（4）补充的蓄电池容量 = 742.5A·h；

（5）太阳能电池组件并联数 = 8.99 ≈ 9 块；

（6）太阳能电池组件方阵总功率 = 900W。

选用 2V/500A·h 铅酸蓄电池 24 块，12 块串联、2 串并联组成蓄电池组，总电压 24V，总容量 1000A·h；

选用峰值功率 50W 太阳能电池组件 18 块，2 块串联、9 串并联构成电池方阵，总功率 900W。

7-16　最小距离 1.8m

7-17　最小阵列间距 1.2m

7-18　最小阵列间距 3.18m

参考文献

[1] 何道清．太阳能光伏发电系统原理与应用技术．北京：化学工业出版社，2012．

[2] 杨金焕．太阳能光伏发电应用技术．3 版．北京：电子工业出版社，2017．

[3] 杨贵恒，等．太阳能光伏发电系统及其应用．2 版．北京：化学工业出版社，2015．

[4] 魏学业，等．光伏发电技术及其应用．2 版．北京：机械工业出版社，2018．

[5] 李天福，等．新能源光伏发电及控制．北京：科学出版社，2017．

[6] 靳瑞敏，等．太阳能光伏应用——原理、设计、施工．北京：化学工业出版社，2017．

[7] 周志敏，纪爱华．太阳能光伏发电系统设计与应用实例．北京：电子工业出版社，2010．

[8] 谢建，马永刚．太阳能光伏发电工程实用技术．北京：化学工业出版社，2010．

[9] 李钟实．太阳能光伏发电系统设计施工与维护．北京：人民邮电出版社，2010．

[10] 李安定，吕全亚．太阳能光伏发电系统工程．2 版．北京：化学工业出版社，2016．

[11] 王长贵，王斯成．太阳能光伏发电实用技术．北京：化学工业出版社，2010．

[12] ［日］太阳光发电协会．太阳能光伏发电系统的设计与施工．刘树民，宏伟，译．北京：科学出版社，2009．